Aves Acuáticas
en los humedales de Cuba

PREMIO
DE LA CRÍTICA
2006

Aves Acuáticas
en los humedales de Cuba

Dra. Lourdes Mugica Valdés
Dr. Dennis Denis Ávila
Dr. Martín Acosta Cruz
M. C. Ariam Jiménez Reyes
M. C. Antonio Rodríguez Suárez

Prologado por el Dr. Xavier Ruiz Gabriel

EDITORIAL
CIENTÍFICO-TÉCNICA

Primera edición, 2006
Primera reimpresión, 2008

ISBN 978-959-05-0407-5

Edición científica:
   Dra. Lourdes Mugica Valdés
   Dr. Dennis Denis Ávila
   Dr. Martín Acosta Cruz

Edición: Juan F. Valdés Montero
Corrección: Dennis Denis Ávila

Diseño: Dennis Denis Ávila

Fotografía:
   Ariam Jiménez Reyes
   Dennis Denis Ávila
   Martín Acosta Cruz
   Julio Larramendi

Fotografía de cubierta: Ariam Jiménez

Ilustración:
   Nils Navarro
   Rolando Rodríguez
   Dennis Denis Ávila

Imágenes de la guía *Birds of the West Indies*
donadas por Herbert Raffaelle

Digitalización de imágenes:
   Odalys García
   Lys Mayda Martínez

Procesamiento digital de imágenes: Dennis Denis Ávila

Impreso en Colombia - Printed in Colombia
Impreso por Gráficas de la Sabana Ltda.

 Instituto Cubano del Libro
Editorial Científico-Técnica
Calle 14, No. 4102, entre 41 y 43, Playa
Ciudad de La Habana, Cuba
e-mail: nuevomil@cubarte.cult.cu

 Universidad de La Habana
Facultad de Biología
Calle 25, entre J e I, Vedado
Ciudad de La Habana, Cuba

Organizaciones principales que han apoyado el estudio y conservación de las aves en los humedales de Cuba

ÍNDICE

 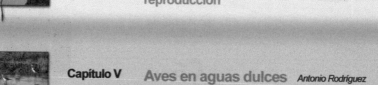

Aves Acuáticas en los Humedales de Cuba

Portada del capítulo

Página inicial
de un capítulo

Número de página

Página final
de un capítulo

Índice del
capítulo

Identificador
del capítulo

Número y título
del capítulo

Autor del capítulo

Resumen del
capítulo

Cita recomendada
del capítulo

Texto básico

Bibliografía
general

Recuadro de resultado
de investigaciones

Título del recuadro

Autor

Fuente

Texto del
recuadro

Tarjetas de identificación
de las especies

Láminas con pinturas
originales para el libro

Microguía de campo
para la identificación de
las especies

PRÓLOGO

La ornitología cubana no cesa de darnos buenas noticias. En un lapso relativamente corto de tiempo han proliferado las obras sobre las aves de la mayor de las islas Antillas. Si en el año 2000 aparecía la guía de campo *Birds of Cuba* de Garrido y Kirkconnell, en 2002 se publicaba, bajo los auspicios del Instituto de Ecología y Sistemática, el libro *Aves de Cuba*, editado por Hiram González y ahora (2005) tengo en mis manos los textos del libro *Aves acuáticas en los humedales de Cuba* del que sus autores me solicitan el honor de prologarlo.

Quiero destacar la racionalidad en la secuencia de aparición de éstas obras, la guía de campo es una herramienta imprescindible para el conocimiento de las especies que existen en un territorio, contiene la información necesaria para conocer y aprender a reconocer las especies y es, por tanto, el elemento clave del conocimiento más básico. En cambio, en un libro como las *Aves de Cuba*, se presta menor atención a la exhaustividad específica en aras de una mayor contextualización taxonómica. Así, se describen las características generales de los diferentes grupos, incluyendo los rasgos más importantes de su biología y se sintetiza la información correspondiente a las principales especies de la ornitofauna cubana.

La obra que tienes en tus manos, lector, representa un paso más y un paso que se da muy pocas veces. Se restringe el objeto de estudio, pero se profundiza mucho en el conocimiento concreto que se tiene de las especies en cada lugar. Es decir, se pasa al nivel que es propio de la actividad investigadora y, por tanto, sólo está al alcance de aquellas sociedades con un grado de madurez muy importante en su sistema de ciencia y tecnología, capaz de generar el nivel de información requerido para alumbrar una obra de estas características. De este modo, la secuencia de aparición de las obras mencionadas no tan sólo es racional sino que puede, a primera vista, sorprender por el estrecho margen de tiempo que abarca. En efecto, esta situación es únicamente explicable si se tiene en cuenta la extraordinaria capacidad y dedicación del equipo de autores, que atesora la experiencia de más de 20 años de investigación en los humedales cubanos y la usa para orientar el dinamismo de sus más recientes incorporaciones, con el fin de investigar la ecología de las aves acuáticas. Indudablemente se trata no tan solo de un equipo de referencia en la ornitología cubana, sino en la de la región caribeña y, probablemente, del equipo de referencia en aves acuáticas para todo este dominio faunístico.

Puedes quizá, querido lector, pensar que estas palabras las dicta la amistad que me une a los directores del equipo o mi ya larga trayectoria de colaboración con este. Nada más sencillo para demostrarte que no hace falta aludir a estos factores (de los que me enorgullezco), que la prueba preferida de un científico, la empírica evidencia: pasa la página y lee…

Prof. Xavier Ruiz

Catedrático de Zoología de la Universidad de Barcelona
Miembro Honorario de la Sociedad Cubana de Zoología

Barcelona, septiembre de 2005.

Solo aquellos que hayan tenido la suerte de poder contar con un gran amigo, podrán comprender lo que sentimos ante la desaparición física de Xavier Ruíz Gabriel (27 de abril de 2008). Catedrático de la Universidad de Barcelona que colaboró con nuestro equipo en todo lo que le fue posible para impulsar la ecología de las aves acuáticas cubanas; por esto, dedicamos a su memoria esta edición de Aves Acuáticas en los humedales de Cuba.

Los autores

Introducción

Capítulo I
Humedales en Cuba
Dr. Dennis Denis

Capítulo IV
Aves en los manglares:
la complejidad de su reproducción
Dr. Dennis Denis

Capítulo III
Entre el mar y la tierra
MC. Ariam Jiménez

Capítulo V
Aves en las aguas dulces
M.C. Antonio Rodríguez

Capítulo VI
Aves en el ecosistema arrocero
Dr. Martín Acosta y Dra. Lourdes Mugica

Capítulo VII
servando las aves
Dra. Lourdes Mugica, Dr. Martín Acosta y Dr. Dennis Denis

Acerca de este libro

Cuba, con una superficie de 109 722 km^2, representa la mayor de las islas del Caribe. Está situada en la región subtropical y por su forma alargada y su geomorfología baja contiene las más extensas regiones de zonas húmedas, particularmente costeras, de la región del Caribe. Por lo anterior es lógico suponer que se encuentren en el país las poblaciones de aves acuáticas más importantes del área.

En Cuba se han registrado 371 especies de aves, que representan 62 % de las especies de la región antillana, típica por su endemismo, de éstas, 135 especies tienen poblaciones residentes y 108 son migratorias. Las aves que dependen de los humedales se agrupan en 8 órdenes fundamentales, aunque, ecológicamente, se pueden dividir, de forma general, en limícolas, patos, gallaretas, aves marinas y aves vadeadoras.

Si bien la ornitología cubana es una de las ramas zoológicas mejor estudiada, aún existe un amplio vacío en numerosas especies y zonas. Las aves de los humedales han sido objeto de investigaciones divulgadas en numerosos eventos científicos y revistas especializadas, sobre todo en los últimos 20 años. Estos resultados se encuentran dispersos y son de difícil acceso, lo que atenta contra su uso generalizado, tanto para la conservación como para elevar el conocimiento de toda la población, ávida de contar con literatura sobre la naturaleza. Por ello, el objetivo del presente libro es presentar, de una forma resumida, los resultados alcanzados hasta el momento en las investigaciones sobre la ecología de las aves acuáticas.

El libro se ha subdividido en una introducción y siete capítulos que recorren los tipos de humedales más representativos desde el mar hacia la tierra, con una descripción ecológica de sus comunidades de aves mediante la compilación de los resultados obtenidos hasta el momento.

Comienza con dos capítulos generales, el primero, describe los humedales teniendo en cuenta sus características biológicas y geográficas, y el segundo, trata sobre las aves que los utilizan, con su taxonomía y descripciones generales. El siguiente capítulo se refiere a la zona marino costera y sus aves, incluyendo las zonas intermareales y extensiones de playazos o áreas bajas desprovistas de vegetación y bajo el influjo de las mareas, donde un gran número de aves desarrollan sus actividades vitales. Los manglares también son humedales de la zona costera, pero por su complejidad e importancia para la reproducción de las aves acuáticas coloniales, fueron separados en un capítulo aparte. Las aves que habitan o utilizan los humedales de agua dulce (ríos, arroyos, lagunas y embalses) son analizadas a continuación y por su importancia conservacionista especial, aunque poco reconocida, los agroecosistemas arroceros se abordan también de forma independiente. Estos cultivos desarrollados por el hombre en áreas anegadas han demostrado ser alternativas importantes para el desarrollo de las comunidades de aves acuáticas. Un capítulo integrador cierra el libro, donde se incluye una panorámica, breve y generalizada, sobre las amenazas que enfrentan las aves acuáticas y los humedales así como las acciones de protección y conservación que, amparadas por legislaciones ambientales, se han desarrollado en el país.

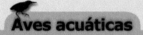

Aves acuáticas

Las aves constituyen el grupo más especializado dentro de los vertebrados, debido a que la mayor parte de su organismo ha sufrido modificaciones que le han permitido conquistar el medio aéreo. Actualmente, se reconocen más de 9000 especies que muestran una amplia y rica variedad de formas, tamaños y colores; con una distribución a todo lo largo y ancho del planeta, ocupan desde hábitat que pueden resultar inhóspitos, tales como zonas áridas, páramos e inclusive los polos; hasta aquellos que resultan de inigualable riqueza biológica como los bosques y selvas tropicales.

Desde etapas tempranas en la evolución de las aves, numerosos grupos se adaptaron a la utilización de los recursos que brindan los ecosistemas dominados por el agua y ha dado lugar a las que hoy se conocen como aves acuáticas. Según la definición dada por la Convención Ramsar, las aves acuáticas son aquellas dependientes, total o parcialmente, durante toda su vida o en alguna etapa, de los humedales. Este grupo contiene algunas de las especies de mayor tamaño y en él aparecen una serie de fenómenos ecológicos muy interesantes, entre los que se destacan las migraciones y la vida en colonias. Por otra parte, las especies acuáticas constituyen un grupo altamente dinámico dentro de las aves, ya que la variabilidad interna de los humedales se refleja también en ellas, pues sus hábitos se encuentran en un constante estado de cambio y se adaptan a las actividades actuales del hombre.

Humedales: características generales

El agua es la molécula inorgánica más importante para la vida ya que constituye 98 % del protoplasma celular. Ecológicamente, su importancia también está dada porque ocupa una extensión dos y media veces mayor que la de la tierra, y porque posee una serie de características que la hacen única entre los líquidos y que posibilitaron el surgimiento y la evolución de la vida en el planeta. Entre estas, el elevado calor específico, la estructura molecular que hace que al congelarse aumente el volumen, su poder de solubilidad y la elevada tensión superficial, tienen implicaciones biológicas tan fuertes que determinaron el desarrollo de la vida en su seno.

El término *humedal* se usa para referirse a lugares que presentan niveles de humedad muy elevados; se trata, pues, de medios terrestres en los que la influencia del agua desempeña un papel fundamental.

La Convención Ramsar define a los humedales como: *extensiones de marismas, pantanos y turberas, o superficies cubiertas de aguas, sean éstas de régimen natural o artificial, permanentes o temporales, estancadas o corrientes, dulces, salobres o saladas, incluidas las extensiones de agua marina cuya profundidad en marea baja no exceda de seis metros.*

Los humedales aparecen en todos los países, desde la tundra hasta los trópicos. El porcentaje de la superficie terrestre que ocupan no se conoce con exactitud aunque el Centro de Control y Monitoreo de la Conservación Mundial (*World Conservation Monitoring Center*) lo ha estimado en 570 000 000 *ha*, lo que representa, aproximadamente, 6 % de la superficie emergida del planeta; de éstas 2 % son lagos, 76 % pantanos y ciénagas, y 15 % llanos inundables. Los manglares, en particular, cubren cerca de 240 000 km^2 de áreas costeras mientras que los arrecifes coralinos, que se incluyen también en la definición de Ramsar, ocupan unos 600 000 km^2 en todo el mundo.

Reservas de Agua de la Tierra

1 460 000 *km³*

30 millones en los polos

60 millones en el subsuelo

94 % en los mares

1120 *km³* en los seres vivos

655 millones en el suelo

500 millones en la atmósfera

130 millones en aguas superficiales

Tomado de: Fernández (2000)

En el planeta existen amplias pero limitadas reservas de agua, que han sido estimadas en 1 460 000 000 *km³*, de ellas la mayor parte se encuentra en el mar y en la atmósfera, pero un elevado porcentaje conforma los humedales.

Los humedales son los ecosistemas más productivos del planeta y representan la máxima complejidad, eficiencia y diversidad, con una producción primaria anual de más de 7 250 000 000 *t* de materia orgánica. Estos hábitat reúnen características biológicas especiales ya que el sustrato y el agua están en estrecho contacto y dan lugar a una gradación continua entre los medios terrestre y acuático, además, el gran desarrollo de los productores primarios en estas zonas produce una aceleración del funcionamiento del ecosistema, una mayor velocidad de reciclaje de la materia orgánica y un desarrollo elevado de sus constituyentes vivos. A pesar de su enorme productividad en términos de biomasa vegetal, pocas aves consumen, de modo directo, la producción primaria, posiblemente, por el bajo valor calórico de las plantas acuáticas, la cual es procesada por los detritívoros y otros consumidores primarios, principalmente invertebrados, que después son consumidos por las aves acuáticas.

Durante miles de años la actitud hacia estos ecosistemas ha sido hostil. Cerca de 70 % de la humanidad se ubica en zonas de humedales costeros que hoy muestran un alto grado de degradación. En múltiples ocasiones los humedales han sido, erróneamente, considerados tierras improductivas e insalubres, por tal razón, se han defendido siempre los proyectos de drenaje, denominándose saneamiento a tal acción.

El impacto humano sobre los humedales incluye sobreutilización de las especies nativas, alteraciones físicas de los procesos hidrológicos e introducción de

Solo en Estados Unidos entre 1950-1970, se perdieron más de 162 000 *ha* de humedales costeros, mientras que en América Central, América del Sur y el Caribe alrededor de 20 % de los humedales están amenazados de desecación, en su mayoría, con propósitos agrícolas.

materiales tóxicos, nutrientes, calor y especies exóticas. Sin embargo, estos ecosistemas actúan como sistemas eficientes de filtración para el tratamiento de productos residuales que contienen contaminantes químicos y biológicos, pero al servir como lugares de concentración temporal de tales residuales se ha acelerado, significativamente, su degradación y se han colocado entre los ecosistemas más amenazados del planeta.

Valores y funciones de los ecosistemas de humedales

Los humedales están entre los ecosistemas más importantes para el ser humano, tanto por los numerosos servicios medioambientales que brindan, como por sus recursos y el valor económico de las actividades asociadas a ellos. Desde el punto de vista hidrológico realizan numerosas funciones, tales como abastecer las reservas de aguas subterráneas, regular el flujo de los ríos, ayudar a reducir el impacto

de las inundaciones al acumular grandes volúmenes de agua, además, son la primera barrera ante el impacto de las tormentas y enlentecen la erosión de la zona costera. Reducen también la erosión de las tierras interiores mediante dos mecanismos: al absorber la energía mecánica de las corrientes de agua y al fijar el suelo entre las raíces de su vegetación.

Como el agua se mueve, lentamente, a través de los humedales, el sedimento y los contaminantes quedan entre las partículas del suelo, por lo que constituyen eficientes filtros naturales. Muchos de estos contaminantes quedan retenidos en las partículas en suspensión, que luego al sedimentar son eliminados de la corriente de agua y transformados mediante procesos químicos o biológicos. La vegetación y los microorganismos pueden usar el exceso de nutrientes, tales como el nitrógeno y el fósforo de los fertilizantes que, de otra forma, contaminarían las aguas. Se ha valorado que los humedales pueden remover de 70 a 90 % del nitrógeno entrante. Los bosques de ribera pueden reducir las concentraciones de nitrógeno en las aguas de escurrimiento y en aguas superficiales hasta 90 % y las de fosfatos 50 %. La media estimada de retención de fósforo en los humedales es de 45 %, aunque en aquellos suelos de altas concentraciones de aluminio pueden eliminar hasta 80 % del fósforo total. Algunos pueden remover entre 20 a 100 % de los metales del agua, está esto potenciado por la presencia de algunas plantas bioacumuladoras. Al absorber una gran cantidad de nutrientes provenientes del escurrimiento terrestre evitan que estos pasen a los sistemas marinos.

Por ejemplo, se estimó que un humedal de alrededor de 10 km^2, en Georgia, ahorra 1 000 000 USD, anualmente, en costos de control de la contaminación. Esto no significa que puedan ser utilizados irracionalmente como vertederos para acumular contaminantes, ya que solo tienen una capacidad determinada de purificación natural y el hombre puede sobrepasarla fácilmente, además, existen contaminantes poco frecuentes en lugares naturales, como los metales pesados, desechos radiactivos, etc., que no son biodegradables y afectan, notablemente, el funcionamiento de estos ecosistemas.

Asimismo el exceso de nutrientes produce contaminación por eutrofización, lo que reduce el oxígeno del agua y puede dañar la vida acuática.

El uso económico de los humedales es apreciable, reportan beneficios comerciales muy elevados al ser fuente de numerosos recursos: peces, mariscos, madera, arroz o medicamentos. Más de 75 % de los animales marinos explotados comercialmente y más de 90 % de los usados para la pesca deportiva dependen de estos sistemas. En la actualidad, los humedales bien manejados ofrecen numerosas ofertas recreativas, relacionadas con la fotografía de naturaleza, caza, pesca, ecoturismo y disfrute, en general, de estas zonas naturales y su biodiversidad, lo que puede producir considerables beneficios económicos, que contribuyen a la conservación de los recursos naturales y al desarrollo de las comunidades locales.

Sin embargo, uno de los valores más notables proviene de su importancia ecológica y conservacionista, ya que pueden sustentar una biodiversidad desproporcionadamente alta en comparación con otros ecosistemas. Las arroceras, por ejemplo, que

actúan como humedales alternativos, poseen una elevada capacidad de carga, que permite el desarrollo de grandes poblaciones de aves y de numerosos invertebrados que, en ocasiones, superan incluso a los existentes en zonas naturales. Las ciénagas y humedales costeros proveen alimento para una gran cantidad de animales marinos, como camarones, cangrejos y peces juveniles; además constituyen un filtro natural contra la introducción de especies vegetales exóticas que se dispersan utilizando el mar. Como caso curioso que ilustra la importancia de los humedales para la conservación de la naturaleza viva, baste decir que en EE. UU. estos ecosistemas proveen hábitat importantes para la mitad de los peces, la tercera parte de las aves, la cuarta parte de las plantas y la sexta parte de los mamíferos amenazados de extinción. En Cuba, al menos 10 % de las plantas endémicas y 50 % de las aves se asocian a ellos.

Capítulo I

Humedales en Cuba

Dr. Dennis Denis

RESUMEN

El archipiélago cubano está constituido por dos islas principales y 4 195 islas, cayos y cayuelos (110 926 km^2) y por su forma física contiene los humedales más extensos del Caribe. Las costas, abrasivas o acumulativas, se extienden por 5 746 km donde los manglares, las dunas de arena y las llanuras cársicas de diente de perro, se hallan entre los hábitat mejor representados. La superficie acuática de la Isla es de unas 310 676 ha; a sitios naturales corresponden 40,5 % (127 137 ha). Los ríos y lagos están menos representados en el país, aunque los complejos estuarinos tienen un área aproximada de 9 500 km^2, y son importantes zonas económicas. La escasez de lagos se compensa con las más de 2 226 presas y micropresas que, junto a los sistemas de canales asociados, alcanzan superficies acuáticas superiores a las 180 000 ha. Los manglares están entre los humedales más productivos y mejor representados; dominados por cuatro especies de árboles: mangle rojo, mangle prieto, patabán y yana, alcanzan 26 % de la superficie boscosa del país. A los humedales naturales se suman los campos de cultivo del arroz y los estanques de acuacultivo del camarón. Las arroceras más importantes de Cuba se localizan a lo largo de la costa sur, en terrenos que antiguamente correspondían a humedales naturales. Los humedales en Cuba contienen una fauna muy diversa, que incluye 186 especies de aves, 57 de peces de agua dulce, e innumerables invertebrados y peces marinos. Los más importantes sistemas de humedales de Cuba son las ciénagas de Zapata, de Lanier, la cayería norte (archipiélago de Sabana-Camagüey) y la ciénaga de Birama.

Cita recomendada de este capítulo:

Denis, D. (2006): Humedales en Cuba. Capítulo I. pp: 8-25. En: Mugica *et al.*: **Aves Acuáticas en los humedales de Cuba**. Ed. Científico-Técnica, La Habana, Cuba.

Índice

Introducción

El archipiélago cubano está situado en la zona occidental del mar Caribe, entre América del Norte y Centro América, geográficamente, limita al Norte con el Golfo de México, el estrecho de la Florida, el canal de las Bahamas y el Océano Atlántico, al Este con el paso de Los Vientos, al Sur con el mar Caribe y al Oeste con el estrecho de Yucatán. Está constituido por dos islas principales: Cuba (105 007 km^2) y la Isla de la Juventud (antiguamente Isla de Pinos, 2 204 km^2), además, cuenta con 4 195 islas, cayos y cayuelos (3 715 km^2) divididos en cuatro grupos insulares: los Canarreos, Sabana-Camagüey, Jardines de la Reina y los Colorados.

El clima es subtropical moderado y mantiene un ciclo estacional marcado de la pluviosidad, con la influencia temporal de masas continentales de aire frío. Los ciclones que caracterizan la región también tienen un efecto importante dentro de la evolución *in situ* de nuestras poblaciones animales. En cuanto al relieve actual existen tres zonas montañosas principales: occidental, central y oriental (con alturas máximas entre 692 y 1 974 *m*). El resto del territorio está ocupado por amplias llanuras con pequeñas elevaciones y una gran cantidad de rocas calcáreas y procesos cársicos. Algunas características geográficas de la isla, tales como su forma alargada y su geomorfología baja hacen que contenga también las mayores y más extensas zonas húmedas del Caribe.

Clasificación de los humedales

La clasificación más general de los tipos de humedales es aquella que los divide en marinos (ecosistemas costeros que incluyen costas y arrecifes de coral), estuarinos (incluye deltas, pantanos de marea y manglares), palustres (lodazales, pantanos, ciénagas interiores, herbazales de ciénaga, sabanas inundables), ribereños (ríos y cauces de agua) y lacustres (lagunas y lagos). A estos se adicionan los humedales creados por el hombre: canales, presas, salinas, arroceras y estanques de acuicultivo, que, funcionalmente, tienen una actuación similar a sus homólogos naturales.

Según la definición dada por Ramsar, dentro de la clasificación de humedales se incluyen todas las zonas costeras, independientemente de su naturaleza. En particular, los humedales costeros se hallan bien representados en nuestro país ya que el hecho de que sea un archipiélago, unido a la forma de la isla, da lugar a que la relación costas/área interior sea muy elevada. Las costas se extienden por 5 746 *km* donde los manglares, las dunas de arena y las llanuras cársicas de diente de perro, se hallan entre los hábitat mejor representados.

Las costas pueden ser más o menos elevadas y de diferente naturaleza, se clasifican, generalmente, en dos grupos: abrasivas o acumulativas, sus características y topografía influyen en la composición de las

Cuba desde el espacio
(Foto desde el satélite
Landsat, enero 2000)

© Lisa Sorensen

Cuando el borde del mar es un farallón rocoso elevado, casi siempre la vegetación es escasa o ausente y constituye una importante zona de reproducción para numerosas aves marinas que crían en las oquedades de las rocas.

comunidades de aves que se establezcan y las actividades que realicen. Muchos de estos ecosistemas costeros son muy frágiles y tienen un alto número de especies endémicas.

Las costas acumulativas son aquellas formadas por arenas biogénicas (costas arenosas) y biogénicas cenagosas (costas bajas fangosas) con esteros o deltaicas, las bajas fangosas, generalmente, están ocupadas por manglares; mientras que las arenosas, por lo general, también presentan una vegetación compuesta por numerosas especies vegetales de pequeño tamaño, con características xerofíticas, achaparradas y hojas suculentas, debido a que están sometidas al estrés salino. En las costas arenosas, la vegetación está compuesta por un complejo de plantas herbáceas adaptadas a la salinidad; hacia el interior, sobre sustrato rocoso abundan los uverales o bosques de uva caleta (*Coccoloba uvifera*) asociados con pequeñas palmas (*Thrinax* spp.) y almácigos (*Bursera simaruba*).

Las costas abrasivas o cársicas (rocosas) pueden ser altas o bajas y alternan con playas extensas que constituyen un renglón turístico muy importante; estas costas bajas están cubiertas de vegetación, más alta a partir de la franja sometida a la acción directa de las olas. Generalmente, son formaciones vegetales denominadas matorrales xeromorfos costeros, con especies arbustivas micrófilas que presentan un marcado xerofitismo, en la parte más cercana al mar la vegetación está constituida, principalmente, por plantas suculentas, arbustos y hierbas.

En lugares donde las costas son bajas, por deposición, y el mar es calmado, aparecen amplias zonas de transición entre la tierra y el mar, allí existe una fuerte influencia de las mareas y el agua salada se adentra hasta varios kilómetros. Estos llanos lodosos intermareales, denominados *playazos* en nuestro país, son sitios de alimentación y descanso de numerosas aves marinas, zarapicos y pequeñas zancudas. En la zona donde bate más fuertemente el mar, con frecuencia se crean dunas de deposición de materiales calcáreos, restos de conchas, caracoles y corales, triturados como arena, que marcan bien el límite entre los ecosistemas marinos y costeros.

Más allá de las costas existe una amplia franja de plataforma marina que ocupa un área de 67 831 km^2, y que también es considerada como un humedal. En esta tienen particular importancia los complejos ecológicos manglar-seibadal-arrecife, que abarcan cerca de 45 000 km^2 y son sistemas de alta madurez y estabilidad ambiental. Estos sistemas funcionan coordinadamente; cada componente tiene una función específica: los seibadales actúan como enormes paneles solares que atrapan y exportan energía hacia los arrecifes, sitio en el cual se refugian, durante el día, muchas de las especies que forrajean de noche entre sus plantas; mientras que los manglares son los sitios de reproducción, ya que entre sus raíces los juveniles de peces e invertebrados tienen alimento abundante y protección suficiente. Estos pastizales marinos son

Los complejos litorales estuarinos, asociados a cauces de escurrimiento de agua dulce, se caracterizan por la heterogeneidad ambiental dominada por la mezcla de agua dulce y salada. En las costas cubanas tienen un área aproximada de 9 500 km^2, y también son importantes zonas pesqueras con rendimientos de 1,47 t/km^2. Las principales especies de importancia económica de estos ecosistemas son los camarones, ostiones, almejas y peces.

PRINCIPALES RÍOS, LAGUNAS Y EMBALSES DE CUBA

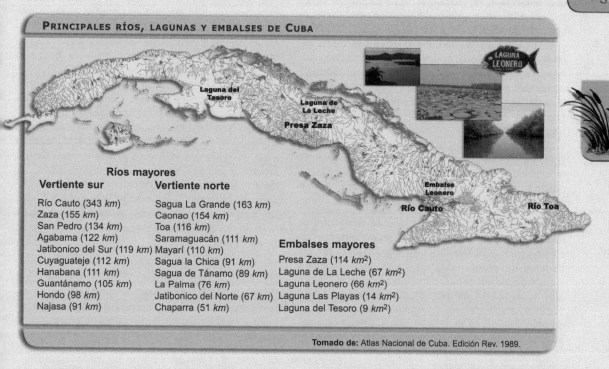

Laguna del Tesoro

Laguna de La Leche

Presa Zaza

Embalse Leonero

Río Cauto

Río Toa

Ríos mayores

Vertiente sur	Vertiente norte
Río Cauto (343 *km*)	Sagua La Grande (163 *km*)
Zaza (155 *km*)	Caonao (154 *km*)
San Pedro (134 *km*)	Toa (116 *km*)
Agabama (122 *km*)	Saramaguacán (111 *km*)
Jatibonico del Sur (119 *km*)	Mayarí (110 *km*)
Cuyaguateje (112 *km*)	Sagua la Chica (91 *km*)
Hanabana (111 *km*)	Sagua de Tánamo (89 *km*)
Guantánamo (105 *km*)	La Palma (76 *km*)
Hondo (98 *km*)	Jatibonico del Norte (67 *km*)
Najasa (91 *km*)	Chaparra (51 *km*)

Embalses mayores

Presa Zaza (114 km^2)
Laguna de La Leche (67 km^2)
Laguna Leonero (66 km^2)
Laguna Las Playas (14 km^2)
Laguna del Tesoro (9 km^2)

Tomado de: Atlas Nacional de Cuba. Edición Rev. 1989.

importantes áreas de alimentación para el manatí (*Trichechus manatus*) que consume estas plantas de forma intensiva.

Los humedales ribereños y lacustres se encuentran relativamente poco representados en el país. Por la forma alargada de la isla no existe suficiente superficie para soportar grandes ríos y lagos, sino que existen más de 200 pequeños ríos de poco curso y escaso caudal. El más largo es el río Cauto que corre de este a oeste en la zona oriental, con un enorme sistema de 32 afluentes que suman 343 *km* de cauces y abarcan una extensión de 8 969 *km²*. El de mayor caudal es el río Toa, también en la región oriental, con 58 afluentes que vierten sus aguas al cauce central que forma una cuenca de 1 052 *km²*.

Existen algunas lagunas de áreas significativas como la laguna de La Leche en Ciego de Ávila, con una superficie de 67 *km²* o la laguna del Tesoro, en Matanzas, con 9 *km²*. Otras, como la laguna de Ariguanabo, en la provincia de La Habana, fueron muy importantes desde el punto de vista biológico, pero, actualmente, ya han desaparecido. La ausencia o escasez de lagunas naturales en el país se ha compensado con la construcción de embalses, en 1959 había solo 13 embalses artificiales con una capacidad para 48 000 000 *m³* de agua. Teniendo en cuenta la importancia de la agricultura para la economía, a partir de ese año se ha desarrollado una amplia política hidráulica, con un extenso programa de construcción de represas, de las que, actualmente, hay más de 226 mayores y más de 2 000 micropresas. Este programa ha aumentado mucho la superficie de espejos de agua y se alcanzan cifras superiores a las 150 000 *ha*, a las que se suman las casi 30 000 *ha* que corresponden a los sistemas de canales magistrales. Estos cuerpos de agua son utilizados por muchas aves, particularmente migratorias, que encuentran lugares propicios para descansar o alimentarse. Esta política, sin embargo, también ha traído perjuicios a los humedales naturales al detenerse, de forma casi total, en algunas áreas, el escurrimiento terrestre de agua dulce hacia las regiones costeras, con afectaciones importantes a los manglares por la alteración de sus patrones ecológicos de funcionamiento.

Los estanques no solo son reservorios de agua para la agricultura y el consumo humano, también son utilizados en la acuicultura. En Cuba se cultiva y se captura en humedales costeros el camarón blanco (*Litopenaeus schmitti*), que constituye un importante renglón económico. Los estanques artificiales para el desarrollo de esta actividad son importantes, aunque de forma puntual, para ciertos grupos de aves acuáticas. En primer lugar, porque han sido construidos en lugares que antes eran humedales naturales y, en segundo lugar, porque la actividad humana produce una entrada de energía al sistema muy importante, ya que subsidia las cadenas tróficas y la abundancia de alimento las convierte en enormes comederos artificiales.

De humedales palustres tampoco se tiene amplia representación, ya que en Cuba, prácticamente, no existen pantanos interiores de significación ni verdaderas turberas; en su lugar aparecen áreas de sabanas estacionalmente inundables. Las sabanas son ecosistemas de alta productividad, pero con poca acumulación de biomasa vegetal viva, se caracterizan por el predominio de plantas herbáceas (gramíneas, ciperáceas y tifáceas) y la ausencia, casi total, de vegetación arbórea. En los humedales, estas hierbas pueden llegar a alcanzar hasta varios metros de alto y por las altas densidades en que aparecen convierten a las sabanas en sitios de difícil acceso. Los humedales de este tipo son extensos en las ciénagas de Zapata y de Lanier, pero, además, se encuentran formando una franja de ancho variable en la zona interior de casi todos los mayores sistemas de manglares costeros. También son importantes, por sus características tan particulares, las sabanas de arenas blancas de la Isla de la Juventud, donde extensos sistemas de arroyos y zonas, estacionalmente anegadas, se superponen con el xerofitismo de la vegetación, dado por los suelos extremadamente pobres. Estas sabanas aparecen, además, en la costa suroeste de Pinar del Río, aunque no con el mismo grado de conservación.

Las llanuras costeras se reconocen por la periodicidad de sus inundaciones, y están asociadas a zonas costeras bajas, bajo el radio de acción de derramaderos o cauces de ríos que se desbordan con frecuencia. Usualmente, también se asocian a estuarios.

Si bien son pocas las lagunas interiores naturales, existe una gran cantidad de lagunas costeras insertadas en los manglares. Estas son cuerpos de aguas someras conectados al mar por estrechos canales o esteros, con poco intercambio de agua salada, pero aún bajo la influencia de las mareas. Se caracterizan, generalmente, por su aporte de agua dulce por escurrimiento y la gran cantidad de sedimentos y materia orgánica que proviene de la tierra. El sedimento principal, por lo general, es un fango de color oscuro y olor penetrante a azufre. La salinidad es variable y puede dar lugar a estuarios hiposalinos o hipersalinos. En la ciénaga litoral del Sur, por ejemplo, existen 6 393 *ha* de lagunas y esteros; mientras que en el sistema de manglares de la ciénaga de Birama, la superficie de lagunas, esteros y ensenadas sobrepasa las 6500 *ha*. Ambos lugares están afectados porque todos los grandes ríos de la región han sido represados (Cauto, Jobabo, Salado, Birama y Buey), y, en la actualidad, dejan de llegar al golfo decenas de miles de metros cúbicos anuales de agua dulce; mientras que las zonas salitrosas han aumentado en 48 *km²*.

MANGLARES

Los manglares son, posiblemente, los humedales mejor conocidos ya que tienen características peculiares en su vegetación y cubren cerca de 240 000 km^2 de áreas costeras. Se desarrollan en regiones tropicales y subtropicales que se encuentran, comúnmente, en zonas de elevada salinidad (costas o regiones estuarinas). Es un tipo de ecosistema altamente complejo, donde las cadenas alimentarias marina y terrestre se entremezclan muy íntimamente, ya que los productores primarios principales son plantas terrestres: los mangles, pero la mayor parte de las relaciones tróficas y su diversidad se encuentra en el agua entre las raíces de estos árboles donde se desarrollan múltiples interacciones por la vía del detrito.

Los manglares son una reserva forestal muy valiosa que representa 26 % de la superficie boscosa del país. Son formaciones vegetales de muy baja diversidad al estar dominados, principalmente, por cuatro especies de árboles: *Rhizophora mangle* (mangle rojo), *Avicennia germinans* (mangle prieto), *Laguncularia racemosa* (patabán) y *Conocarpus erectus* (yana). Sin embargo, conjuntamente pueden encontrarse hasta 115 especies de plantas, pertenecientes a 85 géneros y 46 familias, de las cuales 28 son árboles, 17 arbustos, 44 hierbas, 15 lianas, 10 epífitas y una hemiparásita. Al menos 10 especies de plantas endémicas se relacionan, directamente, con los ecosistemas de manglares. Además, existe una gran cantidad de algas asociadas a la parte sumergida, de las cuales se han descrito 22 especies de algas verdes (clorofíceas), 18 especies de algas rojas (rodofíceas) y 7 de algas pardas (feofíceas).

Los manglares caribeños son citados, frecuentemente, como un ejemplo típico de zonación vegetal a lo largo de un cline ambiental, en este caso de la salinidad. Desde el mar hacia tierra adentro la primera franja que aparece es de mangle rojo, con una densa trama de raíces adventicias que funciona como trampa de sedimentos y sitio de refugio de numerosos animales marinos. En esta franja no se encuentra ninguna otra planta en el suelo por las difíciles condiciones para la germinación de las semillas. Más hacia el interior, en lugares con menor influencia de las mareas, aparece una franja formada por mangle prieto, reconocible por la gran cantidad de neumatóforos que presenta. En

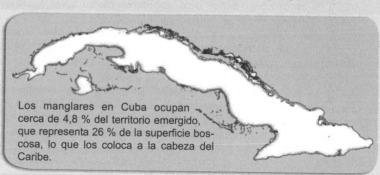

Los manglares en Cuba ocupan cerca de 4,8 % del territorio emergido, que representa 26 % de la superficie boscosa, lo que los coloca a la cabeza del Caribe.

esta franja la frecuencia de inundación por las mareas es menor, por lo que el sedimento es más consistente y las raíces con función de sostén son más favorables en posición subterránea que adventicia; en esta zona pueden aparecer otras pocas especies de plantas herbáceas. A continuación de esta segunda franja aparece otra, ya en suelo no anegado y con presencia de plantas más altas y robustas. En esta domina el patabán rodeado por numerosas especies de gramíneas. La yana se encuentra, también, en esta franja o adyacente a ella. Pueden ser bosques altos y saludables (20 a 25 m) o bajos (achaparrados), en sitios de alta salinidad o condiciones ambientales extremas. En especial, la salinidad tiene estrecha relación con la altura de los árboles.

Los mangles son plantas halófilas, o sea, están adaptadas a vivir en suelos con una elevada salinidad; esto último se debe a que en la zona intermareal donde se desarrollan, la evaporación del agua de mar es muy alta por la baja profundidad. Las adaptaciones a la hipersalinidad siguen dos estrategias fundamentales: no dejar entrar sales en exceso al medio interno o eliminar, rápida y eficientemente, el exceso de sales que entra a este. Algunas especies de mangle, como las del género *Rhizophora*, siguen la primera estrategia, mantienen elevadas presiones osmóticas en el líquido xilemático que se equilibran con la presión osmótica del agua de mar, e impiden el movimiento de entrada de agua y sales al interior del organismo. Además, el ritmo de transpiración de estas plantas es muy bajo para minimizar la pérdida de agua. La otra estrategia de adaptación es realizada por otro grupo de plantas, que incluyen al género *Avicennia*, y se basa en excretar sales, intensamente, a través de glándulas de sal presentes en las hojas. Al no poseer este último grupo adaptaciones para impedir la entrada de sales al líquido xilemático, las concentraciones de sales son hasta 10 veces mayores que en las plantas del primer grupo.

Las características del suelo en los pantanos costeros y el exceso de materia orgánica determinan bajas concentraciones de oxígeno para las raíces, por lo que se conocen como suelos hipóxicos. Es por esto que las plantas de mangle presentan lenticelas: pequeñas aberturas en la corteza de las raíces que comunican con espacios de aire presentes en los tejidos y posibilitan su oxigenación directa. Para que las lenticelas puedan funcionar bien deben estar expuestas al aire, los mangles de suelos más anegados presentan raíces especializadas que pueden ser de dos tipos. Uno es el que apare-

Lenticelas

Neumatóforos de mangle prieto

ce en el mangle rojo y se denomina raíz adventicia, que consiste en raíces que brotan de la parte emergida del tronco y descienden hasta enterrarse en el fondo, constituyen las conocidas raíces en zancos, de forma que las lenticelas quedan por encima del suelo. Estas raíces también son vitales para el sostén de las plantas y les dan equilibrio en un suelo fangoso y anegado sometido al embate de las olas.

El otro tipo es el que aparece en el mangle prieto y son las denominadas raíces respiratorias o neumatóforos. Se describen como ramificaciones de raíces subterráneas que crecen, verticalmente, hacia arriba, llegan a sobresalir varios centímetros por encima del suelo o agua en marea baja y es en ellas donde se sitúan las lenticelas. En el mangle blanco o patabán, las raíces aéreas especializadas se reducen a excrecencias en forma de hongos leñosos en el tronco y las ramas, mientras que en la yana ya no existen tantos problemas de aireación y no tiene adaptaciones especiales en su sistema radicular.

Como una adaptación a las condiciones de salinidad, también aparece en estas plantas un fenómeno poco frecuente en el reino vegetal que es el viviparismo. O sea, que las semillas germinan y comienzan a desarrollarse mientras permanecen unidas a la planta madre. Las tres especies más expuestas al agua presentan esta característica, aunque es mucho más marcada en el mangle rojo. En este las semillas, de forma lanceolada, germinan sobre la planta parental y luego caen al suelo, y quedan enterradas de punta, o en el agua flotando, primero de forma horizontal y luego vertical, hasta encontrar lugares más propicios donde fijarse.

La marea es el principal proceso físico que regula la estructura y funcionamiento de los manglares, y su amplitud tiene una relación directa con el ancho de la franja de esta vegetación. En Cuba, la amplitud de las mareas es solamente de unos 20 *cm* y por ello nuestros man-

glares forman, generalmente, franjas estrechas. El movimiento de ascenso y descenso del mar permite la renovación de las aguas en contacto con las plantas de mangle. Durante la subida de la marea hay un movimiento neto hacia la costa de agua bien oxigenada, con salinidad y concentración de CO_2 propia del mar abierto y rica en minerales. Al comenzar la bajamar salen del ecosistema aguas con elevada salinidad, empobrecida en oxígeno y ricas en materia orgánica.

Una de ellas es a través de los escurrimientos que aportan nutrientes de origen terrestre como nitrógeno y fósforo; y la otra vía es la fijación biológica del nitrógeno por la acción bacteriana. También la característica de las plantas de mangle de variar el ángulo de inclinación de las hojas en dependencia de la posición del sol, constituye una adaptación para garantizar la máxima absorción de luz solar. Los manglares están entre los ecosistemas más productivos del mundo. Su producción primaria (compuestos orgánicos sintetizados a partir de energía solar y nutrientes inorgánicos) puede alcanzar hasta los 2 kg/m^2 de carbono al año.

Entre los detritívoros tienen un papel destacado los cangrejos por su abundancia, sus hábitos tróficos y su actividad de remoción física de los sedimentos, importante para la dinámica de los elementos abióticos.

Entre estos, se destacan las especies de los géneros *Gecarcinus*, *Cardisoma* y *Aratus*.

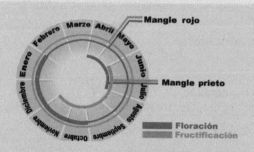

El mangle rojo tiene su floración y fructificación todo el año, con un máximo de floración cuando hay menos lluvia. El mangle prieto tiene un ciclo de floración más definido y las flores abren por seis a ocho días. El patabán florece de abril a octubre y tiene frutos desde junio, mientras que en la yana es de marzo a septiembre, aunque en las más jóvenes puede haber flores todo el año.

La materia orgánica fijada entra en el medio acuático en forma de hojarasca, que es producida entre 13 000 y 61 000 *kg/ha* anuales, equivalentes a 3,5 g/m^2 diarios, en un ciclo conocido como la *vía del detrito*.

La elevada productividad de los manglares se debe a una combinación de factores y procesos físicos: altos niveles de radiación solar, alta capacidad de las plantas para retener el agua dulce, elevado suministro de nutrientes e intensos ritmos de renovación de las aguas. El movimiento de agua producido por las mareas es el que realiza la renovación de estas y es la vía principal de entrada de nutrientes al ecosistema (en forma de nitritos y nitratos), de aquí la importancia de este proceso. Existen otras dos vías adicionales de entrada de nutrientes al ecosistema.

Insertadas dentro de los sistemas de manglares y esteros se encuentran las lagunas costeras, cuerpos de agua conectados con el mar, de forma directa o indirecta, con características bióticas y abióticas particulares que los hacen clave dentro de las cadenas tróficas de estos humedales.

¿Cómo identificar las especies de mangles?

Nombre común: Mangle rojo.

Nombre científico: *Rhizophora mangle*.

Hábitat: En la orilla del mar, desembocadura de ríos y lagunas costeras, en suelos con aniego permanente de agua salada.

Raíces: Gruesos zancos o raíces de apoyo

Hojas: Grandes, redondeadas y con apariencia de cuero. Posicionamiento bilateral.

Flores: De color amarillo cremoso, con cuatro pétalos puntiagudos.

Frutos: Forman plántulas de forma ahusada.

Nombre común: Mangle prieto.

Nombre científico: *Avicennia germinans*.

Hábitat: En suelos más firmes, temporalmente anegados o con agua somera, aguas saladas e hipersalinas.

Raíces: No tiene raíces de apoyo; está rodeado de finas raíces respiratorias, que salen fuera del suelo o del agua.

Hojas: Largas y finas, en posición bilateral, con cristales de sal por el envés.

Flores: Blancas.

Frutos: Achatados, con unos 2,5 cm de largo.

Nombre común: Mangle blanco o patabán.

Nombre científico: *Laguncularia racemosa*.

Hábitat: En zonas más interiores que los anteriores, en aguas salobres.

Raíces: Gruesas, nudosas para respirar, no tiene raíces de apoyo ni adventicias.

Hojas: Redondeadas, en posición bilateral, a veces con tallos rosados.

Flores: Muy pequeñas, blancas.

Frutos: En racimos, verdes y con ranuras.

Nombre común: Yana.

Nombre científico: *Conocarpus erectus*.

Hábitat: Cerca del mar en playas, sobre rocas, o en suelos salinos pero raramente anegados.

Raíces: No tiene raíces de apoyo, ni adventicias.

Hojas: Largas y finas, en posición alterna y con dos pequeñas protuberancias (glándulas de sal) en la base.

Flores: Muy pequeñas, en glomérulos.

Frutos: Racimos, en cabezas redondas.

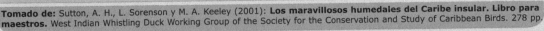

Tomado de: Sutton, A. H., L. Sorenson y M. A. Keeley (2001): **Los maravillosos humedales del Caribe insular. Libro para maestros.** West Indian Whistling Duck Working Group of the Society for the Conservation and Study of Caribbean Birds. 278 pp.

ARROCERAS

Dentro del concepto de humedales se encuentran un conjunto de zonas creadas o modificadas por el hombre con objetivos económicos, como es el caso de los campos de cultivo del arroz, las presas, embalses y los estanques de acuacultivo del camarón.

Los agroecosistemas de arroceras, en particular, han venido expresándose como un paliativo parcial ante la rápida degradación de los humedales naturales. El arroz se cultiva desde 2 800 años a.n.e. en los países orientales, y, actualmente, ocupan un área mayor que cualquier otro cultivo: 1 500 000 km^2 a nivel mundial. La selección artificial ha producido cientos de variedades de esta especie, cuyo grano contiene 80 % de almidón, 7,5 % de proteínas y 12 % de agua. Actualmente, más de la mitad de la población humana depende, en primer lugar, de él para su alimentación y le aporta al hombre la cuarta parte de las calorías que ingiere. Al año se producen cerca de 484 000 000 t de las cuales 91 % corresponde a los países asiáticos. En Cuba, es el segundo cultivo de mayor área después de la caña de azúcar, ocupa extensas áreas con una estructura varietal de alto rendimiento que, como promedio, llega a ser de 4,9 t/ha y producciones anuales de más de medio millón de toneladas. Este cultivo, que aparece en nuestro país desde hace más de 200 años es, económicamente, muy importante, ya que el grano aporta 17 % de las calorías en la dieta de la población cubana y se llega a alcanzar como promedio un consumo per cápita anual de 56 kg.

De hecho, las arroceras son de los ecosistemas más productivos desarrollados por el hombre, ya que a pesar de que mantienen toda una serie de características negativas de los agroecosistemas, como son el monocultivo, las fuentes accesorias de energía, la selección artificial de su principal componente y el control externo y dirigido en lugar de retroalimentación interna; presentan, además, un conjunto de características dinámicas que los particularizan. Las condiciones de cultivo requieren un ciclo alternante de períodos de aniego y drenado que mimetiza la hidrología natural de un pantano, a esto se suma el que mantiene otras características típicas de su homólogo natural. Las ofertas alimentarias, por ejemplo, son muy altas, promovidas por las numerosas corrientes auxiliares de energía aportada por el hombre, que dan lugar a que los campos de cultivo se presenten repletos de vida.

EL ARROZ

Oryza sativa

El arroz es una gramínea de zonas pantanosas que fue seleccionada y desarrollada por el hombre para su alimentación y ha devenido, en la actualidad, en uno de los cereales más importantes para el hombre por su plasticidad ecológica y la extensión de su cultivo. Es una gramínea de la familia Poaceae y del género *Oryza*, donde, además, existen otras 25 especies. Se caracteriza por su adaptación a la polinización anemógama (por el aire), con una reducción de las estructuras florales y el desarrollo de inflorescencias compuestas (panículas). Existen dos especies con importancia económica: el arroz común *Oryza sativa*, cultivado a gran escala en todo el mundo, y el arroz africano *Oryza glaberrima*, restringido a ciertas zonas de África. *O. sativa* proviene de la península indostánica y Cambodia, en cuyos pantanos naturales aún existe su antepasado directo silvestre, *O. fatua*. El crecimiento y desarrollo de la planta dura entre 100 a 210 días en dependencia, de la variedad y las condiciones climáticas. Su ciclo de vida tiene dos fases: una de desarrollo vegetativo (germinación, enraizamiento y ahijamiento) y una reproductiva (formación de la espiga y maduración de los granos).

Son ecosistemas altamente dinámicos por la rapidez de variación de sus características fisicoquímicas, nivel, tipo o forma de distribución del agua lo que, unido a la complejidad estructural del hábitat, hace que las comunidades de microfauna y macrofauna se sucedan continuamente, aun bajo la perturbación humana. Por esta razón, aunque el área que abarcan sea de solo 0,03 % de los humedales naturales cubanos, su importancia conservacionista es muy elevada.

Las arroceras están entre los ecosistemas más productivos desarrollados por el hombre, lo que posibilita altos rendimientos en las cosechas, que son mantenidos con elevados suministros de energía externa que se importan al sistema a lo largo del ciclo del cultivo. Estas corrientes auxiliares realizan una parte del trabajo que en los humedales naturales ha de ser realizada por organismos vivos, lo que implica un menor costo metabólico para la comunidad, que se traduce en mayor producción primaria bruta.

Las arroceras son hábitat muy heterogéneos, formados por campos de tamaño variable, subdivididos en terrazas que ocupan entre 1 y 2 *ha*, según el

desnivel del terreno. La siembra se efectúa en dos períodos durante el año, de forma paulatina, debido a lo extenso de las áreas. La fecha de comienzo de la siembra de primavera y de invierno depende de la disponibilidad de agua como factor limitante, por lo que puede variar entre años, en dependencia del suministro. Por lo general, se realizan entre diciembre y febrero y de marzo a agosto.

Las arroceras han sido clasificadas como ecosistemas eutróficos con ritmos o tasas de reciclaje de nutrientes y energía excesivamente altos como lo demuestra la sucesión de algas. Las características del ciclo de cultivo hacen que se desarrollen complejas comunidades de invertebrados acuáticos, que se enriquecen con los ejemplares que, continuamente, entran en el agua de aniego o los que colonizan por vía aérea y se reproducen en estos cuerpos de agua.

Estudios sobre las comunidades de organismos que viven en los campos de arroz tropical han sido llevados a cabo por numerosos investigadores por todo el mundo. En un estudio ecológico de la flora y la fauna asociadas a una arrocera de Thailandia se colectaron en campos de 20 a 40 *cm* de profundidad alrededor de 300 especies de invertebrados y 28 vertebrados, sin contar ni aves ni mamíferos. Todo esto hace que los campos de arroz sean excelentes comederos para las aves.

Las arroceras más importantes de Cuba se localizan a lo largo de la costa sur, en terrenos que antiguamente correspondían a humedales naturales, y por su extensión se destaca el complejo agroindustrial Sur del Jíbaro, las arroceras de Los Palacios, y las arroceras de Granma.

Flora y fauna de los humedales en Cuba

FLORA

En la flora cubana se reconocen alrededor de 6375 especies con 51 a 53 % de endemismo total. Entre los principales tipos de vegetación de los humedales están los herbazales de ciénaga, cuyas especies características son el macío (*Thypha dominguensis*), la cortadera (*Eleocharris interstincta*), la cortadera de dos filos (*Cladium jamaicense*), junco (*Cyperus* spp.), rabo de zorra (*Erianthus giganteus*) y platanillo de río (*Thalia geniculata*); aunque muy comunes en amplias llanuras de las ciénagas de Zapata, Birama y Lanier, aparecen, en menor extensión, en pequeños humedales interiores. En algunas de las llanuras anegadas son comunes varias especies de palmas de los genéros *Cocothrinax* y *Sabal*.

Se encuentra también la vegetación de lagunas palustres, formada por hierbas que viven en el agua, flotantes o enraizadas,

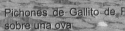
Pichones de Gallito de F sobre una ova

MACÍO

El macío (*Typha dominguensis*), de la familia Typhaceae, es una planta muy común en nuestros estanques y lagunas de agua dulce, donde se identifica, rápidamente, por sus típicas inflorescencias. Vive en lugares bajos anegados, orillas de lagunas, canales de riego, bordes de embalses y presas, tiene todas las características de una planta herbácea de gran tamaño ya que crece hasta los 3 *m*. Es una especie perenne, con desarrollo rizomatoso y rápido crecimiento, puede vivir hasta 20 años y habita, también, en toda Norteamérica y Eurasia.

Muestra una alta tolerancia a condiciones de anegamiento y suelos anaeróbicos pobres, y una tolerancia media a la salinidad; baja resistencia a la sequía y alta al fuego. Alcanza densidades de hasta 7 400 plantas/ha. Sus hojas tienen bajo contenido proteico, por lo que es poco usada como alimento por los animales, aunque sus rizomas tiernos pueden ser comestibles en algunas etapas del crecimiento. Presentan una inflorescencia terminal en forma de espiga cilíndrica de color pardo de 15 a 40 *cm* de largo, sobre un alargado escalpo floral, con pelos sedosos muy compactos, que se utilizan para preparar adornos y relleno de almohadas. Se usa para restauración ecológica en estanques de tratamiento de aguas residuales, pero puede ser altamente invasiva en humedales perturbados, ya que tiende a desplazar a las especies nativas cuando las condiciones de salinidad, hidrología o fertilidad cambian.

sumergidas o emergentes, incluidas especies como el jacinto de agua, la lechuga de agua (*Pistia stratiotes)*, la ova (*Nymphaea odorata*), el miriofilum (*Myriophyllum pinnatum*) y la mazamorra (*Brasenia schreberi*). En las lagunas someras y playazos anegados se encuentra, también, una asociación de algas filamentosas verdes, verdeazules y limo, denominada *Periphyton*, que, además de ser también productora primaria aporta nutrientes y sirve de alimento a muchas especies.

El bosque de ciénaga típico, característico de las ciénagas de Zapata, es un bosque alto, con un dosel de

8 a 15 y hasta 20 *m* de alto, con especies micrófilas semideciduas y profusión de epífitas. Las especies más notables son el roble de yugo (*Tabebuia angustata*), bagá (*Annona glabra*), palma cana (*Sabal parviflora*), júcaro (*Bucida palustris*), majagua (*Talipariti elatum*), e icaco (*Chrysobalanus icaco*).

JACINTO DE AGUA

Entre las plantas acuáticas más conocidas por su conspicuidad y abundancia en nuestros humedales se encuentra el jacinto de agua (*Eichhornia azurea*), de la familia Pontederiaceae. Es una planta flotante que forma poblaciones muy densas que cubren la superficie de numerosos cuerpos de agua, embalses y canales de riego, al punto de convertirse, en muchos casos, en una plaga que obstaculiza su uso, al afectar el flujo de agua y reducir la capacidad de los embalses.

Se caracteriza por sus hojas ovaladas de pedúnculos o pecíolos engrosados por parénquima aerífero. Las raíces fibrosas forman densos manojos flotantes bajo la superficie, que sirven de albergue a una gran cantidad de insectos acuáticos y pequeños peces. Tiene flores muy conspicuas y hermosas, en espiga, de color azul morado. De este género existe en nuestro país otra especie similar que se diferencia por la ausencia de engrosamiento y la longitud del pecíolo de las hojas.

Jacinto de agua
(*Eichhornia azurea*)

FAUNA

La fauna asociada a los humedales cubanos tiene una alta diversidad, en ella se destacan las aves, de las que se han encontrado 186 especies.

En las lagunas costeras aparecen, además de las aves y demás vertebrados terrestres, una gran diversidad de formas de vida subacuática. En estas la producción primaria es dominada por el mangle y el macrofitobentos, mientras que el aporte del fitoplancton es despreciable. Las comunidades de invertebrados de fondos blandos está compuesta, fundamentalmente, por anfípodos, tanaidáceos, ostrácodos, foraminíferos, poliquetos, nematodos y copépodos. Como grupos secundarios están los gasterópodos, bivalvos, isópodos, larvas de decápodos e insectos. Dentro del macrobentos se encuentran moluscos, crustáceos, equinodermos, celenterados, etc. De forma natural existen grandes poblaciones de camarones (*Penaeus*, *Litopenaeus*) y jaibas (*Callinectes*), que crían y se desarrollan en las lagunas. Los camarones al crecer migran hacia el mar, mientras que las jaibas desarrollan todo su ciclo de vida en estas lagunas.

La ictiofauna lagunar es dominada por mugílidos (lisas) y gerreidos (mojarras) y, se puede dividir en cuatro grupos según sus hábitos alimentarios. Estos grupos son: herbívoros, donde solo se encuentra la tilapia que se alimenta de algas del género *Cladophora* y a veces de pequeños invertebrados asociados; detritívoros, especies del género *Mugil*, como la lisa, y los guajacones; comedores de invertebrados, mojarra, patao, mojarra blanca, chopa, boquerón y pataitos, y, finalmente, comedores de peces pequeños, cubereta, robalo, corvina, banano, sábalo, macabí, ronco y picúas. Muchas de estas especies, junto a los camarones y langostas, constituyen recursos biológicos pesqueros que le dan una gran importancia biológica a los manglares y sus lagunas costeras, pues los estadios adultos dependen del éxito de los juveniles en los hábitat de manglar.

Los peces de agua dulce están poco estudiados en Cuba, a pesar de que existen especies muy carismáticas. Entre las más notorias se encuentra el manjuarí (*Atractosteus tristoechus*), especie muy antigua que procede del período carbonífero, hace más de dos millones de años. Importantes también son las cuatro especies de peces ciegos agrupados en el género *Lucifuga*. Dentro de las especies más pequeñas existen los conocidos guajacones en el género *Gambusia*, de gran importancia en el control de los mosquitos. La ictiofauna fluvial consta de 57 especies, de ellas 23 endémicas; a estas se suman las introducidas, que alcanzan ya las 24 especies, entre las que aparecen algunas, como el pez gato (*Claria* sp.) y la trucha (*Micropterus salmoides*), que se han convertido en serias amenazas para las demás poblaciones.

Los anfibios, por definición, constituyen un grupo asociado a ecosistemas de humedales o muy húmedos. Se conocen 62 especies en Cuba, pertenecientes a cuatro familias, y las más conocidas son la rana platanera (*Osteopilus septentrionalis*) y la rana toro (*Rana catesbeiana*), especie introducida. El resto está formado por ocho especies endémicas de sapos del género *Peltaphryne* y más de 40 ranillas del género *Eleutherodactylus*, casi todas endémicas. Estas especies se encuentran en humedales interiores al no estar adaptadas a la salinidad de las aguas costeras y constituyen recursos tróficos muy importantes para numerosas especies de aves acuáticas depredadoras.

Entre los reptiles en Cuba aparecen 153 especies, con 83 % de endemismo. En las costas son frecuentes los individuos del género *Leiocephalus* (perritos de costa), el correcostas de cola azul (*Ameiva auberi*), y la iguana cubana. Entre los ofidios, el majá de santamaría (*Epicrates angulifer*), la mayor de nuestras boas, puede aparecer en los manglares y constituir un depredador potencial de las aves acuáticas que allí nidifican.

De los quelonios (familia Chelonidae) frecuentan las aguas cubanas cuatro especies de tortugas marinas y, además, existe una especie de agua dulce que es la jicotea cubana. Es una subespecie endémica que ha sido incluida en la categoría de *Bajo riesgo-casi amenazada*, por la disminución notable en las poblaciones naturales a causa de la intensa captura comercial, por su uso como alimento o mascota, a que se ha visto sometida durante muchos años. En la actualidad, está en veda permanente.

Jicotea cubana (*Trachemys decussata*).

La iguana cubana (*Cyclura nubila*) pertenece al género *Cyclura que* es endémico del Caribe y contiene ocho especies amenazadas debido a la fragilidad de los ecosistemas de las islas y a ser altamente vulnerables a los efectos negativos de las especies introducidas. La iguana cubana es un habitante típico de nuestras zonas costeras, muy conspicua por su gran tamaño, pero poco conocida desde el punto de vista ecológico.

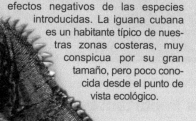

Finalmente, no pueden dejar de citarse las tres especies de cocodrilos presentes en Cuba, los depredadores apicales en algunos de nuestros ecosistemas de humedales. El de mayor importancia conservacionista es el cocodrilo cubano (*Crocodylus rhombifer*), considerado como Críticamente Amenazado y del cual aún existe muy poca información sobre el estado de sus poblaciones en la naturaleza.

El cocodrilo americano (*Crocodylus acutus*) también ha sufrido una fuerte reducción en sus poblaciones, aunque permanece localmente común. Sus mayores poblaciones se concentran en la ciénaga de Birama, alrededor de la desembocadura del río Cauto, donde se encuentra uno de los mayores sitios de nidificación de la región.

En la ciénaga de Lanier es muy abundante el caimán conocido como babilla (*Caiman crocodylus*), especie introducida que ha alcanzado una población estimada en más de 40 000 individuos.

El cocodrilo cubano está incluido en la categoría I de la Convención Internacional sobre el Tráfico de Especies en Peligro (CITES). Tiene la menor distribución geográfica del grupo al estar restringida a las ciénagas de Zapata, en densidades entre 11 y 105 individuos por kilómetro cuadrado, a pesar de que en el pasado estaba ampliamente distribuida por la isla. Es una especie de agua dulce y de tamaño mediano, que alcanza entre 3,5 y 4,9 *m* de largo. Sus amenazas principales vienen de la cacería, que a principios del siglo pasado resultó en más de 90 000 individuos en un lapso de 10 años hasta que fue legalmente prohibida en 1967, la destrucción del hábitat, la afectación por especies exóticas introducidas y la hibridización con *Crocodylus acutus*, que pone en peligro la integridad genética de la especie. La conservación de esta especie ha sido enfocada hacia los programas de cría en cautiverio, para lo cual existen alrededor de cinco grandes criaderos en el país, a partir de los cuales se realizan reintroducciones controladas en lugares naturales.

En cuanto a mamíferos, se encuentra la presencia de varias especies de jutías. Las jutías de los géneros *Capromys*, *Mesocapromys* y *Mysateles*, son un grupo endémico regional, y las 10 especies presentes en el país son endémicas, algunas con poblaciones restringidas a determinados cayos. Son especies comunes en las formaciones boscosas de Cuba y utilizan, intensamente, los manglares.

La jutía rata (*Capromys auritus*) es un endémico local de cayo Fragoso y categorizada en *Peligro Crítico de Extinción* por el pequeño tamaño de su única población, lo restringido de su hábitat y por la amenaza del desarrollo turístico. Las jutías congas (*Capromys pilorides*) que habitan la cayería que rodea a Cuba, forman poblaciones relativamente abundantes y representan una de las mayores bio-

masas animales en los ecosistemas de manglares. En algunos cayos la densidad media anual (jutías adultas/*ha*) fluctúa entre 12 y 18 individuos/*ha*, abundancia que, en la actualidad, parece la normal para toda la cayería norte.

Por último, hasta un mamífero volador se encuentra asociado en estos humedales: el murciélago pescador (*Noctilio leporinus*), el mayor de los microquirópteros. Es un murciélago grande, con una envergadura alar de más de 40 *cm*. Durante el crepúsculo y la noche se puede observar volando sobre la superficie del agua en lagunas, costas y esteros, mientras rastrea con su eficiente sistema de ecolocalización las ligeras ondas producidas por los pececillos al nadar bajo la superficie, para lanzarse y capturarlos con sus fuertes garras.

El manatí (*Trichechus manatus*) es un mamífero marino de gran tamaño, que habita en las costas de Cuba, en pequeños números. Se encuentra en Peligro de Extinción debido a la caza indiscriminada a que ha sido sometido y a la duración de su gestación. Se puede encontrar, en grupos familiares de pequeño número, en cayo Pajonal, en la boca del río Sagua la Chica, en la ensenada de Nazabal, en cayo Vaca, etc.

Humedales naturales más importantes de Cuba

La superficie acuática de la Isla es de 310 676 *ha*; a sitios naturales corresponde 40,5 % (127 137 *ha*). En el inventario de humedales de la región neotropical, aparecen representados los tres mayores humedales geotectónicos de Cuba [Zapata, bahía de Guadiana (Guanahacabibes) y Lanier], los sistemas de cayerías (Sabana-Camagüey, Jardines de la Reina, Canarreos), tres bahías importantes (Nipe, Guantánamo, Cienfuegos), humedales costeros (Turiguanó, Manatí-Puerto Padre, Moa-Punta Cabañas, bahía de Nipe, golfo de Ana María, sur del Jíbaro), algunas lagunas aisladas importantes (lagos de la Sierra Maestra) y la mayor ciénaga deltaica (Birama), los que en total suman alrededor de 1 738 500 *ha*, que representa cerca de 15,7 % del territorio nacional. Este valor, sin embargo, está subestimado al no incluir grandes partes de la franja pantanosa costera que bordea, prácticamente, todo el litoral sur de la isla. Como regiones de importancia para las aves acuáticas se reconocen a nivel internacional las ciénagas de Zapata, de Lanier, la

cayería norte (archipiélago de Sabana-Camagüey) y la ciénaga de Birama, que son las mayores.

También existen otros sistemas notables como la zona costera del sur de la Isla, particularmente, la zona comprendida entre Casilda (-80° 00' O) y Manzanillo (-77° 08' O), que está constituida por llanuras recientes de carácter lacuno-palustre con tres zonas de tipo deltaico-pantanoso en las desembocaduras de los grandes ríos de la región: Agabama, Zaza y Cauto, y es dominada por manglares costeros bien desarrollados. Estos forman una franja de unos 360 *km* y ancho variable entre 3 y 8 *km*, para un área total estimada en más de 85 000 *ha*, salpicada de numerosas lagunas costeras que pueden alcanzar más de 1 000 *ha*. Sin embargo, existe una fuerte ausencia de información biológica sobre estas áreas, así como del archipiélago de los Jardines de la Reina, que también, potencialmente, es un área de importancia para la flora y fauna de los humedales caribeños.

CIÉNAGAS DE ZAPATA

Descripción

Las ciénagas de Zapata son el mayor sistema de humedales del Caribe, con 452 000 *ha* (22° 20' N, 81° 22' O). Está ubicado en la provincia de Matanzas, en uno de los municipios de Cuba de mayor extensión y menos poblado, con una densidad de 1,9 habitantes por kilometro cuadrado. Tiene una longitud de 175 *km* desde punta Gorda a Jagua, un ancho promedio de 14 a 16 *km*, con el máximo de 58 *km* desde el sur de Torriente a cayo Miguel. El territorio consiste en superficies marinas con presencia de rocas carbonatadas (carso) en dos bloques bien definidos: la ciénaga occidental y la ciénaga oriental, separadas por la bahía de Cochinos. El territorio contiene uno de los más extensos sistemas espeleolacustres de las Antillas, caracterizado por una capa de agua subterránea debajo de un extenso sistema de rocas cársicas, con numerosos accidentes geológicos como casimbas, cenotes y lagunatos rocosos. Contiene importantes recursos hidrológicos, áreas de reproducción, desove y desarrollo de especies marinas y terrestres de alto valor económico, sistemas de terrazas marinas sumergidas y arrecifes coralinos de elevada singularidad. La distribución y tipos de vegetación de las ciénagas dependen de la presencia y características del agua como factor ecológico principal; por esta razón existen diversos tipos de vegetación desde la típicamente acuática hasta la casi semidesértica.

Fauna

En las ciénagas de Zapata existen más de 212 especies de vertebrados (17,9 % endémicos), y una alta variedad de invertebrados. Esta región es una de las más importantes de Cuba por la diversidad de aves y por presentar una gran cantidad de especies endémicas y amenazadas. Se han inventariado 250 especies de aves, de las cuales 21 son endémicas y 16 ubicadas en diferentes categorías de amenaza, como son: el Zunzuncito, la Paloma Perdiz, el Catey y el Mayito de Ciénaga. En la zona de Santo Tomás, existen dos especies endémicas locales, únicas por lo restringido de su distribución: la Ferminia y la Gallinuela de Santo Tomás que enfrentan un serio riesgo de extinción. El Refugio de Fauna Las Salinas es reconocido a nivel nacional y en la región del Caribe por la alta concentración y diversidad de aves migratorias, especialmente, por sus abundantes poblaciones de flamencos, seviyas, cayamas y muchas otras especies de garzas y aves acuáticas. Además de aves, este extenso humedal mantiene saludables poblaciones silvestres del cocodrilo cubano y del cocodrilo americano. Entre los mamíferos destacan el murciélago pescador, el manatí y la jutía enana. Además de la fauna existen más de 900 especies de plantas con 13 % de endemismo.

Aspectos de conservación

Las ciénagas de Zapata fueron el primer sitio Ramsar de Cuba, aprobado el 12 de abril del 2001 (sitio número 1 062), y contiene varias unidades de conservación: una Reserva de la Biosfera, un Parque Nacional y un Refugio de Fauna. Estos humedales junto con la franja marina que los circunda por el sur, constituyen un reservorio natural de enorme valor reconocido a nivel internacional. Los enormes recursos de sus ríos, lagos, ciénagas y bosques, así como los humedales artificiales, son de vital importancia para las 19 comunidades humanas, que con una población de unos 10 000 habitantes, se mantienen en su seno. Estas poblaciones dependen, económicamente, de la utilización del humedal, tanto por su explotación forestal y pesquera, como por el turismo ecológico.

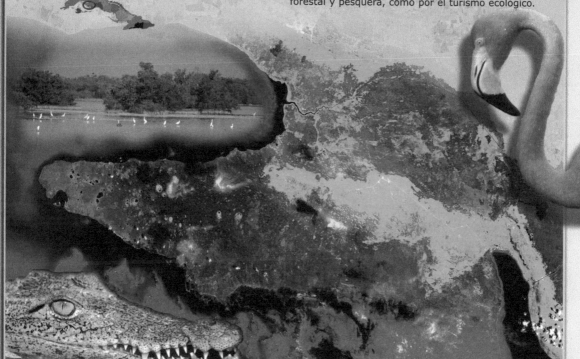

CIÉNAGA DE BIRAMA

Descripción

La ciénaga de Birama es el segundo humedal más grande de Cuba y del Caribe, con un área de 57 048 *ha*. Ubicada en la desembocadura del río Cauto, es la mayor cuenca hídrica del país (20,75º N, 77,16º O). Es una ciénaga de tipo deltaica que, al unirse al resto de los manglares del golfo de Guacanayabo, abarca parte de las zonas costeras del sur de las provincias de Granma y Las Tunas. En este lugar están las formaciones de manglares más saludables del país y muchas de sus áreas han permanecido relativamente inalteradas por su difícil acceso. Es un intrincado sistema de estuarios, lagunas, ciénagas y pantanos de singular belleza y elevado grado de preservación.

Fauna

Contiene grandes poblaciones de aves acuáticas, que se mueven entre sus manglares, esteros, arroceras y estanques aledaños de cultivo del camarón. Otras importantes especies también viven en la ciénaga, que alberga la mayor población reproductiva de *Crocodylus acutus*.

Además, aparecen varias especies endémicas locales en plantas y animales como *Catesbaea gamboana* y *Anolis birama*, respectivamente. Entre las poblaciones de aves resaltan por su magnitud la del Flamenco (*Phoenicopterus ruber*), que nidifica en números superiores a las 20 000 o 30 000 parejas cada año, resulta el segundo sitio en importancia para la nidificación de esta especie en el país. Las poblaciones de garzas y cocos forman sistemas de colonias interconectadas, algunas de las cuales sobrepasan los 15 000 nidos. Son importantes también las poblaciones de cateyes, Carpintero Churroso, cocos prietos, seviyas y yaguasas. Es un sitio importante de invernada para patos migratorios y aves playeras, que utilizan las enormes lagunas de agua dulce y salobre del sistema.

Aspectos de conservación

El humedal está declarado sitio Ramsar y contiene dos Refugios de Fauna: Delta del Cauto y Monte Cabaniguán. Ambos son administrados por la Empresa para la Conservación de la Flora y la Fauna. Las amenazas fundamentales están relacionadas con problemas de las cuencas hidrográficas, el represamiento del agua dulce y la salinización de los suelos. También existen riesgos de contaminación por los agroquímicos que pueden ser usados en las arroceras aledañas, así como por los desechos que el río va acumulando en todo su cuenca. Este sistema es el mayor contribuyente a la productividad del golfo de Guacanayabo donde se desarrollan actividades pesqueras de gran importancia económica.

ARCHIPIÉLAGO DE SABANA-CAMAGÜEY

Descripción

Este archipiélago ocupa una franja de unos 465 *km* de las costas al norte de Cuba, entre la punta de Hicacos y la bahía de Nuevitas. Está formado por 2 517 cayos, con un área emergida de 3 400 *km²*. Es un enorme sistema de humedales formado por manglares, playas, costas bajas y fangosas y una amplia plataforma marina muy rica en formaciones arrecifales. Contiene numerosas formaciones vegetales, se destacan los bosques semideciduos o siempreverde-micrófilos, manglares, comunidades halófitas, matorrales xeromorfos costeros, entre otras.

Contiene unas 708 especies vegetales, de las cuales 126 son endémicas, lo que le da un elevado valor botánico en el contexto del Caribe.

Fauna

La fauna terrestre también tiene una alta diversidad de formas, se destacan las aves, de las que se han encontrado más de 200 especies. Está ubicada en uno de los corredores migratorios que más influyen sobre el archipiélago cubano, relacionado con la ruta migratoria de la Costa Atlántica. Existen otras especies de aves de interés, tales como el Sinsonte Prieto, una raza de Arriero, el Barbiquejo y el Frailecillo Silbador, entre otras. En esta área existen numerosas colonias de corúas de mar, rabihorcados, marbellas, seviyas y varias especies de garzas y gaviotas. Entre los reptiles aparece la iguana y varias especies de lagartijas y camaleones entre los que se destaca el chipojo enano (*Anolis pigmaequestris*) endémico local, potencialmente amenazado, que habita solamente en cayo Francés. En cuanto a mamíferos se encuentran dos especies de jutías, la jutía rata, un endémico local, exclusivo de cayo Fragoso, la jutía conga, y notables poblaciones de mamíferos marinos, en especial de manatíes y de delfines.

Aspectos de conservación

Este archipiélago fue declarado Región Especial de Desarrollo Sostenible (REDS), clasificación especial de Área Protegida que por sus características de gran extensión, alto grado de influencia humana, potencialidad económica e importantes valores naturales y ecosistemas frágiles se diferencia, sustancialmente, del resto de las categorías de manejo de las Áreas Protegidas. Desde 1993 se ha desarrollado un gran proyecto de investigación y conservación , financiado por el Fondo Mundial por el Medio Ambiente (GEF), el Programa de las Naciones Unidas para el Medio Ambiente (PNUMA) y el Gobierno de Cuba.

CIÉNAGA DE LANIER

Descripción

La ciénaga de Lanier y el sur de la Isla de la Juventud, ubicados en este municipio especial (21º 36' N, 82º 48' O) abarcan 126 200 *ha*. El área de ciénaga de agua dulce es bastante pequeña (unas 10 000 *ha*), fragmentada en lagunatos y pantanos dispersos en el carso seco, y un bosque semideciduo que cubre la región. Incluye diversos hábitat, como bosques semideciduos, lagunas arrecifales, pastizales marinos, manglares y una planicie cársica. El hábitat de agua dulce es dominado por la yana y la cortadera.

Fauna

En general, se ha estudiado poco. Son abundantes las aves tanto acuáticas como terrestres, los peces (*Cichlasoma*, *Lepisosteus*, *Gambusia*, etc.), jicoteas, mamíferos (jutías, venados, etc.). Varias especies amenazadas aparecen en el lugar: tortugas verdes, caguamas y cocodrilo americano. Además de los animales, tiene un alto número de plantas endémicas.

Aspectos de conservación

Es el sitio Ramsar número 1134, declarado en noviembre del 2002, y ha sido clasificada como un Área Protegida de Recursos Manejados dentro del Sistema Nacional de Áreas Protegidas. Es el menos conocido de los sistemas de humedales del país.

Capítulo II

Aves acuáticas

Dr. Dennis Denis, Dra. Lourdes Mugica,
M. C. Ariam Jiménez y M. C. Antonio Rodríguez

RESUMEN

Desde hace cerca de 165 millones de años, un grupo de reptiles evolucionó hasta dar origen al grupo de las aves, y desde sus inicios, muchas especies de esta amplia *clase* animal colonizaron los ecosistemas de humedales. Un alto porcentaje de las 9 000 especies que actualmente habitan nuestro planeta viven asociadas a agua agrupadas en cinco grandes grupos: aves marinas, zancudas, limícolas, nadadoras-zambullidoras y rapaces aéreas. Sin embargo, estas especies se diferencian del resto por presentar una serie de adaptaciones particulares, morfológicas, fisiológicas y conductuales relacionadas con el plumaje, adaptaciones circulatorias y respiratorias, o modificaciones del patrón corporal o de las alas y patas, para la vida en los humedales. En cada uno de los tipos generales de humedales aparecen especies con adaptaciones particulares, tales como las glándulas de excreción de sal en las marinas, la estructura densa e impermeable del plumaje en las nadadoras o las modificaciones en las patas y dedos en las vadeadoras y limícolas que habitan las aguas someras. Las aves acuáticas explotan los numerosos recursos tróficos que brindan los humedales con su elevada productividad biológica, fundamentalmente presas vivas: peces, anfibios e invertebrados acuáticos, aunque un buen grupo utiliza semillas o partes de la vegetación acuática. A través de esto representan un papel importante en el funcionamiento del ecosistema acuático, ya que intervienen en dos procesos fundamentales como son el flujo de energía y el reciclaje de nutrientes. En Cuba se han registrado 371 especies de aves, de las cuales 145 son acuáticas en representación de siete órdenes, aunque más de 53 otras especies pueden encontrarse habitando estos ecosistemas ocasionalmente. Los grupos mejor representados son los patos, con 29 especies, 25 migratorias, las zancudas representadas por 17 especies de garzas y cocos, las gaviotas, con 20 especies y las pequeñas limícolas conocidas como zarapicos o títeres, de las que existen 3 especies en Cuba.

Cita recomendada de este capítulo:

Denis, D., L. Mugica, A. Jiménez y A. Rodríguez (2006): Aves acuáticas, Capítulo II. pp: 26-45. En: Mugica *et al.*: **Aves Acuáticas en los humedales de Cuba**. Ed. Científico-Técnica, La Habana, Cuba.

Introducción

Las aves acuáticas son las que dependen del agua, al menos en alguna etapa de su ciclo de vida. Muchas son espectaculares por su tamaño, apariencia o las enormes agrupaciones que forman. Han estado presentes a lo largo de toda la historia humana como fuente de alimento, ornamento y figuras folclóricas; simbolizan, además, lo exótico de los ambientes semiacuáticos naturales. Sin embargo, enfrentan numerosas amenazas directas de los seres humanos. En ocasiones, toman ventajas del alimento concentrado que aparece en los estanques de cría de peces y camarones o en campos de cultivos, y a cambio son atacadas por los hombres. Las agregaciones (dormitorios y colonias de cría) a veces se contraponen a gustos estéticos o intereses higiénicos en los estanques de parques o ciudades. Miles de aves marinas son afectadas por derrames de petróleo, a la vez que la contaminación por pesticidas y agroquímicos causan disminuciones poblacionales en muchas especies estrechamente ligadas a la actividad humana.

Estas aves han desarrollado una serie de modificaciones más o menos acentuadas, tanto morfológicas, como fisiológicas y conductuales, que les permiten hacer uso del ambiente acuático. Muchas de las que se consideran típicamente aves zambullidoras (como corúas, pelícanos, patos), evolucionaron a partir de organismos originalmente terrestres, que se adaptaron, de manera secundaria, a la vida en el agua. Por tanto, se considera que las fuerzas evolutivas ejercidas sobre ellas hayan traído aparejado una gran variedad de adaptaciones, como son la presencia de un plumaje impermeable al agua, visión apropiada para ambos medios físicos, adaptaciones circulatorias y respiratorias a los rápidos cambios en la presión que ocurren al bucear, y modificación de alas y patas para la natación. En cambio, en las no zambullidoras, como las zancudas, su apariencia y órganos internos han cambiado mucho menos que en las anteriores. Sus principales modificaciones externas se expresan en el alargamiento relativo de patas, cuellos y picos, que junto a su capacidad de vuelo le brindan la opción de explotar diversos cuerpos de agua someros y temporales en la medida en que estos estén disponibles.

Adaptaciones de las aves a la vida acuática

La adaptación de las aves a los ambientes acuáticos parece haber surgido desde muy temprano en la evolución de este grupo. Los primeros fósiles datan de 130 000 000 de años y corresponden a un género llamado *Ichthyornis*, de forma muy similar a las actuales corúas. Las aves zancudas aparecen más tarde, hacia la era terciaria en el eoceno. Sin embargo, en general, las aves acuáticas no son un grupo monofilético, de un origen evolutivo común, sino que líneas de numerosos grupos diferentes tendieron a explotar estos ecosistemas, convergiendo en sus adaptaciones.

Ichtyornis

Desde 1859 Darwin expresó que las diferencias morfológicas entre especies son indicadoras de diferencias ecológicas. Entre las aves acuáticas existen varias líneas adaptativas generales hacia las cuales han evolucionado en conjunto los biotipos fundamentales: las aves nadadoras y buceadoras, las voladoras y las vadeadoras, y cada una presenta un conjunto de adaptaciones morfológicas que permiten conocer aspectos de su historia natural.

Las aves que explotan el espacio aéreo están representadas por las aves marinas: gaviotas, gallegos, petreles, y rapaces como el Guincho o Águila Pescadora, el Gavilán Caracolero y el Gavilán Batista. Estas especies tienen bien desarrolladas las alas y todas las estructuras relacionadas con el vuelo, amplias superficies alares en las planeadoras como las marbellas y el Guincho, o alas largas y aguzadas como en las gaviotas, de vuelo más rápido.

Pampero de Cory
(*Calonectris diomedea*)

Igualmente, existen especies de gallinuelas que viven dentro de la vegetación herbácea de ciénaga, donde corren y se ocultan sin volar, con alas pequeñas y rudimentarias, como es el caso también de los zaramagullones, cuya reacción ante el peligro es sumergirse y nadar por debajo del agua.

Posiblemente, las adaptaciones más marcadas en las aves acuáticas están en las estructuras relacionadas con la selección del hábitat y con la alimentación, en particular, las patas y picos. La forma de los picos se considera estrechamente relacionada con el tipo de alimento que ingieren las aves. En los humedales, la alta diversidad biológica brinda una gran cantidad de recursos tróficos diferentes, que son explotados de forma diferencial por varios grupos. Existe una amplia diversidad de productores primarios -plantas- que fijan la energía de la luz solar en los compuestos orgánicos y la ceden al resto de la cadena trófica a través de sus semillas y hojas, que son consumidas por especies vegeta-

rianas o granívoras como patos y gallaretas. El alimento fundamental en este grupo, sin embargo, lo constituyen las presas vivas, desde invertebrados como insectos y sus larvas, camarones y cangrejos, hasta pequeños vertebrados: peces, anfibios, reptiles y pequeños mamíferos.

Los picos entre las aves acuáticas pueden ser largos, cortos, medianos, delgados o robustos, puntiagudos, ganchudos, achatados, rectos, curvados hacia abajo o hacia arriba, que pueden servir para ensartar, hurgar, filtrar, desgarrar, atenazar, escarbar, sujetar, o pescar, entre otras.

En las especies que se alimentan de presas mayores, el pico es típicamente ganchudo como en las rapaces terrestres, alcanza su máximo desarrollo en el Águila Pescadora y los gavilanes. El pico del Gavilán Caracolero es muy curvo, con el extremo superior muy aguzado y fuerte para poder extraer el cuerpo de los moluscos (caracoles del género *Pomacea*) que le sirve como alimento. Sin embargo, esta estructura se relaciona también con la estrategia de captura de las presas, por ejemplo, muchas de las zancudas son depredadoras y capturan peces u otros organismos acuáticos rápidos, en ellas los picos son delgados y alargados para alcanzarlas. Hay situaciones intermedias como es el caso de las corúas, cuyas presas fundamentales son peces y camarones que capturan buceando, para esto emplean un pico alargado que termina en un gancho agudo que les permite agarrar y manipular las presas que son muy móviles y resbaladizas. De igual forma, muchas especies utilizan un forrajeo táctil, es decir, que detectan sus presas por el contacto con los bordes del pico, en este caso tienen picos alargados y delgados para poder introducirlos con menor resistencia en el fango.

También se encuentran especies con picos muy particulares como el caso de la Seviya, su pico es alargado y plano, en forma de cuchareta, con una función hidrodinámica que le permite moverlo con poca resistencia de un lado a otro, mientras filtra su alimento del agua, cieno o fango. En los patos, los picos se aplanan dorsoventralmente; en estos sue-

Guincho

Gavilán Caracolero

Corúa de Mar

Seviya

Garcilote

Coco Prieto

Pato Cuchareta

Zarapico Solitario

len aparecen, además, lamelas en sus bordes: estructuras muy finas y delgadas en forma de peine que les posibilitan filtrar, eficientemente, las semillas y pequeños invertebrados de que se alimentan.

Un pico especializado es el del Flamenco, con una forma particular y muy bien adaptado al filtrado del cieno.

Las aberturas nasales en estos picos modificados se pueden encontrar en diferentes porciones del pico: basales como en las rapaces, medias o en el extremo, de forma que la respiración no se afecte durante la alimentación.

Pichón de Gallito de Río (*Jacana spinosa*)

Las aves marinas mayores presentan una característica típica, que es la presencia de un saco o bolsa gular ubicada debajo del pico. Esta porción del pico y del cuello puede tener diferente grado de desarrollo y estar más o menos emplumada. Su máximo desarrollo se alcanza en los pelícanos y los rabihorcados. Su función más conocida es para la obtención del alimento: para capturar, manipular e ingerir grandes peces, aunque también se utiliza en la termorregulación y como estructuras para la atracción de la pareja.

Los cuellos en las aves acuáticas pueden ser desde cortos hasta muy largos. En las especies vadeadoras de largos picos, generalmente, los cuellos también son largos y responden a la misma fuerza selectiva, ante la necesidad de mantener el centro de equilibrio del cuerpo durante el vuelo y para sondear en aguas profundas. El número de vértebras del cuello es variable, entre 5 y 9, y, en ocasiones, tienen adaptaciones particulares como en las garzas, donde la modificación de una vértebra se relaciona con la estrategia de forrajeo. En especies buceadoras piscívoras, como la Marbella y las corúas, la longitud del cuello les permite mayor maniobrabilidad para capturar presas muy rápidas como los peces bajo el agua.

Las patas determinan o reflejan, de una forma muy estrecha, los hábitat y hábitos de cada especie. Las rapaces mayores tienen patas cortas y gruesas, que terminan en garras muy fuertes para atrapar a

sus presas y, a la vez, permitir que puedan perchar en ramas o árboles. Las patas de las especies nadadoras y buceadoras son palmeadas, es decir, tienen membranas interdigitales más o menos marcadas, para usarlas como paletas e impulsarse en el agua. Esta adaptación aparece de forma primaria en los zaramagullones, cuyos dedos, aunque independientes, presentan engrosamientos laterales que funcionan como pequeñas membranas interdigitales y les facilitan el impulso en el agua. Las especies depredadoras y buceadoras presentan una combinación de pata palmeada con garras bien desarrolladas, como ocurre con las corúas. En las especies marinas las patas son, generalmente, mucho más cortas y las plumas cubren todo el tarso; mientras que en aquellas con hábitos más aéreos se pierde o reduce la membrana interdigital.

Los dedos suelen ser muy largos, lo que aumenta la superficie de apoyo, para poder caminar sin hundirse en fondos blandos como ocurre en las garzas, o incluso sobre vegetación flotante como es típico en los gallitos de río.

Independientemente de los dedos, la longitud de las patas refleja también los hábitat de las especies. Entre las aves limícolas y vadeadoras, que son las que utilizan hábitat fangosos o anegados para forrajear, las diferencias en la longitud del pico entre especies pueden estar relacionadas con el uso de diferentes tamaños de presas o las características del microhábitat donde se alimenten. La longitud del tarso también se puede relacionar con la profundidad del agua en el hábitat de forrajeo. El tamaño corporal se relaciona, estrechamente, con el tamaño promedio de las presas y es por esto la diferencia en talla entre

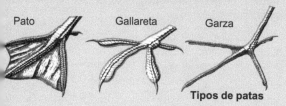

Pato   Gallareta   Garza

Tipos de patas

zancudas y limícolas, a pesar de mantener un biotipo común caracterizado por el alargamiento relativo de las patas, cuellos y picos. Igualmente, las proporciones entre las partes de la pata, y, en particular, de la tibia y el tarso, pueden reflejar información ecológica importante. En dependencia de la profundidad de forrajeo, la tibia estará más o menos emplumada y el espacio desplumado de la tibia resulta una variable que se estudia, frecuentemente, en las especies vadeadoras. Ahora bien, las patas no solo son estructuras locomotoras, sino que participan en actividades vitales como la captura del alimento y conductas reproductivas. Tal es el caso de la Garza de Rizos, donde aparece una coloración amarilla muy

J. M. Wilhem

llamativa en los dedos, que emplean como señuelo para atraer pequeñas presas entre el fango.

Las plumas, cuya función primaria adaptada al vuelo y la termorregulación no era compatible con la vida acuática, también presentan numerosas variaciones en las aves más relacionadas con los ambientes acuáticos. En muchas especies tienen una estructura muy compacta, que unida al empleo de aceites impermeabilizantes producidos por la glándula uropígea sobre la base de la cola, les permiten nadar sin mojarse. En otras especies existen plumas especiales con funciones diferentes como en las garzas, los aigrettes para el cortejo o los arenilleros para la limpieza. En relación con su coloración existe toda una enorme gama de adaptaciones que van desde las coloraciones crípticas, miméticas, epigámicas o sexuales, etc.

Importancia de las aves acuáticas

Las aves representan un papel importante en el funcionamiento del ecosistema acuático, ya que intervienen en dos procesos fundamentales como son el flujo de energía y el reciclaje de nutrientes. A través de ellas circulan gran cantidad de energía y nutrientes esenciales como el nitrógeno, fósforo y otros elementos químicos. Anualmente, estas aves consumen cientos de toneladas de peces, camarones, insectos y anfibios, parte de ellos queda incorporada a su biomasa después de ser metabolizados y el resto circula a través de ellas y se devuelve al sistema en forma de nutrientes reutilizables. En los llanos de Venezuela se ha encontrado que las aves movilizaron, primariamente, grandes cantidades de N_2, P y Ca, de los que la sexta parte fluyó hacia los ecosistemas adyacentes durante los viajes diarios a los dormitorios. A esto se sumaba la exportación neta para la alimentación de los pichones, que movilizaba cerca de 41 % del total de nutrientes de los diques estudiados. En muchos humedales las aves acuáticas apenas consumen una pequeña parte de la producción biológica. Para otros, sin embargo, su efecto es apreciable llegando a alcanzar un equilibrio con la capacidad de carga del ambiente. En algunas zancudas, sin embargo, el consumo de presas no alcanza un valor considerable respecto al total de biomasa existente, debido al propio funcionamiento del ecosistema. Un ejemplo de esto es que existen datos de que alrededor de 500 parejas de cuatro especies de ardéidos llegaban a consumir, anualmente, unas 32 t de pescado, que representaban entre 1,5 y 2 % de la producción real de peces de la zona donde se alimentaban.

Por su capacidad de vuelo y aguda visión pueden detectar, rápidamente, los cuerpos de agua en desecación y aprovecharlos como fuentes de alimento. Así mismo, están entre los más importantes depredadores de organismos acuáticos que se establecen en la cadena trófica de estos ecosistemas, debido a su capacidad de localizar y consumir, rápidamente, a sus presas. El papel de las aves en el reciclaje local de nutrientes radica en su elevada tasa metabólica, lo cual equivale a decir que en muy poco tiempo y en el mismo sitio se transforman moléculas complejas en otras más simples mediante la digestión. Un caso típico en las aves es el del metabolismo del nitrógeno, el cual es excretado al medio como ácido úrico e incorporado, con rapidez, al sistema, producto de la acción de microorganismos específicos en el agua. Este proceso en los sitios de nidificación y descanso, donde se agrupa gran cantidad de individuos, puede alterar la composición química de los suelos y provocar la muerte de las plantas, fenómeno conocido como guanotrofia.

Por otro lado, ellas participan en procesos que quizás sean poco evidentes, pero que no dejan de tener importancia en los ecosistemas acuáticos;

como, por ejemplo: el transporte de huevos de invertebrados y vertebrados acuáticos que quedan adheridos en sus patas y plumajes, de igual forma ocurre con el plancton. Además, por ser depredadores pueden tener influencia directa o indirecta en la composición de especies en los humedales, por cuanto tienen mecanismos de selección del tipo y tamaño de las presas. Pueden actuar como controladores biológicos en agroecosistemas que presenten algún grado de inundación, como las arroceras, por ingerir organismos que son considerados plagas de los cultivos.

Por último, las aves acuáticas constituyen un recurso valioso desde el punto de vista escénico y económico. Ellas son miembros distintivos de los humedales y su belleza ha sido la motivación para la creación de refugios de fauna silvestre, donde son reconocidas como símbolos para la conservación. Por sus características y conspicuidad las aves acuáticas se han convertido en el grupo zoológico que más ha contribuido a la concienciación acerca de la necesidad de conservar los humedales. Los trabajos de conservación sobre sus poblaciones están particularmente dirigidos a preservar los humedales de los que dependen.

Aves acuáticas en Cuba

En Cuba se han descrito 371 especies de aves, que se pueden dividir en dos grandes grupos: aves acuáticas y aves terrestres. Entre las aves acuáticas se incluyen diversos grupos con variadas formas características como las corúas, pelícanos, patos, garzas, cocos, seviyas, frailecillos o limícolas, gaviotas, gallinuelas, gallaretas, etc. Gran parte de esta diversidad de aves aprovecha la posición geográfica de Cuba para utilizar nuestros ecosistemas como sitio de estadía o de paso cuando anualmente migran al sur en busca de zonas más cálidas.

La mayoría de las especies que aparecen en Cuba y que tienen adaptaciones especiales para este tipo de ecosistema, se incluyen en ocho órdenes:

Orden Podicipediformes

Orden Phoenicopteriformes

Orden Procellariiformes

Orden Gruiformes

Orden Pelecaniformes

Orden Charadriiformes

Orden Ciconiiformes

Orden Anseriformes

El primer orden incluye a dos especies conocidas como zaramagullones, aves difíciles de detectar ya que se ocultan bajo el agua ante la menor señal de un intruso. Son pequeñas aves nadadoras, que, generalmente, no vuelan y se alimentan de pequeños invertebrados acuáticos y de peces. Se diferencian de los patos por ser más pequeños, el pico puntiagudo y tener los dedos lobulados. En

Cuba aparecen dos especies de zaramagullones, grande y chico. En el segundo grupo se incluyen aves marinas parecidas en hábitos a las gaviotas, conocidas como petreles y pamperos, que si bien pueden anidar en colonias, se ubican en cayos o costas rocosas de difícil acceso y se mantienen en mar abierto. Se han registrado seis especies de procelariformes, pero todas son raras o difíciles de ver ya que prefieren el mar abierto.

El orden Pelecaniformes, como su nombre lo indica, se identifica, generalmente, por el Pelícano Pardo; sin embargo, en realidad, es un orden mucho mayor que incluye, además, 11 especies entre las que se encuentran las corúas, rabihorcados, rabijuncos, pájaros bobos y marbellas. Las aves de este orden son grandes, con los cuatro dedos unidos por una membrana interdigital amplia, que les permite impulsarse en el agua y, en algunos casos, incluso, incubar sus huevos. Otra de sus características más sobresalientes es la presencia de un saco gular más o menos desarrollado, este saco tiene su máxima expresión en el Pelícano y en el Rabihorcado y casi desaparece en el Rabijunco y el Contramaestre. La mayoría de ellos son gregarios, y se agrupan para reproducirse en colonias más o menos grandes. A nivel mundial el orden incluye 6 familias, con 8 géneros y 67 especies. En Cuba tiene 11 representantes (dos especies de pelícanos, dos de corúas, tres de pájaros bobos, dos de rabijuncos, la Marbella y el Rabihorcado).

Zaramagullón Grande
(*Podilymbus podiceps*)

Zaramagullón Chico
(*Tachybaptus dominicus*)

Contramaestre
(*Phaeton lepturus*)

El orden se divide en tres subórdenes: Phaetontes, Pelecani y Fregata. El primero de ellos incluye una familia, Phaetontidae, con dos especies de mediano tamaño, de forma y hábitos similares a las gaviotas, pero con las dos plumas centrales de la cola muy alargadas. Una de ellas, el Rabijunco de Pico Rojo es accidental en Cuba y la segunda, el Contramaestre, cría en acantilados de la región oriental, pero es muy poco conocido.

El suborden Pelecani, es el más amplio de todos e incluye cuatro familias:

Pelecanidae, Sulidae, Phalacrocoracidae y Anhingidae.

La familia Pelecanidae contiene aves de gran tamaño, distribuidas por todo el mundo. Se han descrito seis especies de pelícanos, dos de ellas solamente en el continente americano y las dos, presentes en Cuba. Estas son el Pelícano Blanco y el Pelícano Pardo. Es un grupo de especies grandes con un enorme desarrollo de la bolsa gular que los caracteriza. Existe la creencia generalizada de que esta bolsa es usada como sitio para almacenar peces, aunque es más bien una adaptación para capturarlos. Los peces atrapados son ingeridos inmediatamente. También es usada para disipar el calor por su intensa irrigación sanguínea y como parte de las conductas de atracción de la pareja.

La familia Sulidae contiene a los llamados pájaros bobos, nueve especies de aves marinas, de las que tres pueden aparecer en las Antillas. Son aves grandes, pero mucho menos corpulentas que los pelícanos, cuya característica más sobresaliente es el pico fuerte y triangular en la amplia base. Las patas y el pico, generalmente, tienen coloraciones epigámicas como atractivo sexual. Son de las pocas especies del orden que no son gregarias, aunque para nidificar se agrupan en colonias. Vuelan con el cuello extendido, por lo general, cerca del agua, también pescan zambulléndose y en ellas, como en las corúas, las fosas nasales externas están cerradas y respiran por la "boca". No poseen parches de incubación, sino que calientan sus huevos (uno o dos) con las membranas interdigitales, altamente vascularizadas. No son aves comunes en los humedales de Cuba, aunque se han registrado las tres especies del área caribeña: el Pájaro Bobo de Cara Azul, el Pájaro Bobo Blanco y el Pájaro Bobo Prieto. Las dos primeras son visitantes muy raros, y sólo la última cría en Cuba.

La tercera familia del suborden es la familia Phalacrocoracidae que incluye a las corúas, llamadas también cormoranes o cuervos marinos. Son medianas, excelentes buceadoras, con un plumaje tan corto y denso que resulta impermeable. El pico es largo, engrosado en el extremo y con un gancho en la punta; sin aberturas nasales externas. Se alimentan de peces y camarones, que persiguen buceando hasta 7 m de profundidad. En algunos lugares se plantea que estas aves favorecen la pesca al alimentarse de peces sin valor comercial. Se conoce que son grandes consumidoras de peces y camarones en los centros de cría artificial de estas especies (acuicultura y camaronicultura). En Cuba se registran dos especies: la Corúa de Agua Dulce y la Corúa de Mar. Las corúas son muy abundantes en otras regiones del mundo, como la costa occidental de América del Sur, donde los millones de ejemplares desempeñan un importante papel en la fertilización del fitoplancton marino con sus deyecciones. Sin embargo, son especies de cuidado, ya que sus poblaciones dependen, en gran medida, de las condiciones climáticas. Millones de corúas, pelícanos y otras aves marinas mueren cuando las anchoas y pequeños peces que les sirven de alimento desaparecen de la superficie por el enfriamiento cíclico del agua, producto de la corriente de El Niño.

Uso de la bolsa gular para la captura de peces por el Pelícano (*Pelecanus occidentalis*).

En 1957-1958 las poblaciones totales decayeron de 27 000 000 a solo 6000, luego aumentaron a 17 000 000 cuando se restauraron las condiciones para volver a caer a 4 300 000 en 1965. Actualmente, los picos poblacionales en los años buenos son cada vez menores debido también a la sobrepesca.

La última del suborden es la familia Anhinguidae, con una sola especie: la Marbella. Miden de 86 a 91 *cm* y son de color mayormente negro, con el dorso barrado de plateado, las plumas blancas sobre los escapulares son elongadas. Son aves hermosas, de cuello delgado y largo. El pico es recto y largo, y no presenta el saco gular visible. Las alas y la cola son amplias, adaptadas al planeo. Vuelan muy alto y son identificables, rápidamente, por su silueta. Habitan en ríos y lagunas, donde, con frecuencia, se les puede ver mientras toman el sol con las alas extendidas. Nadan bajo la superficie del agua con el cuerpo totalmente sumergido dejando fuera solo el largo cuello y la cabeza, de forma que parece una serpiente. También bucean bajo el agua de una forma diferente a las corúas, ya que se impulsan, fundamentalmente, con las alas. Hay dimorfismo sexual: las hembras y los juveniles tienen el cuello hasta el pecho color crema claro por debajo, mientras que en los machos todo es negro. Son comunes en Cuba donde andan y nidifican solitarias. La época de cría abarca desde junio a septiembre. El nido es parecido al de las corúas y ponen entre tres y cinco huevos blanco azulosos.

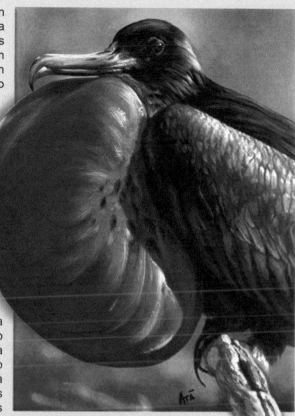
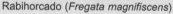

Rabihorcado (*Fregata magnifiscens*)

Por último, el restante suborden de los pelecaniformes es el suborden Fregata, que contiene la familia Fregatidae, con cinco especies de un único género. En Cuba es común la Fregata o Rabihorcado. Esta familia contiene los mejores voladores entre las aves de vuelo planeado. Vuelan muy alto y tienen una silueta muy característica: las alas son muy estrechas y alargadas, lo que hace que la expansión alar sea muy alta en relación con el cuerpo, y la cola es fuertemente ahorquillada. Son aves piscívoras, cleptoparásitas de las gaviotas y otras aves marinas, es decir, las atacan, contínuamente, para robarles sus presas. En esta familia, la bolsa gular, durante la época de cría, se desarrolla mucho en el macho y toma una coloración rojo escarlata, que utiliza como despliegue de amenaza para mantener su territorio de cría. Tienen las patas cortas y se plantea que no pueden levantar el vuelo desde el suelo ya que las alas golpean contra él. Nidifican en mangle alto o en farallones de roca, donde ponen un sólo huevo blanco.

Marbella (*Anhinga anhinga*)

El orden Ciconiiformes incluye la mayoría de las aves conocidas como zancudas, que es un término tipológico y no sistemático, referido a las aves que tienen patas y cuellos largos, sin tener en cuenta su clasificación taxonómica. Existen algunas otras especies con este biotipo patilargo que no pertenecen a este orden: las pequeñas zancudas, como zarapicos o cachiporras (del orden Charadriiformes), las grullas y el Guareao (orden Gruiformes). Estas otras especies tienen una serie de características que las diferencian de las ciconiformes, o sea, que la forma de zancuda no es suficiente para identificar el orden. Sin embargo, se cumple que la mayoría de las zancudas grandes son ciconiformes. Aquí se incluyen todas las garzas, cocos, seviyas y cigüeñas.

Las zancudas, en general, son aves adaptadas al ambiente acuático, pero que a diferencia de las aves marinas su adaptación no se dirigió al nado o al sobrevuelo del ambiente acuático sino al vadeo, es decir, a caminar dentro del agua. De esta forma la selección natural favoreció a los individuos con las extremidades más largas, lo que implicó un alargamiento progresivo de las extremidades inferiores que evitaba mojarse el plumaje y un alargamiento del cuello y el pico que ayudó a mantener el equilibrio sobre las patas largas, a la vez que las nuevas adaptaciones permitieron el uso de aguas someras como sitio de alimentación.

Las ciconiformes incluyen cinco familias, dos de ellas son exclusivamente africanas, pero el resto están distribuidas por casi todo el mundo. Estas son: la familia Ardeidae, que incluye las garzas, la familia Threskiornithidae, que incluye los cocos y las seviyas y la familia Ciconiidae, con las cigüeñas. Cada una de estas familias tiene un conjunto de características particulares, pero todas comparten el mismo biotipo.

La familia Ardeidae es la más numerosa del orden Ciconiiformes, incluye 20 géneros y más de 65 especies. Son las conocidas garzas, zancudas que se han convertido en símbolo de la conservación de los humedales naturales, aunque aún existe desconocimiento sobre ellas, la Garza Ganadera se ha estudiado, ampliamente, por su asociación con ecosistemas antrópicos.

Los integrantes de esta familia tienen varias características particulares que los identifican rápidamente. En primer lugar, el biotipo zancuda y el tamaño mediano-grande los separa de muchos otros órdenes de aves. En segundo lugar, tienen la sexta vértebra cervical con las carillas articulares modificadas, lo que le da al cuello un doblez característico que parece partido o en forma de S,

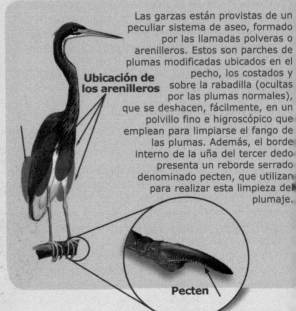

Las garzas están provistas de un peculiar sistema de aseo, formado por las llamadas polveras o arenilleros. Estos son parches de plumas modificadas ubicados en el pecho, los costados y sobre la rabadilla (ocultas por las plumas normales), que se deshacen, fácilmente, en un polvillo fino e higroscópico que emplean para limpiarse el fango de las plumas. Además, el borde interno de la uña del tercer dedo presenta un reborde serrado denominado pecten, que utilizan para realizar esta limpieza del plumaje.

Ubicación de los arenilleros

Pecten

tanto durante el vuelo, como cuando están posadas. Esta característica es una adaptación para capturar a sus presas, lo que se realiza con el repliegue y extensión del cuello a gran velocidad.

Todas las garzas tienen el pico largo y recto, y cuello y patas largas, aunque, en algunas especies, las mejor adaptadas a los ambientes menos acuáticos o terrestres (como la Ganadera y el Aguaitacaimán), son menos largos que en el resto. También son características de estas especies unas plumas alargadas y modificadas que se desarrollan durante la época de cría en la cabeza y

Garzón (*Ardea alba*)

Pág.

Garzas de Vientre Blanco (*Egretta tricolor*)

Generalmente, no tienen apreciable dimorfismo sexual en la talla, aunque los machos tienden a ser un poco mayores en las estructuras esqueléticas. En las alas tienen 10 a 11 plumas primarias y 15 a 20 secundarias. Tienen un vuelo, por lo general, lento y pesado en las especies mayores, con velocidades de 32 a 56 *km/h* en el Guanabá de la Florida y entre 29 y 57 *km/h* en el Aguaitacaimán.

La mayoría de las especies de esta familia son gregarias, excepto las garcitas y el Guanabá Rojo (de la subfamilia Botaurinae). Crían en colonias, siendo esta una de sus características más significativas por su conspicuidad y sus implicaciones conservacionistas. En la reproducción son mayormente monógamos estacionales y existen pocos registros de poligamia aunque sí son frecuentes las cópulas extramaritales. Nidifican en diferentes sustratos: suelo, árboles, vegetación acuática, etc., generalmente, en ciénagas apartadas o lugares cercanos al agua. Pueden tener dos o tres puestas al año de 3 a 7 huevos, que incuban entre 14 y 30 días. Los pichones permanecen en el nido entre 2 y 13 semanas.

Las garzas son especies bimodales en Cuba, ya que existen poblaciones residentes que se entremezclan con individuos migratorios. Sin embargo, más que migraciones bien establecidas, en estas aves hay una rápida y aleatoria dispersión posreproductiva de los juveniles desde los sitios de cría, con movimientos muy marcados de dispersión y colonización de nuevas áreas. En Estados Unidos se ha descrito que luego de la cría hay una dispersión posreproductiva hacia el norte. Para la Garza Azul se ha planteado una ruta migratoria desde el Mississippi a través de Louisiana, Texas y México hasta Centroamérica y Cuba.

en el lomo, que al no tener ganchillos entre las barbillas, se erizan de forma particular. Estas plumas, llamadas *aigrettes* (en fráncés) fueron las responsables de que varias de estas especies estuvieran al borde de la extinción a principios de siglo, debido a la intensa cacería para utilizarlas como adorno en los sombreros de las señoras de sociedad.

En relación con la coloración se pueden separar tres grupos: garzas blancas, garzas oscuras y las de dos variantes. Existen, además, varios tipos de coloración: especies con dos fases: blanca juvenil y oscura adulta (como ocurre con la Garza Azul), y especies con dos morfos, individuos que pueden ser blancos o que pueden ser oscuros, durante toda su vida (la Garza Rojiza y el Garcilote). En estos casos las parejas pueden ser mixtas, aunque, en general, tienden a asociarse con el mismo morfo.

Es un grupo altamente especializado en la captura de presas vivas. Se alimentan, generalmente, de pequeños vertebrados (peces, ranas) y varios tipos de invertebrados (insectos, crustáceos, etc.). El espectro va desde especies altamente especializadas a oportunistas, empleando conductas muy variadas.

Garza Azul (*Egretta caerulea*) con su fase juvenil blanca y un individuo durante la muda.

Morfos gris y blanco de la Garza Rojiza (*Egretta rufescens*).

Esta familia en Cuba está representada por 12 especies:

Garza de Rizos	Garcilote
Garza Ganadera	Aguaitacaimán
Garza de Vientre Blanco	Guanabá de la Florida
Garza Rojiza	Guanabá Real
Garza Azul	Guanabá Rojo
Garzón	Garcita

La familia Threskiornithidae agrupa los conocidos cocos y seviyas, de los que existen tres representantes en Cuba, pero que a nivel mundial contiene otras 29 especies. El nombre de la familia proviene de la especie tipo del género *Threskiornis*, que es el Ibis Sagrado del Nilo, cuya silueta es muy frecuente en los jeroglíficos egipcios al representar al Dios del Sol. Son aves zancudas, pero que se diferencian de las garzas en que el pico es curvo o recto y aplanado; no tienen el cuello doblado (la vértebra cervical no modificada) y carecen tanto de pecten como de arenilleros. No tienen cresta ni plumas modificadas durante la cría. Son coloniales y nidifican sobre árboles en los manglares costeros.

Los representantes más conocidos de la familia son los cocos. El Coco Blanco es un ave común en las costas, de color blanco puro, con los extremos de las primarias negras y vuelan con el cuello recto. Estas especies tienen el rostro desprovisto de plumas y el pico, a diferencia de las garzas, es curvo hacia abajo, lo que le da una silueta ondulada mientras vuelan. En la etapa de cría el rostro y el pico toman un color rojo intenso. Los juveniles son de color oscuro, dorsalmente, y gris en el vientre, que pasa a un gris opaco e irregular mientras mudan, lentamente, hacia el blanco. Con este color permanecen alrededor de un año por lo que muchas personas piensan que es otra especie de coco. No hay dimorfismo sexual, excepto en tamaño, que es evidente cuando vuelan en parejas, y se puede apreciar el mayor tamaño del macho.

Come peces e invertebrados acuáticos, fundamentalmente, camarones. Cría en colonias muy grandes en manglares costeros y cayos. El nido es similar al de las garzas, pero a una mayor altura y los huevos, son gris claro con numerosas manchas oscuras irregulares.

El Coco Prieto, es de color totalmente oscuro, pero la silueta es similar a la del blanco aunque más pequeña. Es originario del viejo mundo, donde migraba, regularmente, entre Europa y África. Llegó a América alrededor de 1817 y desde entonces se extendió por todo el continente. Donde único cría en el continente es en los Everglades de la Florida y en el Caribe. Es posible que Cuba tenga la fuente mayor de reproductores, que surte la población de Norteamérica. Sus características son similares a las del Coco Blanco, pero se alimenta, fundamentalmente, de insectos acuáticos, peces, que captura por medio de un sondeo táctil. Vuela en grandes bandos y, en ocasiones, en formaciones en línea y se puede confundir desde lejos con bandos de corúas, pero si se detalla se puede ver el pico curvo. Nidifica en grandes colonias, junto a otros cocos, guanabaes y garzas. Sus huevos son parecidos a los de las garzas, de color azul, aunque un poco más intenso.

El último representante de la familia es la Seviya. Es un ave inconfundible por la forma de su pico y por su color rosado escarlata. La cabeza, en los adultos, carece de plumas y es de color verde, la base del pico tiene como verrugas verdes y algo parecido a una bolsa gular pequeña. Lo más notable es el pico largo, aplanado y en forma de cuchara, que utilizan para filtrar los pequeños invertebrados de que se alimenta en el fango. Forrajea solitaria o en pequeños grupos, moviendo la cabeza de un lado a otro, formando semicírculos en el agua. No tiene dimorfismo sexual. Los juveniles son blancos y con la cabeza emplumada. Es un ave común, aunque no en grandes concentraciones. Estuvo al borde de la extinción a principios del pasado siglo y aunque sus poblaciones se han

El Coco Blanco tiene un morfo de color rojo escarlata que vive en Sudamérica, y que hasta hace muy recientemente se consideraba una especie diferente, conocida como Coco Rojo, pero que ya se ha detectado que se entrecruzan libremente, por lo que se agruparon como dos subespecies. En Cuba el morfo rojo es muy raro, de hecho solo se han documentado dos reportes en la cayería norte aunque existen más reportes visuales. En el museo Felipe Poey de la Universidad de La Habana existe un ejemplar de color rosado claro colectado en la laguna de La Leche, en Ciego de Ávila. La coloración, al igual que en otras especies, parece depender del contenido de carotenoides de los crustáceos de los que se alimenta.

Seviya (*Ajaia ajaja*)

Coco Blanco
(*Eudocimus albus*)

de la isla. Es grande y corpulenta, totalmente diferente de las garzas a pesar de ser también una zancuda, mide de 83 a 102 *cm*, pesa de 2 a 3 *kg* y puede llegar a 1,50 *m* de envergadura alar. El pico es largo, pero muy ancho en la base; la cabeza y cuello son desnudos. El plumaje es blanco puro con los bordes de las alas negros.

Su ecología es totalmente desconocida en nuestro país solo se sabe de una pequeña colonia de entre 19 y 39 parejas que han nidificado, históricamente, al lado del camino al Refugio de Fauna Las Salinas, en las ciénagas de Zapata a partir de noviembre hasta junio. Cría en colonias de nidos altos, ponen de 3 a 5 huevos que incuban durante 28 a 32 días. Los pichones vuelan a los 60 a 65 días de edad, alcanzan la madurez sexual a los 4 años y crian, generalmente, a partir del quinto. La máxima edad conocida es de 27 años.

Una especie muy conocida, de forma, aparentemente, similar a este último orden son los flamencos, del orden Phoenicopteriformes. Tiene un único representante en Cuba que es el Flamenco, de porte peculiar e inconfundible, cuya característica más sobresaliente y que lo diferencia por completo del resto del orden es la forma de su pico: ancho, corto y curvo, adaptado para filtrar el cieno en busca de pequeñísimos moluscos de los que se alimenta. Son aves localmente comunes en los lugares donde viven, y crían en enormes colonias de miles de individuos en lugares remotos dentro de las ciénagas. El nido es una estructura de fango apisonado, en forma de cono truncado, en áreas seminundadas abiertas, los pichones se crían en grandes grupos, cuidados por pocos adultos y se alimentan solos desde que nacen.

Estos primeros órdenes de aves acuáticas contienen aves cuya estrategia fundamental es el vadeo, sin embargo, un gran grupo de aves acuáticas ha desarrollado otra línea adaptativa encaminada a nadar sobre la superficie del agua. El orden más representativo de estas es el orden Anseriformes, que incluye los patos, gansos y cisnes. Son aves originarias de regiones templadas, pero, anualmente, emprenden largas migraciones para pasar el invierno en áreas más cálidas. Contiene dos familias Anatidae y Anhimidae, estando esta última restringida a Suramérica.

recuperado, aún hay que protegerlas, cuidadosamente, ya que todavía distan mucho de ser numerosas. Nidifica en colonias o solitarias, de mayo a septiembre, a mediana altura. El nido es voluminoso y los pichones son blancos y de pico recto las primeras semanas, pero pronto comienza a tomar la forma característica de la especie.

La restante familia, Ciconiidae, es la que agrupa a las conocidas cigüeñas. Este es un grupo que ha sido símbolo del bien para el hombre desde hace miles de años: hay imágenes de estas aves desde hace 16 000 años en cuevas de España y Francia. Existen alrededor de 28 especies de cigüeñas en el mundo y en Cuba existe un representante que es la Cayama, un ave muy poco conocida, ya que es muy rara y se le encuentra, fundamentalmente, en las ciénagas de Zapata y, puntualmente, en otras regiones

Cayama
(*Mycteria americana*)

La familia Anatidae es la más numerosa dentro del orden Anseriformes. Es un grupo taxonómico grande y complejo, subdividido en tres subfamilias: Anatinae (patos), Anserinae (gansos y cisnes) y Dendrocygninae (patos silbadores), que, a su vez, se subdividen en tribus. Incluye cerca de 45 géneros y más de 147 especies, ampliamente distribuidas en todo el mundo. En Cuba se han registrado 29 especies del grupo, dentro de las cuales los patos son los más comunes y abundantes.

Los patos tienen sus cuerpos perfectamente diseñados para una existencia acuática. La mayoría tiene un cuerpo ancho y elongado, más redondeado en las especies buceadoras, lo que les brinda una mayor flotabilidad. Además, la presencia de membranas interdigitales entre sus tres dedos anteriores les facilita el desplazamiento en el agua, quedando un cuarto dedo reducido en posición posterior y a mayor altura que el resto. Su locomoción en tierra es poco eficiente debido, principalmente, a la corta longitud de las patas que tienen, además, una posición, por lo general, hacia atrás en el cuerpo.

En la base de la cola presentan una glándula denominada glándula uropígea o del aceite, que como dice su nombre segrega una sustancia aceitosa con la que impregnan las plumas convirtiéndolas en impermeables. Esta sustancia no solo impermeabiliza las plumas sino que también las limpia y protege las partes blandas como el pico, el área facial y las patas.

Los picos, anchos y aplanados, terminan en una estructura a manera de uña. Generalmente, sus colores son pardos o grises, aunque en muchas especies se pueden hacer más brillantes durante la estación de cría como ocurre en el Pato Chorizo donde se torna de un azul intenso. En los bordes interiores del pico, aparecen unas estructuras en forma de láminas yuxtapuestas denominadas lamelas y que desempeñan un papel fundamental en el filtrado durante la alimentación. Su desarrollo

Pato Inglés (*Anas platyrhynchos*)

es muy variable y están, particularmente, bien desarrolladas en especies filtradoras como, por ejemplo, el Pato Cuchareta donde alcanzan su máxima expresión.

El plumaje de los patos puede presentar algunas coloraciones vistosas y existe un marcado dimorfismo sexual en cuanto a patrones de coloración en la mayoría de las especies. Los machos tienden, por lo general, a tener colores más brillantes que las hembras que son poco conspicuas, lo que las protege de los depredadores durante la incubación de los huevos. Esta diferenciación es muy marcada durante la época de cría, los machos permanecen, el resto del año, con un plumaje de colores similares a los de las hembras que se denomina plumaje de eclipse. Esta muda de las plumas del cuerpo ocurre dos veces al año en los patos (pre y posreproductiva), con excepción del grupo de los patos silbadores en donde ocurre una sola vez. La muda de las plumas del ala es diferente, ocurre de una sola vez y de forma simultánea, por lo que durante un período relativamente corto son incapaces de volar. Existe un grupo de patos, conocido como de superficie, en el que en ambos sexos aparece un parche de colores metálicos y brillantes en las plumas de las alas que se conoce como especulum. Estos

Pato Pescuecilargo
(*Anas acuta*)

abertura nasal
culmen
uña
garra
membrana
interdigital
tarso
lamelas
dedo
talón

Esquema de picos y patas característicos
de los anátidos

parches son importantes señales sexuales y sociales, que, posiblemente, ayuden a mantener la cohesión entre los grupos.

Ala de Pato de la Florida mostrando el *especulum*.

Los patrones de color de las alas permiten identificar muchas de las especies

Especulum

Pato Lavanco   Pato Serrano   Pato Negro

El gregarismo es una tendencia fuertemente arraigada entre los patos y numerosas son las actividades que desarrollan en grupo. Quizás la más espectacular de todas sea la migración, evento durante el cual se pueden reunir hasta cientos de miles de individuos, en muchas ocasiones, de varias especies, formando bandos multiespecíficos. Estas especies son capaces de viajar grandes distancias y durante mucho tiempo, principalmente, debido a la fortaleza de las cortas y puntiagudas alas y al gran desarrollo de los músculos pectorales. La mayor parte de las especies de patos registradas en nuestro país son migratorias por lo que su presencia está restringida a los meses de octubre a abril. Dentro de ellas, las más abundantes son el Pato de la Florida y el Pato Cuchareta que, se pueden ver en grandes bandos tanto en humedales naturales como artificiales.

De manera general, los patos se encuentran relacionados con ambientes acuáticos y cada especie tiene preferencias por algunos tipos de hábitat en lo cual influyen factores como la profundidad del agua, la presencia o no de vegetación emergente, etcétera.

Generalmente, los patos se alimentan de noche, aunque los patrones diarios de forrajeo son muy variables y dependen de la especie, la estación y el hábitat. Se consideran especies vegetarianas, principalmente, aunque durante ciertas etapas como la incubación y los primeros días de nacidos se pueden alimentar de pequeñas presas animales que son más fácilmente digeribles y aportan una importante cantidad de nutrientes. Como, mayormente, se alimentan de materia vegetal difícil de triturar, necesitan de ayuda para lo cual ingieren pequeñas piedras denominadas gastrolitos. En nuestros

humedales, la dieta que se ha registrado, en la mayoría de los casos, es de origen vegetal, incluyéndose solo pequeños moluscos.

La mayoría de las especies se alimentan en la superficie, de ahí que estos reciban el nombre de patos de superficie y dentro de ellos se encuentran el Pato Cuchareta y el Pato de la Florida, entre otros. En el caso del Pato Cuchareta, se alimenta, fundamentalmente, a través del filtrado de organismos planctónicos; en ocasiones, varios individuos pueden cooperar en la alimentación nadando en pequeños círculos para levantar del fondo las partículas alimenticias y filtrarlas a través de las lamelas del pico. Otras especies están altamente especializadas en la búsqueda del alimento mediante el buceo y son conocidas como patos buceadores. Su dieta consiste, principalmente, en hojas, raíces y otras partes de plantas sumergidas que, en ocasiones, complementan con pequeños invertebrados como insectos, moluscos y crustáceos. Las especies más comunes en nuestro país dentro de este grupo son el Pato Morisco y el Pato Negro o Cabezón, ambos del género *Aythya*.

Otro grupo como los patos silbadores, el más antiguo, filogenéticamente, dentro de los anátidos, se alimentan, fundamentalmente, de bulbos, semillas, raíces, hojas y pequeños frutos, e incluso algunos especies como el Yaguasín que, en muchas zonas, es casi dependiente para su alimentación de áreas arroceras. También aparecen los patos de cola tiesa, como el Pato Chorizo, que se pueden alimentar de cualquiera de las maneras antes descritas, pero la más usual son largas inmersiones de entre 20 y 40 segundos

© Lisa Sorensen

Yaguasa (*Dendrocygna arborea*)

como promedio, durante los cuales filtran los restos del fondo para alimentarse de plantas sumergidas, algas, pequeños moluscos, anélidos y larvas de insectos.

La cría en los patos ocurre, generalmente, una vez al año, cuando las disponibilidades de alimento y hábitat son más favorables. En nuestro país solo crían seis especies, que son bastante difíciles de observar en esta época, pues se retiran hacia los sitios más inaccesibles de los humedales. El período reproductivo se extiende desde abril hasta septiembre y pueden llegar a poner entre 2 y 16 huevos según la especie, los cuales incuban en nidos bastante rudimentarios construidos con material vegetal y al cual adicionan, además, algunos plumones. Estos nidos son construidos, prácticamente, sobre cualquier sustrato. Los pichones son nidífugos, nacen cubiertos de plumón e, inmediatamente, son capaces de seguir a los padres al agua, nadar y alimentarse por sí mismos.

En el mundo, en los últimos tiempos se han extinguido cinco especies y tres subespecies de anátidos y se considera que al menos 16 estén amenazados a escala global. De ellas hay muchas en que el conocimiento sobre su biología es poco o no existe. No obstante, se piensa que el estado conservacionista del grupo es bastante satisfactorio, si se tiene en cuenta los altos niveles de explotación que han sufrido por décadas. A escalas mucho más pequeñas, existen excepciones como la Yaguasa, especie endémica del Caribe, que se encuentra amenazada, fundamentalmente, por la cacería ilegal y la destrucción de sus hábitat. En nuestro país se han registrado las poblaciones más grandes de yaguasas en el Caribe, de ahí la responsabilidad que se tiene en su protección.

Otro grupo menos conocido, pero no menos numeroso e importante y muy bien representado en nuestros humedales, es el formado por las limícolas, conocidas también como aves de orilla (*shorebirds*). Estas pertenecen al orden Charadriiformes, que incluye varias familias tan diferentes entre sí como los zarapicos y las gaviotas. Entre sus características generales se destaca la configuración especial de los músculos de la siringe, propiedad que hace que la mayoría de las caradriformes vocalicen muy bien, tanto en volumen como en tono, lo cual se relaciona con su complejo comportamiento social. Una característica generalizada en la familia es la presencia de glándulas supraorbitales de excreción de sales y la reducción o ausencia del dedo posterior. Con pocas excepciones presentan 11 plumas remeras primarias en las alas y un número aproximado de secundarias, por lo cual el ala es bastante simétrica, independientemente de su longitud. Todas tienen polluelos precociales, que al eclosionar están cubiertos de plumón, y la mayoría son nidífugos.

Tradicionalmente, se dividen en tres subórdenes: Charadrii (limícolas), Lari (gaviotas) y Alcae (las alcas). El suborden Charadrii es, taxonómicamente, el más amplio y es uno de los grupos ornitológicos más diversos y cosmopolitas dentro de los humedales. Incluye 13 familias, de ellas cinco están representadas en Cuba. Se distribuyen por todas las regiones del planeta, y está representado por 60 géneros y 216 especies, de las cuales 25 se consideran amenazadas.

Las limícolas agrupan a especies de pequeño y mediano tamaños (12 a 66 *cm*) que, como su nombre común indica, utilizan, fundamentalmente, los bordes de las zonas anegadas y las áreas de poca profundidad. Pueden ser bastante terrestres y muchas habitan en las costas, aunque no están limitadas a estos hábitat, ya que pueden utilizar otras áreas abiertas dentro de manglares, lagunas salobres, estuarios e incluso pastizales.

A pesar de la alta diversidad taxonómica del grupo, todos sus integrantes mantienen el mismo biotipo: pequeñas, con patas relativamente largas y un pico, por lo general, alargado y fino. La amplia similitud morfológica y el predominio de colores pardos y crípticos, hace del grupo un desafío para cualquier observador. Por ello, para identificar con certeza a algunas especies es necesario tener en

Títere Sabanero
(*Charadrius vociferus*)

cuenta, además de sus características físicas, las vocalizaciones, conductas y hábitat.

Es poco común el dimorfismo sexual dentro del grupo. Generalmente, en las limícolas, abundan los patrones de coloración pardos y grises muy poco llamativos, pero muy útiles como camuflaje en los hábitat que frecuentan. Es común que el dorso presente una coloración más oscura que la región abdominal, donde predominan los tonos claros y blancos. Este patrón bicolor del cuerpo se denomina coloración por contraste y es una adaptación contra la depredación. Cuando el ave es observada desde abajo, los colores que muestra al depredador son claros y poco llamativos. Si es observada desde el aire, su coloración le permite confundirse con los tonos opacos del sustrato.

Zarapico Becasina
(*Limnodromus griseus*)

El pico en este grupo presenta una enorme variedad de formas adaptativas y, generalmente, aparecen especializaciones relacionadas con la obtención del alimento, que pueden detectar de forma visual o táctil. Para muchas especies el método de alimentación empleado varía según la localidad, condiciones del hábitat, penetrabilidad del sustrato, densidad y visibilidad de los recursos alimentarios, entre otros. En general, las mejores condiciones para la alimentación de limícolas con método táctil tienen lugar cuando el sustrato tiene un alto contenido de agua. Son, fundamentalmente, depredadores de presas vivas entre las que abundan invertebrados: gusanos, crustáceos, insectos acuáticos en estado adulto y larval, así como pequeños peces.

Las patas también muestran grandes variaciones dentro del grupo, existe una relación entre las características de las patas y el tipo de sustrato que frecuentan. Las limícolas con dedos pequeños se alimentan, generalmente, sobre sustratos duros, mientras que aquellas con dedos largos o patas semipalmeadas pueden hacerlo sobre sedimento suave.

Algunas especies pueden presentar los tres dedos anteriores más o menos palmeados, que les facilita caminar por sitios cenagosos. En otras, como los falaropos y avocetas, se destacan los dedos lobulados que permiten la natación en aguas someras. El dedo posterior suele ser muy pequeño y, en algunas especies, está ausente como una adaptación a las rápidas carreras que emprenden al ver una presa.

Una de las características más llamativas entre las limícolas, son las largas migraciones que realizan desde sus tierras de cría hacia las de invernada, recorriendo las mayores distancias entre las aves. Una vez concluido el período reproductivo emprenden largos viajes desde las zonas árticas donde crían, hasta regiones tropicales y del hemisferio sur, donde pasan el período invernal. Para cubrir semejantes distancias, presentan una serie de adaptaciones que las hacen excelentes migradoras. Entre ellas, desempeñan un importante papel las modificaciones fisiológicas que han adquirido durante el proceso evolutivo. Antes de iniciarse el viaje migratorio, los zarapicos experimentan un incremento en la cantidad de grasa acumulada en la región del pecho, el abdomen y la espalda, de forma que pueden llegar a duplicar su peso corporal. Esta grasa se utiliza como combustible durante el vuelo y puede llegar a representar 30 % del peso del ave. Los músculos del vuelo y el corazón, también aumentan en volumen justo antes de la salida. Para contrarrestar este incremento en el peso, otros órganos sufren reducciones. Entre ellos se encuentran el estómago, intestinos, hígado, riñones y músculos de las patas.

La mayoría de los zarapicos mantienen un carácter altamente gregario durante la etapa no reproductiva. Por lo general, forman grandes bandos durante las migraciones, que se mantienen en las tierras de invernada y son comunes durante las actividades de alimentación, descanso y defensa.

En nuestro país el grupo está integrado por 5 familias y 38 especies. La mayor representatividad en número de especies e individuos la aportan la fami

Bando de zarapicos del género *Calidris* en las costas de La Habana

Scolopacidae (zarapicos o playeras) con 27 especies y Charadriidae (títeres o frailecillos) con siete especies. Del total de especies cubanas, se tienen registros de nidificación documentados de cinco, en playas de arena o sitios cenagosos como lagunas intermareales, manglares y arroceras; recientemente se ha registrado el uso de nuestras costas como área de cría para otra especie. Suelen nidificar en el suelo, sobre depresiones en el sustrato a las que añaden pequeñas conchas, piedras y ramas que ayudan a camuflagear el nido. Los huevos presentan patrones de coloración muy similares al sustrato. Los polluelos son nidífugos y, prácticamente, solo se mantienen un día en el nido. Atendiendo a la forma del pico y su estilo de alimentación, se pueden establecer dos subgrupos bien definidos dentro de las limícolas: aquellas con picos cortos y robustos, que se guían por la vista para capturar a sus presas; y las de picos largos y finos, que emplean órganos receptores especiales en el extremo de esta estructura, para detectar, de forma táctil, el alimento. Al primer subgrupo pertenecen los títeres, mientras que en el segundo se incluyen los zarapicos.

Títeres *vs.* Zarapicos

Los títeres son más parecidos entre sí en forma y tamaño, en comparación con los zarapicos. Su cuerpo es más bien rechoncho, con una cabeza grande y redondeada, donde se destacan un par de ojos desproporcionadamente grandes. Están armados de un pico corto y robusto con el cual capturan pequeños invertebrados sobre la superficie de los suelos húmedos y secos. Se alimentan haciendo carreritas de pocos metros, interrumpidas por paradas donde elevan la cabeza en busca de una presa y finalizan con un movimiento rápido de picoteo para capturar el alimento. Para poder emplear tal estrategia de alimentación, estas aves cuentan con una excelente agudeza visual que les permite comer tanto de día como de noche. Tal característica la alcanzan gracias a un mayor tamaño y complejidad en la estructura de los ojos, así como el mayor desarrollo de los lóbulos ópticos, en comparación con los zarapicos. En ocasiones, golpean con una de sus patas la superficie del sedimento, lo que provoca vibraciones que hacen que los invertebrados escapen de sus refugios, haciéndose visibles para este agudo cazador. Sus presas suelen ser insectos acuáticos, lombrices o pequeños cangrejos. En Cuba las especies de títeres más conocidas son el Títere Sabanero y el Títere Playero.

Los zarapicos, a diferencia de los títeres, se valen de otros recursos para alimentarse. Sus picos largos y finos, poseen, en la punta, una elevada densidad de células sensoriales especiales, llamadas corpúsculos de Herb, con los cuales detectan los movimientos de sus presas bajo el suelo. Esta útil herramienta hace que los ojos no tengan un papel tan importante en la búsqueda de las presas, por lo que se pueden alimentar durante el día o la noche, aunque, por lo general, prefieren hacerlo durante el día. El método de alimentación táctil se puede poner en práctica a través de diferentes estilos. Por ejemplo, algunos suelen investigar en el suelo introduciendo su pico, repetidamente, hasta detectar algún movimiento que revele la presencia de una presa. Otros corren con el pico sumergido en el agua persiguiendo presas nadadoras, mientras que algunas especies pueden voltear piedras o extraer arena con su pico para encontrarlas. En comparación con los títeres, tienden a comer en bandos más numerosos y compactos, los cuales también pueden ofrecer información sobre los mejores sitios de alimentación. Para estas aves que viven de presas escondidas bajo el sedimento y distribuidas en parches, es muy útil poder compartir información sobre donde se encuentran los lugares con mayor cantidad de alimento, pero, además, comer dentro de un gran bando puede ser más seguro, porque se incrementa la vigilancia ante los depredadores y brinda mayor seguridad al disminuir la probabilidad de ser el blanco de un ave de presa.

Títere Sabanero

Títere Playero
(*Charadrius wilsonia*)

Zarapiquito
(*Calidris minutilla*)

La familia Laridae, a diferencia de las anteriores cuyas adaptaciones fueron al vadeo, contiene aves marinas voladoras, de alas largas y estrechas, con patas cortas, generalmente palmeadas y que, frecuentemente, se alimentan al vuelo, nadando o buceando para capturar sus presas. Son las conocidas gaviotas y otras menos conocidas como los estercorarios, las skuas, gallegos y pico tijeras, aves de distribución cosmopolita que identifican los ambientes marinos. Esta familia ha tenido, históricamente, controversias en su clasificación, y, hoy en día, se reconocen cuatro subfamilias: Stercorariinae (estercorarios), Larinae (gallegos), Sterninae (gaviotas) y Rhynchopinae (Pico Tijera).

Gaviota Real (*Sterna maxima*)

Los estercorarios son aves medianas y robustas, de picos fuertes y ganchudos y plumaje pardo o pardo y blanco. En Cuba se han reportado cuatro especies de los géneros *Stercorario* y *Catharacta*, pero son considerados residentes invernales muy raros o accidentales.

La subfamilia Larinae es la más diversa y representativa de la familia, junto a las gaviotas de la subfamilia Sterninae. Contiene a los gallegos y galleguitos (géneros *Larus*, *Rissa* y *Xema*), especies cosmopolitas aunque la mayoría son boreales, que están representadas en nuestra avifauna por nueve especies.

Son aves generalistas y entre las marinas son de las menos especializadas ya que explotan una gran variedad de hábitat: desde los polos al ecuador y de mar abierto hasta costa adentro incluso en zonas desérticas, aunque la mayoría son costeras. El plumaje de los adultos, generalmente, es blanco, negro o gris, siendo común la presencia de máscaras oscuras. La identificación es muy difícil porque muchas especies son muy semejantes y representa un fuerte reto para los amantes de las aves.

Este grupo de los gallegos y gaviotas contiene aves omnívoras y bastante oportunistas. Se alimentan de una gran variedad de organismos vivos: peces e invertebrados acuáticos de la zona costera, aunque pueden incluir roedores, reptiles, anfibios y huevos de otras aves en áreas más interiores. Son aves monógamas aunque en algunas especies aparecen sistemas de apareamiento poco frecuentes como parejas de miembros del mismo sexo o tríos. Crían en colonias, muchas veces mixtas y tienen un amplio espectro de sitios de cría.

Las gaviotas, propiamente dichas, pertenecen a la subfamilia Sterninae con 44 especies de aves cosmopolitas incluidas en seis géneros. Son ágiles voladoras y su cuerpo está perfectamente adaptado a ello: delgado, esbelto y grácil, con alas largas, estrechas y puntiagudas y patas pequeñas. Tienen un tamaño variable, desde pequeñas a grandes. Son de color blanco o gris muy pálido, con coronas o crestas negras. Se alimentan, fundamentalmente, de peces, camarones, cangrejos o huevos de otras aves. Al igual que muchas aves acuáticas son coloniales, y nidifican, generalmente, en el suelo o en farallones rocosos, sin construir nidos sino aprovechando las depresiones del terreno. En nuestras costas existen 14 representantes de la subfamilia, la mayoría del género *Sterna*.

Y, por último, dentro del orden está la subfamilia Rhynchopinae, con un representante inconfundible que es la Gaviota Pico de Tijera. La caracterizan la particular forma del pico, llamado hipognato por el mayor desarrollo de la mandíbula inferior, y su peculiar forma de forrajeo rozando la superficie del agua con el pico abierto para capturar peces o crustáceos que naden bajo la superficie. Es un ave mediana de color negro por encima y blanco por debajo y con el pico bicolor rojo-naranja brillante y negro. En Cuba es residente invernal poco común, aunque en algunos sitios se han encontrado bandos de más de 300 individuos.

Pico de Tijera
(*Rynchops niger*)

Gallego
(*Larus argentatus*)

Finalmente, el último orden de aves de humedales presente en Cuba es el orden Gruiformes, grupo heterogéneo que incluye las grullas, gallaretas, gallinuelas y al Guareao. Este orden contiene tres familias (Gruidae, Rallidae y Aramidae) con 14 especies representadas en Cuba.

La familia Rallidae incluye a las gallaretas y galli- nuelas, y es la más extensa dentro del orden Gruiformes con 33 géneros, 133 especies vivientes y 14 extintas. Actualmente, al menos 33 especies están amenazadas. La familia es cosmopolita y su distribución es de las más amplias entre todas las familias de vertebrados terrestres, están distribui- das por todo el mundo excepto en las regiones polares, desiertos y regiones montañosas.

Gallinuela de Agua Dulce
(*Rallus elegans*)

Las aves que conforman la familia presentan cierta homogeneidad morfológica, su tamaño es mediano o pequeño y son típicas de ciénagas con abundante vegetación acuática y zonas inundadas. La mayor diferencia entre gallinuelas y gallaretas está dada en que en las gallaretas el pico continúa con una placa frontal y, generalmente, tienen colores brillantes, mientras que en las gallinuelas el pico tiende a ser más largo y fino sin casquete.

El cuerpo es comprimido lateralmente, adaptación que les permite moverse con facilidad entre la densa vegetación acuática, incluso algunas como la Gallinuela de Virginia tienen la columna vertebral flexible, con lo cual también se facilita el movimien- to. El cuello es corto o ligeramente largo. La longi- tud del cuerpo va desde 12 hasta 63 *cm*, mientras que el peso puede variar entre 20 y 3 000 *g*. No existen diferencias entre los sexos. Las alas son cortas, anchas y redondeadas. En general, son malas voladoras, y recorren al vuelo solo distancias cortas. Sin embargo, a pesar de sus pocas habilida- des para esta actividad, algunas especies son capaces de migrar y dispersarse largas distancias y la familia se reconoce por su habilidad para coloni- zar remotas islas oceánicas. Una de las caracterís- ticas de la familia es la alta incidencia de especies no voladoras, por ejemplo, de las especies registra- das en islas 32, o sea 59 %, son formas no volado- ras, donde al parecer la falta de depredadores contribuye a seleccionar aquellas con un menor desarrollo de los músculos del vuelo y mayor en los músculos de las patas. La cola es corta, aunque puede ser cuadrada o redondeada. Las patas son fuertes, adaptadas a hábitos terrestres, aunque los dedos pueden ser muy largos en aquellas especies que se mueven en el agua entre la vegetación emergente o flotante, caminan y corren con gran habilidad, y ante un peligro, rápidamente, huyen hacia la vegetación. También pueden ser buenas

nadadoras para lo cual muchas especies presentan dedos lobulados que les permiten desplazarse con facilidad en el agua, como aparece en la Gallareta de Pico Blanco.

El plumaje es, generalmente, de colores opacos y oscuros, los colores más comunes son el pardo, gris y negro, con excepción del género *Porphyrio* que presenta colores iridiscentes que van del azul al verde. En la mayoría de las gallinuelas los flancos están totalmente rayados. Habitan, fundamentalmente, los humedales donde ocupan todos los tipos de hábitat, desde el terrestre hasta el estuarino, el costero y humedales artificiales como las arroceras. Las más acuáticas de todas son las gallaretas.

Las gallinuelas tienden a ser solitarias o andar en parejas, o pequeños grupos, mientras que las gallaretas tienden a ser más gregarias. La mayoría se comunican con frecuencia por el canto, típico de aves que viven en vegetación muy densa donde el contacto visual está muy limitado.

Algunas especies son vegetarianas y otras dependen, totalmente, de pequeños invertebrados, por lo que se consideran omnívoras, bastante oportunistas, que se adaptan con facilidad a nuevos hábitat y fuentes de alimento. Las especies más acuáticas como las gallaretas son básicamente herbívoras, mientras que las más terrestres son omnívoras o carnívoras, al menos estacionalmente.

Las gallaretas y gallinuelas hacen sus nidos entre la vegetación emergente como la Gallareta Azul y la de Pico Rojo, o incluso entre plantas de arroz o en plataformas en aguas abiertas, como hace la Gallareta de Pico Blanco. La mayoría nidifica solitaria, generalmente, bien separadas una de otra. Ponen entre 1 y 19 huevos, los que incuban ambos sexos.

El grupo cuenta, en Cuba, con 12 especies, de ellas 8 son gallinuelas y 4 gallaretas. Dentro de las gallinuelas, las más comunes son la Gallinuela de Manglar y la de Agua Dulce, ambas con poblaciones residentes y migratorias (bimodales). Le siguen la Gallinuelita Prieta, la Gallinuela Oscura (migratorias), la Gallinuelita y la Gallinuela Escribano (residentes), un poco más difíciles de observar porque se mantienen ocultas entre la vegetación en zonas inundadas. La Gallinuela de Virginia, aunque está registrada para Cuba, solo ha sido observada en dos ocasiones, por lo que su presencia en nuestros humedales es muy ocasional. Finalmente, la joya del grupo es la Gallinuela de Santo Tomás, especie en peligro de extinción y endémica de Cuba, tanto a nivel de especie como de género. Esta se encuentra confinada a los herbazales de ciénaga en la zona de Santo Tomás, ciénagas de Zapata, pero hace muchos años que no se ha visto ya que es muy rara y difícil de detectar entre la vegetación. Resulta interesante que exista un único ejemplar de la especie en exhibición en el mundo, que se encuentra en el museo Felipe Poey de la Universidad de La Habana.

De las cuatro especies de gallaretas, la Gallareta del Caribe ha sido registrada en muy pocas ocasiones, pero las otras tres, la Gallareta de Pico Rojo, la Azul y la de Pico Blanco, son muy comunes en nuestros humedales. La Gallareta de Pico Blanco es la más acuática de todas, por lo que frecuenta aguas abiertas como presas y lagunas donde se pueden observar grandes concentraciones, fundamentalmente, en el período de migración, en el que arriban abundantes bandos provenientes de Norteamérica y se mezclan con las poblaciones residentes.

Las otras dos familias del orden contienen solo un representante cada una en nuestro país. La familia Aramidae está representada por el Guareao, una zancuda de porte similar a los cocos o garzas, pero con el pico casi recto y de color gris. La coloración del plumaje es parda, manchada de blanco. Es una especie solitaria común en sabanas anegadas donde habita su presa favorita: caracoles del género *Pomacea*. Y, finalmente, la familia Gruidae, que tipifica, mundialmente, al orden y donde se encuentran las grullas, 15 especies de corpulentas zancudas de sabanas herbáceas inundables presentes en todos los continentes excepto la Antártida y América del Sur. En nuestro país habita la Grulla Cubana, una forma diferente de la americana (subespecie *nesiotes*) al encontrarnos en el límite sur del área de distribución de la especie. Es el ave mayor del neotrópico, que alcanza 1,76 *m* de alto y se encuentra en peligro de extinción.

Gallareta Azul
(*Porphyrio martinica*)

Gallareta de Pico Blanco
(*Fulica americana*)

BIBLIOGRAFÍA

Del Hoyo, J., A. Elliot y J. Sargatal (Eds.) (1996): **Handbook of the Birds of the World. Vol. 3. Hoatzin to Auks.** Lynx ediciones. Barcelona. 821 pp.

Garrido, O. H. y A. Kirkconnell (2000): **Field Guide to the Birds of Cuba.** Cornell Univ. Press. 253 pp.

Garrido, O. H. y F. García (1975): **Catálogo de las aves de Cuba.** Academia de Ciencias de Cuba. 149 pp.

Gill, F. B. (1995): **Ornithology.** Second Edition. W. H. Freeman and Co., New York. 766 pp.

Hancock, J. A. y J. A. Kushlan (1984): **The Heron Handbook.** Harper and Row, New York. 288 pp.

Podulka, S. R., W. Rohrbaugh Jr. y R. Money (Eds.) (2001): **Handbook of Bird Biology.** The Cornell Lab of Ornithology. Ithaca, NY.

Capítulo III

Entre el mar y la tierra

M.C. Ariam Jiménez

RESUMEN

Una gran diversidad de aves acuáticas explotan lo humedales costeros, pero entre ellas, las aves mar nas (47 especies pertenecientes a ocho familias) y la limícolas (38 especies de cuatro familias) se destaca por su abundancia y carisma. Ambos grupos mues tran una serie de adaptaciones que facilitan su vid en este medio; entre ellas se destacan la presenc de glándulas nasales encargadas de la eliminación d la sal, comportamientos gregarios en áreas de al mentación y modificaciones morfológicas dirigidas la vida en el medio marino. Los humedales costero proveen de alimento a ambos grupos. La zona inte mareal y los sitios de baja profundidad constituye las áreas de alimentación de las pequeñas limícola quienes a través de una amplia variabilidad en tamaño de sus patas y picos, pueden segregarse a largo de las zonas anegadas por las mareas. Las av marinas explotan los recursos tróficos presentes en mar y para ello se valen de versátiles métodos pesca y conductas parásitas. Aproximadament 80 % de los integrantes de cada grupo muestran u carácter migratorio sobre nuestro territorio, estan presentes en las costas durante el período reprodu tivo 16 especies de aves marinas y 6 limícolas. L nidos, por lo general, suelen ser muy rudimentario utilizan depresiones sobre la arena y las rocas. L tamaños de puesta suelen ser menores al de otr aves (acuáticas y terrestres), lo cual se cree q refleje la dificultad de obtener alimento en el med marino. De igual forma, la nidificación en colonias aves marinas, es otra de las respuestas evolutiv ante la vida en un ambiente marino. Hasta momento se han identificado un total de 55 sitios nidificación de aves marinas en nuestros humeda costeros, resultan más escasas las áreas de cr documentadas para limícolas. Las aves marinas y limícolas suelen interactuar con las comunidad humanas asentadas en zonas costeras. La naturale de estas interacciones, en particular, las pesquería pueden implicar efectos negativos y positivos sobre comunidad ornitológica.

Cita recomendada de este capítulo:

Jiménez, A. (2006): Entre el mar y la tierra. Capítulo III. pp: 46-6 En: Mugica *et al.*: **Aves acuáticas en los humedales de Cub** Ed. Científico-Técnica, La Habana, Cuba.

Introducción

Dentro de la amplia gama de humedales distribuidos en la naturaleza, los de tipo costero se encuentran entre los más llamativos y diversos. A su vez, el humedal costero está compuesto por una increíble variedad de hábitat que alternan, una y otra vez, a lo largo de la línea de costa. Si se sigue, de forma continua, esta frontera natural entre el mundo marino y el terrestre, se pueden encontrar formaciones rocosas o de diente de perro, farallones, playas de arena o de lodo, llanuras intermareales, lagunas costeras, ciénagas, estuarios, deltas de ríos y manglares. En este capítulo se tratará, fundamentalmente, la comunidad de aves que, de modo habitual, utiliza los cinco primeros tipos de hábitat.

Las aves comprenden un interesante grupo de vertebrados con rigurosas adaptaciones anatómicas y fisiológicas dirigidas a conquistar el medio aéreo a través del vuelo. Aquellas que utilizan la franja costera muestran, además, otra serie de adaptaciones que les facilita la explotación de los diversos recursos que ofrece este ecosistema.

Uno de los mayores retos que impone la vida en el mar es la eliminación de los altos contenidos de sal que se ingieren a través de la alimentación. Los riñones de los vertebrados terrestres no están aptos para filtrar la sal presente en el agua marina, pues necesitarían eliminar más agua de la ingerida para disolver el cloruro sódico presente en ella. Lejos de lo esperado, los riñones de las aves marinas son, histológicamente, similares a los de

otras aves terrestres y no presentan ninguna modificación especial que les permita contrarrestar el efecto de la salinidad.

La eliminación del exceso de sal en estas aves depende de las glándulas nasales. Esta pequeña glándula pareada tiene un aspecto arriñonado o semilunar y se sitúa en la parte superior de la cavidad orbital de todas las aves marinas. Su desarrollo varía entre las especies que componen el grupo y está dado por el grado d especialización y utilización que realicen de los diferentes recursos marinos.

La eficiencia de esta estructura se ha demostrado, experimentalmente, al administrar una dieta rica en sal a determinadas especies de aves marinas. La rapidez del proceso de filtrado y la proporción de sal eliminada, es 10 veces superior a la que podría

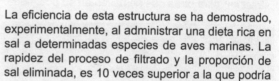

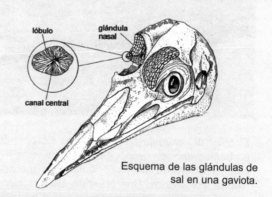

lóbulo

glándula nasal

canal central

Esquema de las glándulas de sal en una gaviota.

Gaviota Monja
(*Sterna anaethetus*)

realizar el riñón en el mismo período de tiempo. En solo unos minutos el exceso salino es expulsado en forma líquida a través de los agujeros nasales del ave y su eliminación se ve facilitada por las bruscas sacudidas de cabeza que, habitualmente, se pueden observar entre sus conductas.

Encontrar alimento en un medio tan extenso como la franja costera, requiere de importantes adaptaciones morfológicas y conductuales. El reto es mayor aún al tener en cuenta que aquí, los parches ricos en alimentos aparecen, irregularmente distribuidos, tanto en espacio como en el tiempo. Tal desventaja se ha contrarrestado a través de mecanismos de facilitación social como la vida en grupos.

De forma general, las aves costeras muestran comportamientos gregarios al establecer bandos en áreas de alimentación que, en ocasiones, pueden estar compuestos por individuos de varias especies. La presencia de esta conducta constituye una adaptación al facilitar la detección de los sitios con un suministro adecuado de alimento. O sea, las concentraciones de aves alimentándose en la franja costera actúan como un estímulo de atracción para otras que se hallan en su búsqueda.

Gaviotica
(*Sterna antillarum*)

El color del plumaje de estas aves incrementa la probabilidad de detección de los sitios de concentración de alimento por otros individuos menos afortunados. Una nube de siluetas blancas contrasta contra el cielo o el mar, por lo que puede resultar fácil de detectar en la distancia, sobre todo si se cuenta con adaptaciones dirigidas a perfeccionar la visión. Tal adaptación se pone de manifiesto en gaviotas y gallegos, a través de un alto porcentaje de gotitas de aceite de color rojo o anaranjado en los ojos, las cuales facilitan la visión debajo del agua; pero, además, es muy útil durante el vuelo en las mañanas con niebla sobre el océano.

La morfología del cuerpo y las alas de las aves que utilizan los humedales costeros, por lo general, aparecen modificadas hacia una vida de intenso peregrinar sobre el medio marino. Son comunes las alas largas y puntiagudas (gaviotas y zarapicos) que confieren una mayor velocidad y dinamismo durante el vuelo y, por lo general, guardan relación con el grado de actividad de la especie, así como su capacidad para emprender vuelos de largas distancias entre los sitios de cría y de invernada.

La casi total perfección en el modo de vida aéreo sobre las costas la ha obtenido el Rabihorcado. Esta especie muestra extraordinarias adaptaciones, entre las que se pueden citar un cuerpo extremadamente aerodinámico y ligero, poderosos músculos pectorales y una fusión de la cintura pectoral donde se afianzan estos músculos, lo cual permite mayor fuerza y solidez al batir las alas. Las alas son largas y estrechas y alcanzan una envergadura de 244 *cm*, en comparación con otras aves marinas de peso similar su carga alar es 40 % menor. Tales atributos les permiten planear durante horas con un gasto energético muy bajo.

Rabihorcado

Nombre científico:
Fregata magnifiscens
Nombre en inglés:
Magnificent Frigatebird
Clasificación:
Orden Pelecaniformes
Familia Fregatidae

Distribución:

Medidas:
Peso corporal (*g*):
Largo del pico (*mm*):
Largo del tarso (*mm*):

No hay datos para Cuba

Alimentación:
Peces y calamares que capturan en la superficie del mar o que roban a otras aves. Pueden ingerir huevos y pichones de otras especies de aves.

Reproducción:
Colonias en manglares. Ponen 1 huevo de color blanco.

Época de cría:
E F M A M J J A S O N D

La alimentación en la franja costera también ha implicado interesantes adaptaciones en los picos de las aves que la frecuentan. La ornitofauna presente en este ecosistema se destaca por la enorme diversidad de picos que han sido seleccionados para garantizar el máximo aprovechamiento de los recursos presentes, tanto en el mar como en la zona intermareal. Si se viaja, imaginariamente, desde el mar hacia la zona terrestre del humedal costero, primero se encontrarán aves con picos fuertes y robustos, a menudo con presencia de una estructura ganchuda y filosa en la zona distal. Picos así facilitan el agarre de peces nectónicos o demersales de mediano tamaño. Aquellas aves que suelen capturar peces

Pág.

de pequeño tamaño que viven más hacia la superficie, generalmente, muestran picos relativamente largos y aplanados, de uno y otro lado, que son empleados a modo de pinzas para asegurar a sus presas. Ya en la franja terrestre, aparecen una gran variedad de picos largos y estrechos que pueden ser rectos, curvados o recurvados, lo cuales resultan muy eficientes para detectar y capturar presas escondidas bajo la arena húmeda o el lodo. Por último, justo en el borde más externo de la zona intermareal, suelen aparecer picos más fuertes y cortos, útiles para atrapar presas que viven sobre la superficie húmeda.

De igual forma, las patas de las aves han sido seleccionadas, evolutivamente, en la dirección que garantiza una explotación más eficiente de los recursos que ofrece la franja costera. Es por esto que no es raro encontrar, en casi todos los grupos de aves presentes aquí, patas palmeadas o dedos lobulados que facilitan la natación y el buceo. También es común la presencia de patas con tarsos alargados desprovistos de plumas y dedos largos que ayudan a mantener el cuerpo del ave alejado del agua mientras camina por suelos blandos o lodosos influidos por las mareas.

Durante las próximas páginas de este capítulo se explorará cuáles son los grupos de aves más comunes en el humedal costero, el aprovechamiento que hacen de los recursos tróficos que estos ofrecen y el uso de las costas para la reproducción. Finalmente, se abordarán temas referentes a la interacción entre las aves de los humedales costeros y el hombre.

Aves frecuentes en las costas

La comunidad ornitológica que suele utilizar los humedales costeros es muy extensa y diversa. En ella se pueden encontrar desde paseriformes, como la Caretica, hasta aves rapaces como el Gavilán Batista o el Guincho. Sin embargo, la comunidad de aves costeras se distingue por la presencia de dos grandes grupos, a su vez bien diversos, que comprenden especies con adaptaciones eminentemente destinadas a la vida en la franja costera. Estos grupos son el de las aves marinas y el de las limícolas.

Como su nombre indica, las aves que integran ambos grupos realizan una utilización diferencial de los dos componentes más conspicuos de la franja costera: el mar y la orilla o zona intermareal. Estas zonas son utilizadas por ellas, mayormente, como sitios de alimentación y reproducción, aunque también pueden brindar otros usos alternativos como los de descanso y protección.

AVES MARINAS

Las aves marinas cubanas están integradas por unas 47 especies que residen o visitan nuestras costas durante alguna etapa del año. Este grupo quizás es el que, generalmente, se asocia, con más rapidez, a los humedales costeros, ya que están presentes en sitios frecuentados por el hombre. A menudo, las aves que aquí aparecen son utilizadas como símbolos de los parajes marinos. Taxonómicamente, el grupo está integrado por ocho familias de los órdenes Procelariiformes, Pelecaniformes y Charadriiformes.

Entre ellas aparecen aves muy comunes que pueden ser observadas durante todo el año a lo largo de nuestras costas. Este es el caso del Pelícano Pardo o Alcatraz, quien, frecuentemente,

acompaña en su ruta a los barcos pesqueros. Muy común también resulta la oscura silueta del Rabihorcado mientras planea sobre playas y lagunas salobres costeras. La Corúa de Mar es otra compañera de pescadores y habitantes de los humedales costeros y, a menudo, se puede ver buceando en aguas someras cercanas a la franja terrestre, o descansando sobre algún sustrato apropiado mientras seca su plumaje con las alas extendidas y expuestas al sol.

AVES COMUNES REGISTRADAS EN LAS COSTAS

Pelícano Pardo	Cachiporra
Corúa de Mar	Zarapico Patiamarillo Chico
Rabihorcado	Zarapico Patiamarillo Grande
Galleguito	Zarapico Real
Gallego Real	Zarapico Manchado
Gallego	Revuelvepiedras
Gaviota de Pico Corto	Zarapico Blanco
Gaviota Real Grande	Zarapico Semipalmeado
Gaviota Real	Zarapico Chico
Gaviota de Sandwich	Zarapiquito
Gaviotica	Zarapico Becasina
Gaviota Monja	Flamenco
Gaviota Monja Prieta	Garcilote
Gaviota Boba	Garza Rojiza
Gaviota Pico de Tijera	Garza de Vientre Blanco
Pluvial Cabezón	Guanabá Real
Títere Playero	Coco Blanco
Títere Sabanero	Seviya
Frailecillo Semipalmeado	

Pero quizás las aves marinas más populares sean el Galleguito y la Gaviota Real. Es muy común observarlas volando cerca de la orilla mientras buscan posibles presas y no es raro verlas practicando vuelos en picada o zambullidas sobre el agua, de las que salen exitosas con un pequeño pez en sus picos.

Su menor tamaño les permite utilizar muchos sustratos como percha, de ahí que puedan ser observadas descansando sobre botes, muelles, postes y rocas. Las dos especies, aunque similares en aspecto general, pertenecen a géneros con características morfológicas y conductuales bien diferentes.

Por las siluetas pueden diferenciarse bien las gaviotas (izquierda) de los gallegos (derecha).

Aproximadamente, 80 % de las aves marinas registradas en las costas cubanas muestran un carácter migratorio, ya sea durante el invierno o el verano. Las aves del género *Larus* (gallegos), por lo general, solo están presentes durante el período invernal. La excepción en este caso es el Galleguito, que reside, de forma permanente, en las costas cubanas, pero también recibe

poblaciones migratorias durante la estación más fría del año. Por otro lado, siete especies de gaviotas permanecen, fundamentalmente, en nuestro territorio durante el verano (Gaviota de Sandwich, Gaviota Rosada, Gaviota Común, Gaviotica, Gaviota Monja, Gaviota Monja Prieta y Gaviota Boba). Sus efectivos poblacionales aumentan con la llegada de la primavera (abril--mayo) y ocupan los sitios de nidificación ubicados a lo largo del archipiélago cubano.

Dentro de las aves marinas aparecen unas 12 especies que constituyen registros ocasionales, considerándose accidentales o raras en nuestras costas. Los casos más extremos con un máximo de tres observaciones en el país son: el Pájaro Bobo del Norte, el Rabijunco de Pico Rojo, el Galleguito de Cola Ahorquillada, el Galleguito Raro, la Gaviota de Pico Largo y la Gaviota Ártica.

No obstante, otras especies consideradas, también, en la literatura como raras o accidentales por su baja frecuencia de observación, realmente, parecen ser más comunes de lo que se conoce, al

PELÍCANO BLANCO (*PELECANUS ERYTHRORHYNCHOS*), RESIDENTE INVERNAL EN CUBA

Autor: Ariam Jiménez

El Pelícano Blanco (*Pelecanus erythrorhynchos*) es una de las aves marinas de mayor tamaño que visita las aguas caribeñas durante el período invernal. Hasta el momento fue considerado como un raro residente invernal en Cuba y Puerto Rico y se le considera errante en el resto del Caribe insular. El mayor número registrado en la región fue un bando de ocho individuos. En Cuba, el ave es considerada como errante y hasta el año 2000 solo se habían realizado ocho observaciones, una en 1838 y el resto en los años 1940, 1954, 1989 y 1997.
En una visita realizada a la laguna Maspotón el 27 de marzo de 2004, se pudo constatar la presencia de un grupo muy numeroso de esta especie. Bandos entre 5 y 30 individuos se reunieron en diferentes puntos de esta importante laguna para desarrollar activas incursiones de forrajeo durante las primeras horas del día (06:00 a 09:00 horas). Las actividades alimentarias fueron ejecutadas junto a grupos de otras especies marinas como el Pelícano Pardo y la Corúa de Mar. Sobre las 10:00 horas comenzaron a concentrarse en una laguna costera de mayores dimensiones. En pocos minutos se agruparon más de 400 individuos, que comenzaron a levantar vuelo y a planear en espiral, ganando alturas mayores a los 50 *m*. Esta conducta fue ejecutada una y otra vez, pero nunca se adentraron mar afuera y a menudo regresaban a refugiarse dentro de la seguridad y protección que brindan las lagunas costeras y los manglares. Este comportamiento

parece ser común en los individuos que se aprestan a realizar vuelos migratorios de largas distancias. Pobladores locales, confirman que durante los últimos seis años han observado la presencia de la población de Pelícano Blanco en este complejo de lagunas costeras al sur de Los Palacios, provincia de Pinar del Río, entre los meses de octubre y marzo. Estos resultados evidencian que al menos un importante grupo de esta magnífica ave marina utiliza la región occidental más extrema de Cuba durante su migración. Al parecer las ventajas de alimentación y refugio que brindan las lagunas costeras pinareñas son aprovechadas por la especie durante el período invernal.

Tomado de: Mugica, L., M. Acosta, A. Jiménez, A. Morejón y J. Medina (2005): The American White Pelican (*Pelecanus erythrorhynchos*), a winter resident in Cuba. **J. Caribb. Ornith.** 18:77-78

menos a escala local. Un ejemplo de esto lo constituye el Pelícano Blanco en los humedales costeros al sur de Pinar del Río. Por otro lado, el estado de permanencia de la Gaviota de Pico Corto y el Pampero de Audubon merece una revisión de acuerdo con recientes hallazgos referentes a su reproducción en nuestras costas. Estas dos especies consideradas hasta hace muy poco como residentes invernales y errantes, respectivamente, fueron observadas criando en dos localidades del archipiélago de Sabana-Camagüey, por lo que parece que mantienen un estado de residencia en el país.

PEQUEÑAS LIMÍCOLAS

La franja terrestre del litoral costero es frecuentada por varias especies de aves que se destacan por su alto dinamismo al moverse con rapidez entre la arena y el lodo. Este grupo conocido como limícolas o aves de orilla, está representado en nuestro país por 38 especies pertenecientes a cuatro familias del orden Charadriiformes. El grupo está compuesto por aves pequeñas, tímidas y de colores poco llamativos, que evitan la perturbación humana, por lo que aunque son abundantes en las costas cubanas, su presencia suele estar asociada a sitios que, por lo regular, resultan inaccesibles al hombre.

Algunas especies, dentro de este diverso grupo, se encuentran confinadas casi de forma exclusiva al litoral costero, entre ellas están el Frailecillo Silbador, el Frailecillo Blanco, el Títere Playero, el Zarapico Blanco, el Ostrero y el Revuelvepiedras. No obstante, la mayoría de las limícolas presentan un carácter más generalista en cuanto a la selección del hábitat, o sea, pueden explotar una mayor variedad de humedales salobres y dulceacuícolas.

La inmensa mayoría de las especies que componen el grupo tienen un comportamiento altamente migratorio (87 %), por lo que residen en nuestros humedales costeros, fundamentalmente, durante el invierno. Solamente cinco especies de limícolas residen de forma permanente en hábitat costeros, ellas son: la Cachiporra, los títeres Sabanero y Playero, el Frailecillo Blanco y el Zarapico Real. A esta lista podría agregarse el Ostrero, del cual se tiene un registro de nidificación muy reciente en el archipiélago de Sabana-Camagüey. Se exceptúa al Gallito de Río, aunque también cría en Cuba, por su utilización exclusiva de humedales dulceacuícolas.

La Cachiporra es la limícola residente más común de nuestros humedales. Su estilizada figura, el fuerte contraste entre los colores negro y blanco de su plumaje y rojo en sus patas, así como sus estridentes vocalizaciones, las hacen un componente muy llamativo de los hábitat que utiliza. Su presencia en zonas costeras resulta más conspicua en la primavera, cuando las precipitaciones propician mayor abundancia de invertebrados acuáticos en los lodazales intermareales de poca profundidad y ellas comienzan las labores de cortejo, nidificación y cría.

Cachiporra

Nombre científico:
Himantopus mexicanus

Nombre en inglés:
Black- necked Stilt

Clasificación:
Orden Charadriiformes
Familia Recurvirostridae

Distribución:

Medidas:
Peso corporal (g): 178,3
Largo del pico (mm): 63,9
Largo del tarso (mm): 116,0

Alimentación:
Invertebrados acuáticos (camarones, insectos, lombrices), renacuajos y pequeños peces.

Reproducción:
Nidifica en el suelo en zonas húmedas o semiinundadas. pone de 3 a 4 huevos de color gris con manchas negras.

Época de cría:
E F M A M J J A S O N D

No obstante, las mayores congregaciones se alcanzan durante el período de septiembre a diciembre, pues aunque la especie reside en el país, recibe durante estos meses notables grupos provenientes de Norteamérica. Es por esto que se plantea que es un residente bimodal en nuestro territorio.

Un comportamiento similar al de la Cachiporra en cuanto a su grado de permanencia en el territorio, se observa en el Títere Sabanero.

Este residente bimodal de amplia plasticidad ecológica, es común durante todo el año, pero en los meses invernales es frecuente observar mayores números poblacionales. Todo lo contrario sucede con el Títere Playero, quien es difícil de observar en los meses más fríos, pero al llegar el verano se incrementan sus poblaciones en nuestras costas y llanos intermareales, a donde llegan para formar pareja y reproducirse, o sea, es un residente de verano.

Es de destacar que la mayoría de las especies incluidas aquí tienen sus áreas de crías en la región ártica, pero al acercarse el invierno en estas frías zonas, emprenden un largo viaje hacia sitios más cálidos y con mejores recursos alimentarios. De hecho, uno de los aspectos más sorprendentes de la ecología de las limícolas lo constituyen sus espectaculares migraciones. Algunas de estas pequeñas aves son capaces de volar más de 20 000 *km* en las peregrinaciones de ida y vuelta, llegando a desarrollar velocidades cercanas a los 80 *km/h*.

Se plantea que la migración es una estrategia que ha evolucionado en las especies como respuesta a las cambiantes condiciones del clima y la geografía terrestres. Una teoría propuesta se refiere a que al final de la última glaciación, las áreas más al norte comenzaron a experimentar un clima más cálido y los cortos veranos favorecieron a invertebrados de corto tiempo de vida y ciclos reproductivos rápidos. Esta abundante fuente de alimento en un área con pocos competidores y depredadores propició que aves como las limícolas, tomaran ventaja sobre los recursos disponibles durante el corto verano ártico. La migración fue el mecanismo que les permitió aprovechar estas áreas de alimentación durante uno de los períodos de mayor demanda energética: el ciclo reproductivo.

Las limícolas emplean cerca de dos meses al año en sus hábitat de cría, mientras que la mayor parte de su ciclo de vida transcurre en las zonas de invernada.

Dentro de las limícolas migratorias, el Zarapiquito es quizás el más común y numeroso en los humedales costeros. Sus congregaciones suelen sobrepasar los miles de individuos y se pueden localizar en una amplia variedad de hábitat costeros, tanto en la región norte como sur del país. Otras especies también son muy comunes en nuestro territorio y, en ocasiones, forman grandes grupos en lagunas costeras de baja profundidad, como sucede con el Pluvial Cabezón, el Frailecillo Semipalmeado, el Zarapico Semipalmeado, los zarapicos patiamarillos Grande y Chico, el Zarapico Becasina y el Revuelvepiedras.

En el grupo también existen algunas especies muy raras, observadas en contadas ocasiones. Entre ellas se encuentran los zarapicos del género *Phalaropus*, de los que solo se cuenta con dos registros por especie, realizados entre los años 1953 y 1967. La excepción la constituye el Zarapico Nadador, del cual se tiene un registro más reciente. Los hábitos pelágicos de estas especies quizás sean los responsables de su bajo número de avistamientos en los conteos realizados en las zonas costeras.

También el Ostrero, la Avoceta Pechirroja, la Avoceta Parda y la Avoceta Americana constituyen registros casuales entre la comunidad de aves de orilla que visitan el territorio cubano. Esta última solo contaba con cinco observaciones antes del año 2000, pero de esta fecha en adelante se han comenzado a observar, de forma más frecuente, pequeños grupos (entre 5 y 20 individuos) y algunos individuos aislados en los humedales costeros orientales, como los de la ciénaga de Birama.

Como se ha visto, los dos grupos más importantes dentro de la comunidad de aves costeras, presentan un marcado carácter migratorio sobre el territorio nacional. Los humedales costeros cubanos, tanto en el invierno como durante el verano, reciben poblaciones de aves que transitan o residen por un período determinado de tiempo. Incluso, muchas de las especies que residen de forma permanente en el

Zarapiquito

Nombre científico: *Calidris minutilla*

Nombre en inglés: Least Sandpiper

Clasificación: Orden Charadriiformes
Familia Charadríidae

Distribución:

Medidas:	♀	♂
Peso corporal (g):	22,8	20,1
Largo del pico (mm):	18,9	18,5
Largo del tarso (mm):	20,9	20,4

Alimentación:
Pequeños invertebrados (crustáceos, insectos, moluscos, gusanos) y semillas

Reproducción:
Cría en Norteamérica.

Época de cría:
E F M A M J J A S O N D

Grandes concentraciones de zarapicos se forman en los playazos costeros durante la etapa migratoria.

Dinámica de la comunidad de aves de la playa La Tinaja, Ciego de Ávila

Autor: Ariam Jiménez

La dinámica de una comunidad de aves acuáticas en un humedal costero fue estudiada entre abril de 1986 y marzo de 1988, en la playa La Tinaja, provincia de Ciego de Ávila. La comunidad de aves estuvo compuesta por 50 especies de aves acuáticas, entre las que se destacaron en orden de abundancia la Corúa de Mar, el Zarapiquito y los zarapicos Semipalmeado y Manchado. Otras aves costeras como el Pelícano Pardo, el Galleguito y la Gaviota Real mantuvieron importantes efectivos poblacionales durante todo el año. Esta comunidad mostró notables variaciones a lo largo del ciclo anual. Las congregaciones más importantes tuvieron lugar entre los meses de diciembre y abril, motivadas por la acumulación de individuos migratorios entre diciembre-febrero y la concentración de una notable cantidad de residentes permanentes en el mes de marzo. La disminución más marcada en la comunidad tuvo lugar en el mes de junio. Justo en este mes la mayoría de las aves se enfrentan a las tareas reproductivas en otras áreas de nuestro territorio o fuera de él. La influencia de las especies residentes invernales se observó desde el mes de agosto, que marcó el inicio de un incremento progresivo en la riqueza y abundancia de las especies. Este aumento no fue de forma lineal, pues ocurrieron fluctuaciones

mensuales hasta octubre, debido, fundamentalmente, a entradas y salidas de bandadas de especies migratorias que utilizaron el área como sitio de paso. A partir de noviembre el incremento en el número de individuos ocurrió rápidamente y casi en forma lineal hasta alcanzar un máximo en enero. Finalmente, en febrero comenzó a disminuir la abundancia relativa de los residentes invernales hasta el mes de mayo cuando se retiraron las últimas especies migratorias.

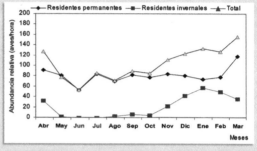

Variación en la abundancia relativa (AR) en la comunidad de aves de playa La Tinaja durante el período de abril de 1986 a marzo de 1988.

Tomado de: Acosta, M., J. Morales, M. González y L. Mugica (1992): Dinámica de la comunidad de aves de la playa La Tinaja, Ciego de Ávila, Cuba. **Cien. Biol.** (24): 44-58.

territorio ven aumentar sus efectivos poblacionales en estos períodos de afluencia. Todo esto, unido a los procesos de reproducción y dispersión, trae como resultado notables cambios temporales en la composición y estructura de las comunidades de aves costeras. Un ejemplo de tales variaciones fue documentado en playa La Tinaja, provincia de Ciego de Ávila, durante los años 1986 a 1988.

Alimentándose entre el fango y las olas

La presencia de dos ecosistemas totalmente diferentes convergiendo sobre el humedal costero, posibilita la existencia de una amplia y variada gama de recursos tróficos provenientes del mar, la franja terrestre y la zona intermareal. Las aves que componen la comunidad ornitológica costera realizan un amplio uso de ellos y cuentan con diversas modificaciones y especializaciones que permiten una óptima distribución en función de las disponibilidades tróficas.

Una gran variedad de grupos taxonómicos de diferentes tallas son incluidos dentro de la dieta de las limícolas, entre los que se destacan invertebrados como moluscos, poliquetos, anfípodos, crustáceos, coleópteros, hemípteros, entre otros. Las especies de mayor tamaño pueden

ingerir presas más grandes entre las que se pueden encontrar pequeños peces que frecuentan aguas someras. Para incorporar todos estos recursos tróficos a su sistema digestivo, los miembros de este grupo se valen de diferentes adaptaciones entre las que se destacan aquellas relacionadas con patas y picos.

Las patas de las limícolas son de las características más llamativas del grupo. Su tamaño relativamente largo y la carencia de plumas en la región del tarso, constituyen una adaptación que les ha permitido caminar en busca de alimento a través del agua y el fango. Dicho atributo no es un hecho casual sino una respuesta evolutiva ante la necesidad de aprovechar las zonas anegadas que aparecen ricas en alimento al retirarse la marea.

Las especies que componen el grupo realizan una utilización diferencial de la amplia franja marino--terrestre de playas y llanuras intermareales, lo cual facilita la convivencia en un mismo hábitat. El tipo de sustrato y su grado de anegamiento pueden influir, notablemente, sobre las limícolas. Por ejemplo, las zonas fangosas poco profundas, como aquellas que quedan expuestas durante la marea baja, constituyen el hábitat ideal para zarapicos de pequeño tamaño (Zarapiquito, Zarapico Chico y Zarapico Semipalmeado). Otras especies del género, como el Zarapico Blanco, prefieren utilizar playas de arena donde la textura del sustrato les permite correr por delante del frente de olas en busca de presas arrastradas, o descubiertas por el agua. Los pequeños títeres del género *Charadrius* (Frailecillo Semipalmeado y Frailecillo Blanco) emprenden rápidas y cortas carreras por zonas secas o húmedas donde, en ocasiones, solo queda una escasa película de agua. Por otro lado, las especies de tamaños intermedios como los zarapicos patiamarillos, Zarapico Becasina, Zarapico Real y Cachiporra, se ven favorecidos en un rango de profundidad entre los 10 y 15 *cm*.

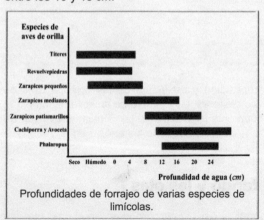

Especies de aves de orilla

	Seco Húmedo 0 4 8 12 16 20 24
Títeres	
Revuelvepiedras	
Zarapicos pequeños	
Zarapicos medianos	
Zarapicos patiamarillos	
Cachiporra y Avoceta	
Phalaropus	

Profundidad de agua (cm)

Profundidades de forrajeo de varias especies de limícolas.

Los picos complementan la segregación trófica del grupo a través de notables adaptaciones dentro de las especies. Evolutivamente, se ha seleccionado un patrón de alargamiento que permite la utilización de los recursos que se mantienen escondidos bajo el sustrato. Por lo general, los picos cortos

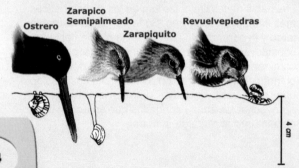

Ostrero | Zarapico Semipalmeado | Zarapiquito | Revuelvepiedras

4 cm

están vinculados con una estrategia de alimentación visual, mientras que los picos largos se encuentran, adaptativamente, relacionados con una forma de alimentación táctil. Se supone que la estrategia de captura visual a través del picoteo sea la más primitiva y a partir de ella evolucionó la estrategia táctil como resultado de penetraciones accidentales del sedimento que revelaron mayores suministros de alimento. Ante tal recompensa nutricional se vieron favorecidos los picos con una alta capacidad de penetración e inspección.

De esta forma, cuando se observa a las limícolas en plena actividad, pueden notarse especies como el Ostrero, con un pico largo y aplanado, muy útil al desprender e ingerir a los quitones que se adhieren al diente de perro. El Revuelvepiedras se vale de fuertes músculos en el cuello para utilizar su robusto pico como una máquina excavadora que descubre a las presas escondidas bajo las piedras, arena y amasijos de algas arrastradas por las mareas. Por otro lado, el Zarapico Semipalmeado y el Zarapiquito emplean mucho tiempo tomando de forma rápida los nutrientes depositados en la capa superior del sedimento; mientras que los títeres capturan a sus pequeñas presas mediante rápidos y enérgicos picotazos.

Algunas especies como las cachiporras son capaces de utilizar ambas estrategias (visual y táctil), según sea propicio. Las más comunes suelen ser las de tipo visual como el picoteo. Sin embargo, ante condiciones ambientales adversas que afecten la detección de las presas (como el encrespamiento de la superficie del agua por la acción de los vientos o un aumento en la turbidez del agua) son capaces de cambiar hacia un método táctil como el sondeo.

Hasta el momento se han realizado muy pocas investigaciones en el país sobre la composición de la dieta de las aves marinas en nuestros humedales costeros. La escasa información proviene de colonias de nidificación de corúas y pelícanos en el Refugio de Fauna Río Máximo, provincia de

Galleguito

Nombre científico: *Larus atricilla*

Nombre en inglés: Laughing Gull

Clasificación: Orden Charadriformes Familia Laridae

Distribución:

Medidas:

	-♀/♂-	
Peso corporal (g):	289	327
Largo del pico (mm):	36.5	39.7
Largo del tarso (mm):	47,7	51,6

Alimentación:
Carroña, desperdicios, moluscos, insectos, huevos de otras aves marinas.

Reproducción:
Nidos en el suelo, en cayos rocosos. Pone de 2 a 3 huevos olíváceos con manchas marrón.

Época de cría: E F M A M J J A S O N D

Camagüey y cayos Seviya ubicados en el golfo de Guacanayabo. En ambos casos los regúrgitos de los pichones mostraron la presencia de manjúas (*Jordan* sp.), sardinas (*Harengula* sp.) y machuelos (*Opistonema oglinum*).

De forma general, las aves marinas explotan los recursos presentes en el mar, principalmente, peces, crustáceos y cefálopodos. La amplitud de la franja marina explorada puede ir desde la orilla hasta mar abierto. Por ejemplo, el Galleguito suele mostrar un rango de forrajeo desde la línea costera hasta, aproximadamente, unos 10 *km* mar adentro, por lo que es reconocida como una especie altamente costera. No obstante, cuando escasean las presas, son capaces de alejarse de la línea costera por más de 25 *km*. La profundidad de forrajeo también resulta muy variable dentro del grupo, pues existen especies que capturan solo presas sobre la superficie y otras pueden zambullirse o bucear tras ellas a profundidades mayores.

Los gallegos (*Larus* sp.) son los menos especializados en cuanto a métodos de alimentación y tipo de alimento utilizado. Son muy adaptables, oportunistas y omnívoros. Pueden consumir peces, invertebrados acuáticos y también presas terrestres entre las que se encuentran artrópodos, roedores, huevos y pichones de aves. Sus hábitos alimentarios son tan amplios que incluyen la utilización de carroña y desechos; alcanzan una alta especialización en este sentido en países templados, donde resultan muy comunes y abundantes en los basureros de las ciudades costeras.

La alta diversidad de tipos de presas utilizados por el género implica un amplio repertorio de conductas tróficas, algunas de ellas muy similares a las de sus parientes cercanos, las gaviotas. Son comunes las zambullidas superficiales, el revoloteo con zambullida cuando detectan cardúmenes de peces, el uso de sus patas como remos para revelar a invertebrados acuáticos escondidos en sitios poco profundos y actividades natatorias dirigidas a capturar artículos flotantes. En tierra se pueden considerar entre las aves marinas más ágiles y aprovechan sus bondades morfológicas para caminar y capturar presas terrestres. El robo de presas o piratería es otro comportamiento común entre ellos y se manifiesta de forma muy marcada en el Galleguito, quien llega a ser un pirata muy agresivo durante la etapa reproductiva. El cleptoparasitismo, como técnicamente se conoce esta conducta, se establece tanto entre individuos de la misma especie como entre el Galleguito y otras aves marinas, entre las que se encuentran el Pelícano Pardo y la Corúa de Mar.

Un ejemplo de la utilización de esta conducta trófica por el Galleguito fue descrito en 1999, en la camaronera de Tunas de Zaza. En los estanques de cría del camarón, los galleguitos sobrevolaban los bandos de corúas que buceaban tras sus presas. Por lo general, las corúas necesitan emerger a la superficie para tragar presas grandes y esta ocasión era aprovechada por los galleguitos quienes con un rápido vuelo en picada arrebataban el alimento a las corúas. Un posterior análisis de los contenidos estomacales de ambas especies reveló

El **cleptoparasitismo**, o piratería, se define como el robo de alimento. Este patrón de forrajeo reduce el costo (en términos de energía y riesgo) asociado al forrajeo directo, pero requiere que el pirata presente habilidades que le permitan maniobrar, exitosamente, sobre sus hospederos. El cleptoparasitismo solo es rentable cuando existen determinados factores etológicos y ecológicos. Entre ellos se encuentran: 1) el pirata necesita ser oportunista y presentar capacidades aéreas acrobáticas, 2) deben ocurrir grandes concentraciones de hospederos en hábitat abiertos y 3) los hospederos tienen que transportar de forma predecible grandes cantidades de alimento a un lugar establecido (perchas, colonias de cría, etcétera). Por lo general la incidencia de comportamientos cleptoparásitos suele ser mayor en especies de aves marinas que se alimentan en la superficie como los gallegos, gaviotas y rabihorcados. Por otro lado, tanto la frecuencia como el éxito de esta conducta aumentan cuando los hospederos ingieren presas grandes que traen aparejado un mayor tiempo en su manipulación.

que el éxito de los galleguitos solo era posible cuando las corúas capturaban presas grandes y difíciles de manipular, como camarones de, aproximadamente, 8 *g*, los peces pequeños (alrededor de 1 *g*) capturados e ingeridos con rapidez, por las buceadoras no aparecieron en la dieta de los piratas aéreos.

Las gaviotas, a diferencia de los gallegos, son aves marinas más especializadas en cuanto al tipo de presas que explotan (fundamentalmente peces) y el método de forrajeo utilizado. La mayoría de las especies obtienen su alimento en hábitat exclusivamente acuáticos, ya sean costeros, oceánicos, estuarinos e inclusive dulceacuícolas.

La excepción dentro del género *Sterna* la constituye la Gaviota de Pico Corto, quien, usualmente, se alimenta de presas terrestres. Este comportamiento ha sido registrado en áreas de arroceras cubanas donde estas aves resultan comunes y abundantes durante el período invernal. Sobre las terrazas recién roturadas se han observado bandos de 30 a 300 individuos patrullando una y otra vez el terreno a baja altura (entre 3 y 7 *m*).

Eventualmente, uno o varios individuos dentro del grupo descienden a gran velocidad y con gran precisión atrapan con sus picos a pequeños lagartos, grillos y otros invertebrados sobre el terreno. Todo el mecanismo es realizado desde el aire y no llegan a posarse sobre el sustrato. La presa capturada es ingerida, rápidamente, y los individuos vuelven a unirse al bando, el cual se mantiene sobrevolando varias veces el mismo campo hasta que la detección o el éxito de captura del grupo se hacen, prácticamente, nulos, lo que provoca el movimiento hacia otra terraza. Este método de forrajeo involucra habilidad, destreza y agilidad en el vuelo, factor común que se repite en el resto de las especies de gaviotas que frecuentan las áreas marinas.

En el medio marino se pueden observar diversas estrategias de forrajeo que implican búsquedas aéreas, revoloteo sobre el agua, actividades natatorias, zambullidas y buceos. Los métodos en sí pueden ser complejos y llevar varios pasos. Por ejemplo, en el método zambullido-buceo, las gaviotas buscan sus presas por movimientos de ascenso y descenso a alturas entre 3 y 15 *m*, una vez que es localizada revolotean sobre ella y luego de detenerse por un instante o remontar algo más la altura, se zambullen, directamente, en el agua. Por lo general, se sumergen por completo, pero si la presa está cercana a la superficie solo el pico y la cabeza quedan sumergidos. En ocasiones, son capaces de perseguir, brevemente, a sus presas por debajo del agua, pero inmediatamente que las capturan abandonan el agua y levantan vuelo.

Gaviota de Pico Corto

Nombre científico: *Sterna nilotica*

Nombre en inglés: Gull-billed Tern

Clasificación: Orden Charadriformes
Familia Laridae

Distribución:

Medidas:
♀♂
Peso corporal (*g*): 176 / 187
Largo del pico (*mm*): ---
Largo del tarso (*mm*): ---

Alimentación:
Crustáceos, insectos, ranas.

Reproducción:
Cría solo en dos localidades de cayo Sabinal, donde pone de 1 a 2 huevos.

Época de cría: E F M A M J J A S O N D

Uso de las costas para la reproducción

La franja costera representa un importante papel durante el ciclo reproductivo de muchas de las aves que utilizan los humedales costeros. Un total de 21 especies pertenecientes a los grupos de aves marinas y limícolas, utilizan como sitios reproductivos los diversos hábitat que componen este complejo ecosistema.

Las playas de arena y las costas rocosas, fundamentalmente en cayos alejados de la isla grande, son los sitios preferidos por frailecillos, galleguitos, gaviotas y el Pájaro Bobo Prieto. Otras tres especies del orden Pelecaniformes (Pelícano Pardo, Rabihorcado y Corúa de Mar) explotan, mayormente, los manglares que rodean a las lagunas costeras. Por su parte, el Rabijunco o

Nido de Gaviota (*Sterna* sp.)

© Patricia Rodríguez

Especies de aves marinas reproductoras y
número de sitios de cría documentados en
los humedales costeros de Cuba

Familia/Nombre común	No. de sitios de cría
Procellariidae	
Pampero de Audubón	1*
Pelecanidae	
Pelícano Pardo	18
Phalacrocoracidae	
Corúa de Mar	8
Fregatidae	
Rabihorcado	6
Sulidae	
Pájaro Bobo Prieto	2
Phaethontidae	
Contramaestre	1
Laridae	
Galleguito	16
Gaviotica	17
Gaviota de Pico Corto	2*
Gaviota Común	1
Gaviota Real	10
Gaviota de Sandwich	3
Gaviota Rosada	4
Gaviota Monja	11
Gaviota Monja Prieta	8
Gaviota Boba	9

* Registro de nidificación reciente (2001-2002)

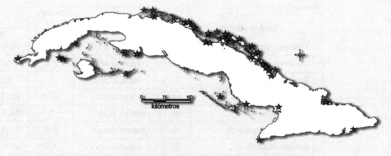

Distribución de los sitios de nidificación de aves marinas
registrados en Cuba.

(Tomado de: Jimenez, A. y P. Rodriguez (en prep.): **Aves marinas
nidificantes de Cuba: distribución, estado y conservación**).

Contramaestre nidifica, únicamente, sobre algunos escarpados farallones de la costa sur oriental.

La mayoría de las especies que se reproducen en Cuba pertenecen al grupo de las aves marinas. Estudios ornitológicos, desarrollados entre los años 1980 y el 2004, muestran la existencia de 16 especies de aves marinas reproduciéndose en 55 sitios distribuidos en 9 provincias del país.

Es muy probable que el número de áreas de cría sea mayor, pero muchas de ellas aún no se han documentado. De hecho, es probable que otras especies puedan estar utilizando el territorio como área reproductiva. Este es el caso del Pampero de las Brujas, del cual se tienen algunos indicios que señalan a la Sierra Maestra (Santiago de Cuba) como posible área de cría. Sin embargo, hasta el momento no se han encontrado datos que confirmen esta hipótesis.

Para establecer la colonia reproductiva, las aves marinas seleccionan un sitio específico, basado en una gama de características abióticas y bióticas que involucran tipo de sustrato, temperatura, cobertura vegetal, distancia a la zona de alimentación, presencia de depredadores, entre otras. En las áreas tropicales el estrés térmico es uno de los elementos que representa un papel crítico en la selección del hábitat de cría.

El tipo de sustrato utilizado por el grupo para establecer sus nidos es diverso, ya que emplean los diferentes recursos que ofrece el humedal costero. En general, los nidos no son muy elaborados en cuanto a construcción y materiales utilizados. El Galleguito y las gaviotas apenas construyen nidos; utilizan las depresiones y cavidades de los terrenos arenosos, o las oquedades de las rocas de las franjas costeras de diente de perro. En ocasiones, es común observar pequeñas ramas, hojas y restos de conchas en el nido, lo cual unido al patrón de coloración de los huevos, le confiere un mejor camuflaje sobre el terreno y ayuda a evitar la depredación.

El Pelícano Pardo, el Rabihorcado y la Corúa de Mar construyen un nido propiamente dicho. Emplean como material las ramas de los mangles y los nidos pueden ser reutilizados en posteriores temporadas reproductivas. La altura a la que suelen realizar estas construcciones es muy variable. En ocasiones, se encuentran entre los tres y cinco metros sobre el nivel del agua, pero al parecer dependen fundamentalmente del estado y la salud de los manglares.

Las aves marinas pueden ser caracterizadas como especies de larga vida, con una maduración sexual tardía y tasas reproductivas bajas. La mayoría no comienza a nidificar hasta los dos o tres años y ponen entre uno y tres huevos por nidada. El tamaño de puesta es menor que el de otras aves acuáticas (patos, gallaretas, gallinuelas) y que el de muchas aves terrestres. Tal diferencia se cree que refleja la relativa dificultad para obtener el alimento en los ecosistemas marinos, en comparación con otros ecosistemas acuáticos y terrestres.

Nombre común	N	Fecha nidificación	Tamaño de puesta	Medidas de los huevos Promedio (mínimo-máximo)	
				Largo (*mm*)	Ancho (*mm*)
Pelícano Pardo	52	todo el año	2-4	73,4 (68-78,4)	48,8 (43,9-52,7)
Corúa de Mar	98	todo el año	2-4	56,8 (43,7-57,9)	37,3 (29,7-39,9)
Rabihorcado	22	todo el año	1	69,6 (63-74)	43,9 (41-68)
Galleguito	74	mayo-junio	2-3	52,4 (44,0-57,0)	42,8 (34,2-49,0)
Gaviota Real	38	marzo–julio	1	54,7 (46,0-66,5)	36,9 (31,0-46,0)
Gaviota de Sandwich	3	marzo-mayo	2-3	46,3 (45,2-47,8)	34,5 (34,0-35,4)
Gaviota Rosada	3	mayo-junio	1-3	44,0 (41,0-48,0)	31,2 (29,0-34,0)
Gaviotica	60	mayo-julio	2-4	30,7 (24,0-33,0)	22,6 (21,0-28,0)
Gaviota Monja	197	mayo-junio	1-3	50,5 (43,0-58,0)	31,4 (30,0-37,0)
Gaviota Monja Prieta	4	mayo	3	47,2 (45,0-57,4)	33,5 (32,0-35,1)
Gaviota Boba	22	mayo-junio	2-3	50,7 (33,5-53,0)	33,9 (33,1-35,6)
Frailecillo Blanco	42	abril-julio	2-4	36,0 (31,0-39,0)	25,8 (23,0-28,0)
Títere Playero	6	mayo-julio	4	34,8 (34,0-36,0)	26,1 (25,6-26,9)
Títere Sabanero	4	marzo–julio	3-4	37,5 (37,0-39,0)	27,5 (26,0-29,0)
Cachiporra	38	abril-julio	3-4	41,1 (40,0-46,0)	28,9 (27,0-32,0)
Zarapico Real	3	abril-sept.	2-7	52,4 (44,0-57,0)	42,8 (34,2-49,0)

DATOS REPRODUCTIVOS DE ALGUNAS AVES MARINAS QUE SE REPRODUCEN EN HUMEDALES COSTEROS EN CUBA (N: NÚMERO DE NIDOS CONSIDERADOS)

Por lo general, el tamaño de puesta es menor en las especies pelágicas que viajan enormes distancias para obtener alimento, como, por ejemplo, el Rabihorcado y el Contramaestre, mientras que aquellas especies que se alimentan cerca de las costas, como pelícanos, corúas, galleguitos y gaviotas, tienen mayores tamaños de puesta.

La reproducción colonial de las aves marinas se ha interpretado como otra de las respuestas evolutivas del grupo ante la vida en un ambiente marino, en el que el alimento presenta una distribución en parches y se hace, prácticamente, impredecible.

Todas las aves marinas que crían en el territorio cubano son coloniales y tienen ciclos de cría sincrónicos dentro de la colonia, las cuales pueden estar compuestas por una o más especies. De los 55 sitios de nidificación identificados, 20 corresponden a colonias reproductivas compuestas entre dos y seis especies.

Hasta el momento, se reconoce que la colonia de cría multiespecífica con mayor riqueza de aves se encuentra en cayo Felipe de Barlovento. Este pequeño cayo, perteneciente a la provincia de Villa Clara, alberga, durante el ciclo reproductivo, a seis especies de la familia Laridae y al Pampero de Audubon, un ave que hasta el año 2002 se consideraba como accidental en las costas cubanas. Otros cuatro cayos mantienen poblaciones reproductoras de hasta cinco especies de gaviotas, estos son: cayo Ballenatos (Isla de la Juventud), cayo Faro de La Jaula, cayo Paredón de Lao (Ciego de Ávila) y cayo La Vela (Villa Clara).

A diferencia de las grandes colonias de aves marinas localizadas en regiones templadas, el número de parejas en nuestro territorio tiende a ser discreto y raramente sobrepasa las 500 parejas. La mayor colonia reproductiva del país se ubica en cayo Mono Grande, Matanzas, donde en el 2004 nidificaron unas 2334 parejas de cuatro especies de gaviotas (Gaviota Monja, Gaviota Monja Prieta, Gaviota Rosada y Gaviota Boba). Esta es, además, la

Pelícano Pardo

Nombre científico: *Pelecanus occidentalis*

Nombre en inglés: Brown Pelican

Clasificación: Orden Pelecaniformes Familia Pelecanidae

Distribución:

Medidas:

	♀	♂
Peso corporal (*g*):	2824	3290
Largo del pico (*mm*):	261	288
Largo del tarso (*mm*):	67	71

Alimentación: Peces.

Reproducción: Colonias en manglares. Ponen 2 a 4 huevos de color blanco.

Época de cría: E F M A M J J A S O N D

colonia más antigua de la cual se tiene referencia y una de las mejores estudiadas. Otros cayos donde se registró un importante número de parejas reproductoras en el 2004 fueron cayo Felipe de Barlovento (465 parejas), cayo Faro de la Jaula (378 parejas), cayo Felipe de Sotavento (200 parejas), cayo Paredón de Lao (284 parejas) y cayo La Vela (200 parejas). Otras localidades con más de 100 parejas resultaron ser: cayo Ballenatos, cayo Monos de Jutía y cayo Caimán de Sotavento, en Villa Clara y cayo Sabinal, en Camagüey.

Las aves marinas son muy sensibles a los cambios en la disponibilidad de alimento y, por lo general, el inicio del período reproductivo se puede ver retrasado hasta que ocurra un incremento óptimo en el suplemento alimentario. La disponibilidad de alimento fluctúa, estacionalmente, a nivel global. Incluso en los trópicos, donde el clima es más o menos estable, existen ligeros cambios estacionales que, por lo general, afectan la abundancia y distribución del alimento, lo cual actúa como un mecanismo de regulación del ciclo reproductivo del grupo.

ASPECTOS SOBRE LA BIOLOGÍA REPRODUCTIVA DEL PELÍCANO PARDO Y LA CORÚA DE MAR EN EL REFUGIO DE FAUNA RÍO MÁXIMO

Autor: Ariam Jiménez

El Pelícano Pardo y la Corúa de Mar son aves marinas comunes en los humedales costeros cubanos, pero, prácticamente, no existen estudios sobre su biología reproductiva en nuestro territorio. Entre los años 2001 a 2003 se estudió una colonia de nidificación de aves acuáticas en el Refugio de Fauna Río Máximo, al norte de la provincia de Camagüey. Esta colonia estuvo compuesta por cinco especies (Corúa de Mar, Pelícano Pardo, Seviya, Garza Rojiza y Garcilote). Entre ellas, la Corúa de Mar (150 y 80 nidos) y el Pelícano Pardo (36 y 16 nidos) resultaron dominantes en las dos temporadas.

En ambas estaciones reproductivas la colonia estuvo activa por más de 10 meses seguidos.

La Corúa de Mar inició la cría en el mes de agosto, mientras que los pelícanos comenzaron con la construcción de los nidos en octubre, justo cuando las corúas se encontraban en el período pico de puesta (84 % de los nidos con huevos). Los pelícanos alcanzaron su pico de puesta en noviembre

(77 % de los nidos con huevos) y extendieron su ciclo reproductivo hasta, aproximadamente, el mes de mayo, cuando se vio al último pichón volantón de la especie. Las corúas concluyeron sus actividades desde el mes de enero. Estas fechas de cría difieren de las documentadas por otros autores cubanos, en especial, en lo referente al Pelícano Pardo. Se considera que en regiones tropicales y subtropicales, donde existe un débil control ambiental y ligeras fluctuaciones estacionales en el alimento, la nidificación de las aves marinas puede ocurrir, irregularmente, y por períodos prolongados. Aquí, el tiempo de cría tiende a estar regulado por parejas que adquieren suficientes reservas energéticas para la producción de huevos, por lo que no es raro observar pequeñas colonias sincronizadas a nivel local.

Otro aspecto llamativo de estos resultados se encuentra al observar que el período de nidificación de ambas especies dentro del área, se ha desplazado hacia el final de la temporada de huracanes (junio a noviembre). Similares hallazgos se han descrito para humedales costeros de Puerto Rico y representan una adaptación evolutiva ante la vida en áreas afectadas por esta clase de fenómenos meteorológicos tropicales. Finalmente, considerando estos resultados y los registros de nidificación históricos para ambas especies, se puede plantear que el período de cría para ellas en Cuba puede ocurrir a lo largo de todo el año y estará regulado por las condiciones locales de alimentación.

Pichones de Pelícano Pardo de varios días de edad.

Cronología de cría de la Corúa de Mar y el Pelícano Pardo en Río Máximo (2001 - 2003)

Tomado de: Jiménez, A., A. Rodríguez, S. Aguilar y J. Morales (2004): Some aspects of the breeding biology of Brown Pelican (*Pelecanus occidentalis*) and Double-crested Cormorant (*Phalacrocorax auritus*) in Rio Maximo Faunal Refuge, Cuba. 31st Annual Meeting of the Pacific Seabird Group (La Paz, México).

Frecuentemente, el inicio de la estación reproductiva está asociado con el inicio de las lluvias, que por lo general, tiene lugar de mayo a julio. Sin embargo, algunas especies como el Pelícano Pardo y la Corúa de Mar tienen un comportamiento más oportunista y pueden nidificar siempre que encuentren condiciones locales apropiadas de alimentación y disponibilidad de hábitat de cría.

El número de especies de limícolas que crían en los humedales costeros cubanos, es mucho más reducido y aunque se han documentado algunos de sus sitios de nidificación, se tiene muy poca información sobre su ecología reproductiva. La presencia del Ostrero dentro de las limícolas que crían en nuestras costas, resulta un hallazgo muy reciente, nunca antes documentado en la literatura ornitológica cubana. En abril del 2005, durante las expediciones de monitoreo de aves marinas que realizan los trabajadores del Refugio de Fauna Lanzanillo Pajonal Fragoso, se observó una pareja de ostreros en Cayuelo del Mono. El monitoreo del sitio permitió comprobar que la pareja utilizó exitosamente el sitio, al encontrarse el 29 de junio de 2005, un pichón volantón con las siguientes medidas morfométricas: 460 *g* , 370 *mm* de largo total, 340 *mm* de ala extendida, 64,1 *mm* de largo del tarso y 69,1 *mm* largo del pico.

Las dos especies más costeras del género *Charadrius* (Títere Playero y Frailecillo Blanco) utilizan depresiones o concavidades sobre las playas arenosas para ubicar sus nidos poco elaborados, a los que, en ocasiones, incorporan algunas ramas secas, restos de conchas y pequeñas piedras. Estos materiales delimitan los bordes del nido, y ayudan a contener a los huevos en su interior. También su presencia permite un mejor camuflaje del nido sobre el terreno, lo que unido al patrón de color blanco arenoso (opaco) de los huevos,

Especies de limícolas reproductoras y número de sitios de cría documentados en los humedales costeros de Cuba

Nombre común	Nº. de sitios cría
Frailecillo Blanco	2
Títere Playero	10
Títere Sabanero	12
Cachiporra	9
Zarapico Real	1
Ostrero	1

Nido de Cachiporra en la ciénaga de Birama

hace que la nidada sea, prácticamente, indetectable una vez que los adultos se han marchado.

El Títere Sabanero muestra características similares a las otras especies, pero suele criar en hábitat más interiores y secos como sabanas inundables, bordes de presas, pastizales, vaquerías, entre otras. Sin embargo, también pueden utilizar hábitat costeros, pues se les ha visto nidificar junto a cachiporras en los humedales costeros del Refugio de Fauna Río Máximo.

La Cachiporra, en ocasiones, construye nidos más elaborados sobre las llanuras costeras de lodo. Este suele construirse sobre el terreno inundado y su altura varía según la profundidad del agua. Incluso, la pareja es capaz de incrementar su altura si el sitio se ve influido por inundaciones.

Con respecto al comportamiento, se ha comprobado que la Cachiporra cambia su patrón de actividad en función de la etapa reproductiva. El período reproductivo impone las mayores demandas energéticas sobre las aves, pero estas no son iguales durante toda la temporada. Su inicio (abril) es el de mayor estrés metabólico para la especie, lo cual se evidencia al comprobar que invierte más de 90 % de su tiempo durante el día en tareas de alimentación, dejando muy poco tiempo para otras actividades como el descanso. Una vez que se rebasa la etapa más crítica y los pichones tienen varias semanas de edad (junio), ocurre una disminución en el porcentaje de tiempo dedicado a la alimentación (76 %), dando espacio a las conductas de descanso diurno (18 %) en los adultos.

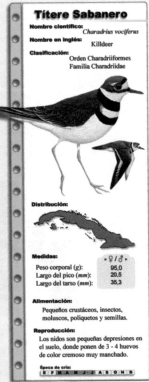

Títere Sabanero

Nombre científico: *Charadrius vociferus*

Nombre en inglés: Killdeer

Clasificación: Orden Charadriiformes
Familia Charadriidae

Distribución:

Medidas:

	♀/♂
Peso corporal (g):	95,0
Largo del pico (mm):	20,5
Largo del tarso (mm):	35,3

Alimentación:
Pequeños crustáceos, insectos, moluscos, poliquetos y semillas.

Reproducción:
Los nidos son pequeñas depresiones en el suelo, donde ponen de 3 - 4 huevos de color cremoso muy manchado.

Época de cría:
E F M A M J J A S O N D

Para explicar las desigualdades en cuanto al tiempo empleado en la alimentación a lo largo del período de cría se necesita tener en cuenta el estrés metabólico que experimentan los individuos. La reproducción de la Cachiporra se inicia justo al terminar el período de sequía, caracterizado por una seria escasez de alimento. En este momento los individuos presentan un bajo índice graso y, por tanto, las reservas energéticas son bien escasas. En tales condiciones es difícil enfrentar los futuros procesos ecológicos y fisiológicos muy costosos en términos metabólicos (delimitación y defensa del territorio, muda prenupcial y formación de pareja). Además, en menos de un mes las parejas se verán limitadas por las tareas de defensa e incubación de huevos y pichones.

Al iniciarse las lluvias sobreviene una explosión en la productividad de los humedales costeros y aumenta la abundancia y disponibilidad de invertebrados. El evento es aprovechado de forma oportunista por las cachiporras quienes, en muy corto tiempo, deben recuperar, incrementar y almacenar los niveles energéticos necesarios para desarrollar, exitosamente, el ciclo reproductivo. Un efecto de tal magnitud es posible alcanzarlo solo si maximizan el consumo de alimento con el consecuente incremento

en la acumulación de reservas en forma de grasa. El mecanismo conductual para optimizar este resultado es modificar el patrón de actividad diurno, dirigiendo el mayor tiempo disponible hacia las tareas de alimentación.

Los humedales costeros representan un componente fundamental para la supervivencia a través de la reproducción. La diversidad de hábitat que los componen brinda albergue y protección a las aves costeras residentes durante uno de los períodos más críticos de su ciclo de vida. El máximo exponente de esta variabilidad de hábitat está en el complejo sistema de archipiélagos que rodea a la isla grande, en particular el archipiélago de Sabana-Camagüey.

Este archipiélago es el mayor de Cuba y el conjunto de factores físico-geográficos que presenta, garantizan la existencia de numerosos sitios potenciales de nidificación aislados y bien conservados. Esto se pone de manifiesto si se repara en que es la región del país con mayor concentración de colonias de nidificación de aves marinas, así como de especies e individuos reproductores (13 especies, con más de 5 000 parejas reproductoras).

Gaviota Real

Nombre científico: *Sterna maxima*

Nombre en inglés: Royal Tern

Clasificación: Orden Charadriformes
Familia Laridae

Distribución:

Medidas:
Peso corporal (*g*):
Largo del pico (*mm*):
Largo del tarso (*mm*):
No hay datos para Cuba

Alimentación:
Peces, cangrejos, calamares y camarones.

Reproducción:
Nidifica en depresiones de la arena o roca, en colonias mixtas. Pone un huevo de color crema con manchas negras y grises.

Época de cría:
E F M A M J J A S O N D

Interacción con el hombre

Las comunidades humanas, los humedales costeros y las aves que en ellos habitan, forman un sistema que a menudo interactúa y cuyo balance suele ir en detrimento de los últimos dos componentes. Las afectaciones a los humedales son reflejadas en la supervivencia o el éxito reproductivo de las aves costeras.

Por ejemplo, la construcción de nuevas infraestructuras turísticas destruyó un remanente de laguna costera en la península de Hicacos. La pequeña, pero importante comunidad de

aves que la habitaba ya se había adaptado, previamente, a la presencia humana sobre las áreas que antes constituían sus sitios de invernada. La total destrucción de este hábitat afectará a numerosos individuos que ahora deben recorrer mayores distancias en busca de nuevos sitios donde pasar el invierno, lo que implica más horas de vuelo y mayor inversión energética.

Pero la presencia humana y sus modificaciones sobre los ecosistemas, necesariamente, no tiene porqué excluir a las

RESULTADOS PRELIMINARES DE LA ESTRUCTURA Y DINÁMICA DE LA COMUNIDAD DE AVES ACUÁTICAS DE DOS HUMEDALES COSTEROS ASOCIADOS A LA BAHÍA DE LA HABANA

Autor: Ariam Jiménez

La provincia de Ciudad de La Habana cuenta con, aproximadamente, 53 humedales, la mayoría de ellos muy modificados y con altos niveles de contaminación. Particularmente, la bahía de La Habana y sus humedales aledaños se ven muy afectados por el vertimiento de productos residuales industriales y domésticos. En dos de sus áreas (playa del Chivo y Triscornia) se caracterizó la comunidad de aves acuáticas durante el período de agosto del 2004 a julio del 2005.

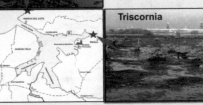

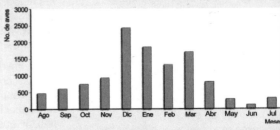

La abundancia de aves acuáticas durante los meses de muestreo varió en un rango de 110 a casi 2500 individuos. Desde agosto a noviembre se observó un aumento gradual en los efectivos numéricos de la comunidad, con un brusco incremento en diciembre.

Los resultados demuestran la existencia de una comunidad de aves compuesta por 45 especies que utilizan estas zonas aledañas a la bahía de La Habana. El valor se acerca al registrado por otros autores durante períodos de muestreos más largos en humedales costeros naturales como playa La Tinaja, donde se registraron 50 especies. Este hallazgo parece indicar que los pequeños remanentes de hábitat que aún existen en la bahía de La Habana, mantienen condiciones mínimas capaces de soportar una comunidad de aves tan compleja como la esperada en un humedal natural y que pueden constituir importantes sitios de paso y estadía para numerosas especies de aves.

Al parecer las localidades muestreadas guardan una importancia especial para poblaciones de aves migratorias que arriban al país desde inicios de la migración otoñal y permanecen en el territorio durante el invierno. El incremento observado en marzo obedeció a la incorporación de poblaciones de aves

migratorias que utilizan a los humedales cubanos en su regreso a Norteamérica, así como a la incorporación de poblaciones de aves que residen en el país durante el verano.

Al comparar el grado de similitud proporcional entre las comunidades presentes en las dos localidades estudiadas se asemejan en 53 %. Del total de especies registradas, 15 fueron no comunes entre ambas localidades. De igual forma, las abundancias totales por especies variaron, marcadamente, entre los dos sitios. Evidentemente, cada localidad alberga comunidades de aves acuáticas muy particulares, por lo que se hace necesario mantener en el mejor estado posible estos dos hábitat tan diferentes.

La comunidad de aves acuáticas de la bahía de La Habana estuvo integrada por seis gremios tróficos. De ellos, los que obtienen su alimento en áreas fangosas o arenosas resultaron ser los más abundantes, seguidos por los que se alimentan de peces a través de búsquedas aéreas e inmersiones superficiales. Los cuatro gremios restantes aportaron muy poco al total de individuos observados (Zancudas, Sondeadores Profundos, Flotadores Buceadores y Depredadores: 2 %).

Tomado de: Jiménez, A. y A. González (2005): Estructura y dinámica de la comunidad de aves acuáticas en dos humedales costeros relacionados con la Bahía de La Habana. V Taller de Biodiversidad (Santiago de Cuba, nov. 2005).

aves costeras de sus hábitat, a no ser que estos sean totalmente destruidos. Un ejemplo que puede ilustrar la plasticidad de este grupo y el uso que pueden hacer de humedales altamente modificados proviene de la bahía de La Habana y sus humedales aledaños.

La bahía habanera es la más contaminada del país, a ella se vierten las aguas residuales provenientes de los asentamientos humanos que la rodean (800 000 habitantes), a los que se suma la contaminación proveniente de las actividades portuarias e industriales que se desarrollan en sus inmediaciones. Aunque su grado de deterioro es muy elevado, aún quedan pequeños remanentes de humedales costeros capaces de albergar a una sorprendente comunidad de aves costeras. Los trabajos de recu-

peración y saneamiento que, actualmente, se llevan a cabo por el Grupo de Trabajo Estatal Bahía de La Habana (GTE-BH), no solo beneficiarán a los habitantes de la región, sino también a las aves que han vuelto a alegrar el entorno de la rada habanera.

Dentro de la comunidad ornitológica que utiliza los humedales costeros, las aves marinas son las que más a menudo interactúan con el hombre, debido a que se relacionan con las actividades pesqueras y la acuicultura. Las pesquerías pueden influir de forma negativa o positiva sobre las aves marinas, ya sea, a través de acciones directas o indirectas. Por ejemplo, los pelícanos y corúas suelen quedar atrapados en los corrales para peces que se construyen en los esteros que unen a las lagunas costeras con el mar. Una vez confinados a estos pequeños espacios, suelen dañarse las alas tratando de escapar. También es común observar a galleguitos, gaviotas, pelícanos y rabihorcados dañados por anzuelos. En ocasiones, estas acciones son accidentales, pero es frecuente observar a pescadores entreteniéndose en este tipo de prácticas que no reportan ningún tipo de beneficio ni a ellos y mucho menos a las aves.

Los desechos o descartes de las actividades pesqueras proveen de una gran cantidad de alimentos a muchas aves marinas, lo cual enriquece su dieta y resulta particularmente beneficioso durante el período reproductivo. Sin embargo, esta práctica puede traer aparejada efectos indirectos negativos al favorecer el incremento de poblaciones de aves carroñeras (*Larus* sp.) que de faltarles en el futuro esta fuente de alimento podrían depredar huevos y pichones de otras especies de aves marinas. Hasta el momento no se han documentado en Cuba efectos de este tipo, pero en Norteamérica se han registrado poblaciones de gallegos desplazando a colonias de cría de gaviotas.

Pero también las aves marinas pueden influir, negativa o positivamente, sobre las pesquerías y estas acciones se pueden manifestar por efectos directos e indirectos. Las mayores influencias negativas se establecen cuando las aves marinas interactúan, directamente, con la acuicultura.

El desarrollo de la acuicultura ha traído aparejado la construcción de numerosos cuerpos de agua, generalmente ubicados en humedales costeros, lo que contribuye a la alteración de las comunidades animales y vegetales de esas áreas. Hoy día, las producciones de esta creciente industria llegan a representar, según la FAO, cerca de 15 % de las pesquerías mundiales. Desafortunadamente, para los acuicultores, muchas aves costeras son atraídas por las facilidades del cultivo ya que los estanques son una fuente constante de alimento.

Son muchas las ventajas que pueden reportar los estanques de cría de peces y camarones para las aves marinas. En primer lugar, la disponibilidad de presas energéticamente valiosas es muy alta en estos lugares. Las aves, siguiendo sus instintos naturales, se concentran en los sitios donde les es muy fácil acceder a grandes volúmenes de alimento, minimizando así el gasto energético involucrado en la captura y obtención de éste. Por otro lado, los ritmos de producción más o menos estables de estos centros, hace que se mantengan como una fuente de alimento predecible durante todo el año, algo que no suele ocurrir con las áreas naturales de forrajeo. Finalmente, al estar ubicados en sitios cercanos a humedales naturales, las especies más oportunistas crían cerca de estos estanques minimizando así la energía empleada en los vuelos que tienen que realizar para la búsqueda del alimento de sus pichones.

La Corúa de Mar quizás sea el ave marina considerada a nivel hemisférico como la más perjudicial para la acuicultura. Son múltiples los ejemplos de países donde se le considera una plaga de esta industria y Cuba se encuentra entre ellos. Estas aves acuáticas son buceadoras especializadas que se alimentan, fundamentalmente, de peces e invertebrados bentónicos, por lo que su impacto resulta elevado en los estanques de cría de camarón, un renglón comercial muy importante en nuestra economía.

Entre los efectos positivos de las aves marinas sobre las pesquerías, vale mencionar el uso de ellas por los pescadores locales para localizar bancos de peces; su papel ecológico al controlar posibles competidores o depredadores de peces comerciales; su labor de saneamiento al ingerir peces enfermos o

Corúa de Mar

Nombre científico: *Phalacrocorax auritus*

Nombre en inglés: Double crested Cormorant

Clasificación:
Orden Pelecaniformes
Familia Phalacrocoracidae

Distribución:

Medidas:

	-♀-	-♂-
Peso corporal (g):	982,7	1176,2
Largo del pico (mm):	—	—
Largo del tarso (mm):	145	154

Alimentación:
Se alimentan de peces y camarones.

Reproducción:
Colonias en ciénagas, en mangle a gran altura. 2-4 huevos de color azul.

Época de cría
E F M A M J J A S O N D

Influencia de las pesquerías sobre las aves marinas

Efectos	Directos	Indirectos
Positivos	Los desechos y desperdicios pesqueros proveen alimento	Remoción de competidores
		Incremento en la abundancia de peces pequeños
Negativos	Quedan atrapadas en los equipos de pesca	Agotamiento de presas
	Perturbación	Incremento poblacional de carroñeros o depredadores

IMPACTO DE LAS AVES ACUÁTICAS EN EL CULTIVO DEL CAMARÓN EN CUBA

Autor: Antonio Rodríguez

Para conocer el impacto real de las aves acuáticas en el cultivo del camarón blanco (*Litopenaeus schmitti*) en Tunas de Zaza, en la provincia de Sancti Spíritus, durante 1989 y 1990 se realizó la evaluación de los daños que producían tres de las especies allí presentes: la Corúa de Agua Dulce, la Corúa de Mar y el Galleguito.

Las características de estas especies posibilitan la explotación de los estanques, ya que el cuerpo

compacto y musculoso de las corúas está perfectamente adaptado al buceo y la captura de peces e invertebrados bentónicos, mientras que los galleguitos son muy hábiles en arrebatarles las presas.

La dieta de las especies estuvo formada por peces y camarones, pero su consumo se realizó en proporciones diferentes. Los galleguitos y las corúas de mar fueron los de mayor impacto sobre los camarones, mientras que las corúas de agua dulce realizaron un consumo casi exclusivo de peces, los cuales tienen un impacto negativo sobre el cultivo del camarón, pues compiten por los recursos en los estanques.

La evaluación de la magnitud de los daños de las dos especies más perjudiciales para el camarón (Corúa de Mar y Galleguito) se estimó, en toneladas, integrando sus requerimientos energéticos diarios junto al valor de consumo diario y el tamaño poblacional de cada una, como se muestra en la siguiente tabla.

	Corúa de Mar		Galleguito
	(Adultos)	(Juveniles)	
Consumo diario/individuo	0,20	0,13	0,10
Consumo anual/ individuo	71,91	47,81	35,41
Consumo anual de la población	14 381	9563	7081
Evaluación total	32,02 *t*		

Los resultados obtenidos demuestran que los consumos anuales pueden provocar pérdidas considerables. Estas pérdidas podrían ser mayores si se tiene en cuenta que durante el período reproductivo aumenta la cantidad de alimento que se debe consumir, pues además de suplir sus elevados requerimientos energéticos, necesitan abastecer de alimento a sus pichones.

Tomado de: Acosta, M., L. Mugica y G. Álvarez (1999): Ecología trófica de las especies de aves que afectan el cultivo del camarón blanco en Tunas de Zaza, Sancti Spíritus, Cuba. **Biología** 13(2): 108-116.

El camarón blanco (*Litopenaeus schmitti*) tiene un alto valor nutritivo y puede alcanzar 25 *cm* de longitud. Son omnívoros, siendo los adultos fuertes depredadores de anélidos marinos, larvas de otros crustáceos, pequeños peces e incluso otros camarones.

parasitados; así como su papel en el reciclaje de nutrientes y en la producción de guano, pero quizás la forma más útil en que las aves marinas podrían beneficiar a las pesquerías es a través de su posible papel como indicador biológico y ecológico de los recursos marinos.

Las valoraciones convencionales de los recursos pesqueros implican costosos métodos que, en ocasiones, pueden ser poco exactos. Algunos autores han propuesto a las aves marinas como agentes útiles y rentables para muestrear el estado de los recursos marinos. Determinados aspectos de su biología podrían ser utilizados como indicadores de la disponibilidad de alimento en el mar y de esta forma se contaría con un índice natural que puede complementar los datos pesqueros. Además, utilizar estos valiosos indicadores naturales puede ofrecer información en regiones que resultan inaccesibles a las investigaciones tradicionales.

Las aves marinas pueden proveer de información sobre las condiciones de los bancos de peces, su disponibilidad, movimientos, distribuciones espaciales y temporales, así como de la mortalidad natural, entre otras. Se han propuesto varios parámetros ecológicos como posibles estimadores, la mayoría de ellos relacionados con la reproducción. Ejemplos de estos estimadores se pueden encontrar en el éxito reproductivo, la tasa de aumento de peso de los pichones, el tiempo de permanencia de los adultos en la colonia y el presupuesto de actividad de estos en las áreas de forrajeo. Sin embargo, aún existen imprecisiones en la interpretación de los resultados y su uso como estimador de los recursos marinos.

BIBLIOGRAFIA

Blanco, P., S. J. Perris y B. Sánchez (2001): **Las aves limícolas (Charadriiformes) nidificantes de Cuba.** Centro Iberoamericano de la Biodiversidad, Alicante. 62 pp.

Schreiber, E. A. y D. S. Lee (Eds.) (2000): **Status and conservation of west indian seabirds.** Society of Caribbean Ornithology, Special Publication Number 1. 225 pp.

Del Hoyo, J., A. Elliot y J. Sargatal (Eds.) (1996): **Handbook of the birds of the world. Vol. 3. Hoatzin to Auks.** Lynx ediciones. Barcelona. 821 pp.

Schreiber, E. A. y J. Burger (Eds.) (2002): **Biology of marine birds.** CRC Press. Washington DC. 655 pp.

Cairns, D. K. (1987): Seabirds as indicator of marine food supplies. **Biological Oceanography** 5: 261-271.

Van de Kam, J., B. Erns, T. Piersma y L. Zwarts (2004): **Shorebirds. An illustrated behavioural ecology.** KNNV Publishers, Utrecht, The Netherlands, 368 pp.

Montevecchi, W. A. (1993): Birds as indicators of change in marine prey stocks. En: Furness, R. W. y J. J. D. Greenwood (Eds.): **Birds as monitors of environmental change.** Chapman & Hall, London, pp: 217-266.

Capítulo IV

Aves en los manglares:
la complejidad de su reproducción

Dr. Dennis Denis

RESUMEN

Los manglares están entre los humedales má[s] extendidos e importantes en Cuba. Sus característica[s] biológicas los convierten en hábitat idóneos par[a] numerosas especies de aves acuáticas, de las cuale[s] más de 69 especies han sido registradas. Si bien la[s] plantas dominantes de esta formación vegetal, lo[s] mangles, no son directamente consumidos, s[u] elevada producción primaria se mueve a traves de [l]a vía del detrito, razón por la cual las especie[s] depredadoras son más abundantes. Estas se agrupa[n] en nueve gremios tróficos fundamentales, de lo[s] cuales las zancudas y las limícolas son las má[s] frecuentes y abundantes. Pocos estudios se ha[n] realizado en Cuba acerca de la alimentación en est[e] hábitat aunque los regúrgitos de los pichones en la[s] colonias de reproducción brindan buenas posibilidade[s] para la obtención de esta información. Los manglare[s] además de alimento brindan protección a numerosa[s] especies como la Yaguasa, ya que el agua y el fang[o] son barreras para los depredadores terrestres y [el] hombre. Por esta razón también son los siti[os] seleccionados por las especies de reproducci[ón] colonial para efectuar la cría. La biología reproductiv[a] en estas condiciones es un campo de investigaci[ón] muy amplio y con numerosas posibilidades que ha[n] sido exploradas en Cuba. En el grupo de las zancuda[s] exceptuando dos especies de reproducción solitaria, [el] resto muestra un alto gregarismo durante [la] reproducción, que se efectúa, fundamentalmente, e[n] los meses de abril a septiembre, con un alto grado d[e] variación local y anual. En la ciénaga de Biram[a] numerosas investigaciones se han desarrollado en [la] metapoblación que conforman las numerosas coloni[as] de la laguna Las Playas, y han estado relacionada[s] con la organización dentro de las colonias, la[s] características de los nidos y huevos de vari[as] especies, la dinámica del crecimiento de los pichone[s] y el éxito reproductivo y sus variaciones.

Cita recomendada de este capítulo:
Denis, D. (2006): Aves en los manglares: la complejidad de [su] reproducción. Capítulo IV. pp: 66-93. En: Mugica et al.: Ave[s] acuáticas en los humedales de Cuba. Ed. Científico-Técnica, [La] Habana, Cuba.

Introducción

Los manglares son ecosistemas muy particulares por la combinación de características que presentan y que permiten niveles muy altos de diversidad biológica. Entre las características principales que hacen a estos lugares tan propicios para las aves está, en primer lugar, su alta productividad, que viene dada por la elevada biomasa fotosintéticamente activa. Las hojas de las plantas de mangle no son consumidas, prácticamente, por animales a causa de sus elevadas concentraciones de sales, por esta razón, siempre se mantienen fotosintetizando e incorporando biomasa a las cadenas tróficas que se desarrollan entre sus raíces, a razón de unos 2 *kg* de materia orgánica por metro cuadrado cada año. Esta mantiene una alta abundancia de alimento que convierte a los manglares en un hábitat ideal para muchas especies de aves insectívoras, piscívoras y depredadoras de organismos acuáticos en general. En este ecosistema, por el estrés salino del ambiente, existe una notable ausencia de aves vegetarianas tan comunes en humedales de agua dulce.

En este sitio la ausencia de fuentes asequibles de agua dulce hace que las especies sin mecanismos especializados de eliminación de sales busquen este recurso en los alimentos o en el rocío. Este es el caso, por ejemplo, de pájaros carpinteros, como el Carpintero Verde (*Xiphidiopicus percussus*), que a pesar de considerarse insectívoros por alimentarse, usualmente, de larvas e insectos de la madera, puede depredar huevos de otras especies, picoteándolos para absorber su contenido.

La complejidad espacial del ecosistema de manglar viene dada, en primer lugar, por la estructura arbórea de la vegetación, que lo convierte en un sitio óptimo para numerosas especies de aves de bosque como paseriformes migratorias, pájaros carpinteros o ictéridos.

En segundo lugar, la complejidad estructural se manifiesta, también, en la integración de sistemas acuáticos, charcas, lagunas y esteros, con parches de vegetación boscosa, donde el agua y el fango constituyen barreras que dificultan el acceso de depredadores terrestres a estas áreas. Aunque Cuba es un país insular y las características del origen de su fauna no permitieron la existencia natural de grandes depredadores terrestres, la importación de animales exóticos hace que la importancia del agua y el fango como barrera defensiva no sea despreciable. Así, los gatos silvestres, las ratas, los perros jíbaros, las mangostas, y otros animales introducidos que depredan muchas aves adultas, pichones y huevos, generalmente, no atraviesan las ciénagas, esteros, pantanos y otros cuerpos de agua que separan la tierra firme de los sitios de cría y descanso de muchas poblaciones de aves acuáticas.

Especies de aves típicas de manglares

Los manglares son ecosistemas altamente diversos, en los que gran número de especies de aves buscan alimento y refugio. Los grupos que, típicamente, emplean estos lugares se pueden dividir en zancudas, patos, gallaretas, limícolas y aves marino- -costeras. Más de 80 especies de aves han sido registradas en nuestros manglares, de las que 29 son especies residentes, es decir, habitan todo el año, y 26 son migratorias y los utilizan solo durante la etapa invernal en que vienen desde latitudes más frías a esperar que regrese el verano en sus áreas de cría. Existe un amplio grupo, de 31 especies que se denominan bimodales, al tener poblaciones residentes que se mezclan cada año con individuos que mantienen sus tendencias migratorias. Esta división, sin embargo, no es estricta ya que suele suceder que especies clásicamente migratorias comiencen a establecerse y permanecer en estas áreas. Así, se han detectado, en pleno verano, zarapicos y bijiritas que ya debían haber migrado de regreso a sus áreas de cría. Con el tiempo, estos individuos pueden llegar a reproducirse, como ha sucedido con la Candelita, y se incorporan así a la avifauna reproductiva de nuestro país.

Las aves de los humedales han seguido varias vías adaptativas para vivir en estos sistemas. Un grupo desarrolló, evolutivamente, un biotipo idóneo para caminar en el agua y buscar alimento en el fondo fangoso. Este está compuesto por dos subgrupos, el primero formado por especies grandes conocidas como zancudas, e incluye 16 especies de las cuales las garzas y cocos son los representantes más conocidos. También se incluyen en este grupo los flamencos, el Guareao y la Grulla, esta última habita en sabanas temporalmente inundables o asociadas a cauces de ríos y arroyos. El segundo biotipo es el de las especies pequeñas, con formas similares a las zancudas, pero de mucha menor talla, conocidas como limícolas o aves de orilla.

Garza Azul
(*Egretta caerulea*)

AVES ACUÁTICAS MÁS COMUNES EN LOS MANGLARES DE CUBA

Zaramagullón Chico	Pato Serrano	Gallego
Zarapico Grande	Pato Cuchareta	Gaviota Real
Garcilote	Huyuyo	Gaviota de Sandwich
Aguaitacaimán	Pato Morisco	Gaviota Prieta
Garza Azul	Pato Chorizo	Gaviota Boba
Garza Ganadera	Pato Agostero	Gaviota Pico de Tijera
Garza Rojiza	Pato Serrucho	Pelícano Pardo
Garza de Rizos	Gallito de Río	Corúa de Agua Dulce
Garzón	Frailecillo Blanco	Corúa de Mar
Garza de Vientre Blanco	Frailecillo Semipalmeado	Marbella
Guanabá de la Florida	Títere Playero	Rabihorcado
Guanabá Real	Títere Sabanero	Guareao
Garcita	Pluvial	Gallinuela de Agua Dulce
Coco Prieto	Zarapico Real	Gallinuela de Manglar
Coco Blanco	Zarapico Gris	Gallareta de Pico Rojo
Seviya	Becasina	Gallinuelita
Flamenco	Zarapico Semipalmeado	Gallareta Azul
Yaguasín	Zarapico Chico	Gallareta de Pico Blanco
Yaguasa	Zarapico Moteado	Gavilán Caracolero
Pato de la Florida	Zarapiquito	Gavilán Batista
Pato de Bahamas	Cachiporra	Guincho
Pato Lavanco	Galleguito	Canario de Manglar
Pato Inglés	Gaviotica	Señorita de Manglar
Pato Pescuecilargo	Gaviota Monja Prieta	

AVES NO ACUÁTICAS REGISTRADAS EN MANGLARES DE CUBA

Caraira	Torcaza Cuellimorada	Guanaro
Halcón Peregrino	Torcaza Boba	Aura Tiñosa
Halcón de Palomas	Paloma Rabiche	Gavilán Colilargo
Cernícalo	Paloma Aliblanca	Gavilán Bobo
Torcaza Cabeciblanca	Tojosa	Gavilán de Monte

Dendroica petechia

El Canario de Manglar es una de las paseriformes que viven en la vegetación de manglar. Es una pequeña bijirita, de canto armonioso y muy confiada ante la presencia humana, que se reproduce entre los meses de marzo y junio.

Son aves que comparten la misma morfología de patas y picos largos, pero que utilizan aguas mucho más someras y, usualmente, viven en amplios lodazales o entre la vegetación herbácea.

Un segundo grupo de aves se adaptó a la caza de presas acuáticas desde el aire, del cual el Guincho o Águila Pescadora es el principal representante. En este grupo, además, están las gaviotas y gallegos, aves pescadoras de superficie, y el Martín Pescador, una especie migratoria que sobrevuela nuestros espejos de agua perchando desde sus bordes y sobrevolando en su típico vuelo, sostenido como los zunzunes, mientras busca sus peces. Entre las rapaces se encuentra el Gavilán Batista, que se alimenta de cangrejos en las zonas costeras. Y, finalmente, entre las aves que pescan desde el aire está el conocido Pelícano, con su silueta característica que se lanza, pesadamente, desde grandes alturas para capturar con su bolsa gular los peces de que se alimenta.

Un tercer grupo de aves se adaptó a nadar en la superficie del agua, alimentándose bien de vegetación acuática o de organismos que capturan desde ese lugar. Estas fueron los patos y gallaretas, especies no tan bien preparadas para vuelos sostenidos y con mayor preparación para nadar y sumergirse. Ambos grupos utilizan, fundamentalmente, para descansar, los cuerpos de aguas someras que existen dentro de los sistemas de manglares.

Finalmente, como la estructura de la vegetación de manglar es similar a la de un bosque con pocas especies dominantes y condiciones de alta salinidad, existe un grupo que utilizan el follaje del mangle para vivir, de igual forma que harían con un bosque, entre las que se encuentran numerosas bijiritas y otras pequeñas paserinas migratorias.

Uso de los manglares para la alimentación, descanso y protección

Como la productividad en estos ecosistemas es tan elevada, grandes cantidades de energía fluyen por las redes alimentarias que se establecen en su fauna, y esto es aprovechado por numerosas especies de aves que usan a los manglares como sitio de forrajeo. Las presas más abundantes en estos lugares son las acuáticas (peces, crustáceos, etc.) ya que la homogeneidad estructural de la vegetación y sobre todo las condiciones de salinidad elevada, restringen un poco la diversidad de formas terrestres entre los invertebrados. Por ello son más abundantes las especies depredadoras de organismos acuáticos como las zancudas, las limícolas y las buceadoras.

Las lagunas y cuerpos de aguas someras que se intercalan entre los parches de mangles son sitios importantes para la alimentación de las grandes zancudas, que exhiben una amplia gama de métodos de forrajeo para capturar sus presas. Estos van desde el acecho pasivo hasta la persecución, la pesca con cebo, como hace la Garza de Rizos con sus brillantes dedos amarillos, o la filtración.

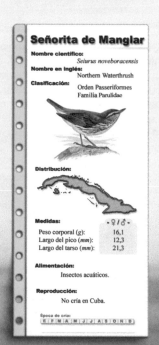

Señorita de Manglar

Nombre científico:
Seiurus noveboracensis

Nombre en inglés:
Northern Waterthrush

Clasificación:
Orden Passeriformes
Familia Parulidae

Distribución:

Medidas: ·♀♂·

Peso corporal (*g*):	16,1
Largo del pico (*mm*):	12,3
Largo del tarso (*mm*):	21,3

Alimentación:
Insectos acuáticos.

Reproducción:
No cría en Cuba.

Época de cría:
E F M A M J J A S O N D

Este último mecanismo es empleado con notable eficiencia por las seviyas, cuyo peculiar pico tiene una función hidrodinámica muy particular. Los bandos de esta especie forrajean con un sondeo táctil en el fango, manteniendo el pico semiabierto sumergido y moviendo la cabeza en semicírculo, con esto crean un flujo de agua dentro del pico que le permite filtrar los pequeños organismos de que se alimenta. Como su forrajeo suele ser gregario, los grupos, generalmente, se sincronizan en los movimientos de sus cabezas brindando espectáculos muy llamativos.

Seviya (*Ajaia ajaja*)

Seviya

Nombre científico: *Ajaia ajaja*

Nombre en inglés: Roseate Spoonbill

Clasificación:
Orden Ciconiiformes
Familia Threskiornithidae

Distribución:

Medidas:

	- ♀♂ -
Peso corporal (*g*):	1490
Largo del pico (*mm*):	168
Largo del tarso (*mm*):	114

Alimentación:
Peces, invertebrados acuáticos (especialmente crustáceos) y plantas.

Reproducción:
Colonias en manglares. Pone de 2 a 4 huevos de color blanco con manchas.

Época de cría:
| E | F | M | A | M | J | J | A | S | O | N | D |

Otra especie filtradora notable por sus adaptaciones a este tipo de forrajeo es el Flamenco, una de las mayores zancudas de nuestros humedales, cuyo pico resulta muy peculiar, adaptado a alimentarse por filtración. En ocasiones, es posible que los flamencos también se alimenten de presas grandes las cuales recogen con su pico y se las tragan, aunque esto no es lo más usual.

Sin embargo, los flamencos no son las únicas aves que se alimentan mediante filtración. Algunos pingüinos y alcas tienen estructuras relativamente simples para ayudarlos a filtrar pequeños organismos del agua y un género de petrel (*Pachyptila*) del hemisferio sur y algunos patos también lo tienen. El Pato Cuchareta, la especie con mecanismos de filtración más desarrollados entre los patos, tiene hileras especializadas a todo lo largo de su ancho pico. El Pato Inglés también tiene un pico ancho, estructuras córneas y una lengua relativamente larga, pero el mecanismo de bombeo de los patos es diferente y sus lenguas, generalmente, son ubicadas durante este desplazamiento en la parte superior del pico, más que en la inferior como ocurre en los flamencos.

Flamenco (*Phoenicopterus ruber*)

Sistema de lamelas en los bordes del pico del Pato Cuchareta (*Anas clypeata*).

EL PECULIAR PICO DE LOS FLAMENCOS

Autor: Antonio Rodríguez

El pico del flamenco es de los más distintivos y especializados dentro de las aves y le permite obtener grandes cantidades de alimentos pequeños mediante un proceso de filtración que ha alcanzado un alto desarrollo en este grupo. El pico está doblado en ángulo hacia abajo justo debajo de los agujeros nasales y su parte inferior (mandíbula) es mucho mayor y más fuerte que la parte superior (maxila). Esta forma diferente de ambas partes del pico es característica de la familia y resulta en que la apertura del pico es más o menos similar a todo lo largo de su longitud, lo que garantiza una filtración más eficiente. Los bordes internos de ambas partes del pico están cubiertos por numerosas lamelas, estructuras queratinizadas que se disponen en fila y, generalmente, están cubiertas por formaciones pilosas que se mueven a voluntad. La parte inferior del pico presenta una depresión central por donde se desplaza la gruesa lengua durante la alimentación, la cual presenta, en su superficie proximal, dos filas longitudinales de protuberancias espinosas que se dirigen a la garganta.

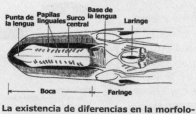

La alimentación de los flamencos es por filtración, asemejándose en esto más a las ballenas y las ostras que a la mayoría de las aves. Para ello se auxilia de sus patas, las cuales utilizan para agitar el barro y entonces absorbe agua a través del pico parcialmente abierto.

La existencia de diferencias en la morfología del pico en las especies de flamencos en cuanto a forma interna, número, dimensiones y disposición de las lamelas y los cilios, posiblemente, refleja un uso diferencial de los recursos alimentarios. Además, la posibilidad del ajuste en la "porosidad del filtro" es una solución adaptativa a la competencia y variabilidad de recursos alimentarios.

Este influjo de agua es logrado por el movimiento de la lengua hacia delante y hacia detrás en la depresión de la parte inferior del pico que actúa como un pistón de bomba. El movimiento de la lengua provoca un flujo y reflujo de agua que puede ser repetido entre cuatro a seis veces por segundo. Cuando entra el agua, los cilios situados en las lamelas se acuestan para permitir que las partículas alimenticias pasen por la estrecha abertura del pico, quedando fuera solo las de mayor tamaño. Cuando la lengua expele el agua, entonces los cilios se elevan y estas estructuras de ambas partes del pico se imbrican formando un filtro que retiene las partículas más pequeñas, que son guiadas hacia la garganta a través de las espinas que cubren la lengua. Todo este proceso lo realiza el individuo con la cabeza hacia abajo, con el extremo del pico paralelo a la superficie del agua y haciendo un movimiento de barrido de la cabeza hacia los lados. Además otra característica que diferencia su pico del resto de las aves es que la maxila no está fijada, rígidamente, al cráneo con lo que se facilita todo el bombeo de agua. Esta, además, interviene en el ajuste del tamaño del "filtro" junto con la mandíbula y la lengua.

Tomado de: Zweers, G., F. Delong y H. Berkhoudt (1995): Filter feeding in flamingos. **The Condor** 97:297-324.

La disponibilidad del alimento es un factor limitante de las poblaciones y, además, uno de los elementos primarios que determinan el uso del hábitat en las aves. La importancia particular de estos estudios radica en que brindan la posibilidad de conocer la forma en que intervienen estos organismos en el flujo de energía del ecosistema, así como determinar en qué forma la distribución y abundancia de los recursos influyen en la dinámica de las poblaciones y en las interacciones entre las especies.

En Cuba, se han realizado numerosos estudios relacionados con este tema en las aves acuáticas, pero la mayoría de ellos en agroecosistemas arroceros, pastizales y camaroneras, y muy pocas en humedales naturales. En estos últimos, las muestras para los estudios de alimentación, generalmente, provienen de las colonias de cría, donde los

pichones muestran la conducta de regurgitar, de modo espontáneo, el alimento ante una alteración que pudiera señalar la presencia de un depredador u otro peligro potencial. El regurgitar sigue un mecanismo fisiológico análogo al vómito, pero se diferencia de este en que tiene control voluntario y no responde a enfermedad ni a efectos dañinos de la ingesta. Durante las investigaciones en las colonias es frecuente que, al manipular los pichones, estos exhiban esta reacción cuya ventaja adaptativa viene dada porque puede desviar la atención de los depredadores hacia otro alimento y contrario a lo que aparenta, no representa una afectación significativa para los pichones aun cuando ocurra repetidamente.

Convivir en una colonia reproductiva implica compartir determinados recursos presentes en el área o cercanos a esta, como el alimento. Sin embargo, para evitar la competencia, que es costosa en términos energéticos, las especies han evolucionado de forma tal que se diferencian en algu-

nos aspectos claves de su nicho como el sitio de forrajeo o las presas más usadas.

Resulta interesante este proceso en dos especies oportunistas como la Garza Ganadera y la Garza de Rizos, que son reconocidas como las de mayor espectro alimentario entre las garzas cubanas. Las pequeñas diferencias en las dimensiones corporales y conductas entre las garzas, le permiten a la Ganadera una mejor utilización del hábitat terrestre, contrario a lo que ocurre con la Garza de Rizos. Ambas tienen casi la misma composición en la dieta, es decir, consumen los mismos artículos alimentarios, sin embargo, lo hacen en proporciones muy diferentes. Así, las cinco presas más abundantes encontradas en la dieta de la Garza Ganadera en la colonia de cayo Norte, ciénaga de Birama, son de tipo terrestre y se encuentran entre las menos utilizadas por la Garza de Rizos en esa localidad. De la misma forma, artículos alimentarios principalmente acuáticos,

Garza de Rizos

Nombre científico: *Egretta thula*

Nombre en inglés: Snowy Egret

Clasificación: Orden Ciconiiformes Familia Ardeidae

Distribución:

Medidas:

	♀	♂
Peso corporal (*g*):	354	407
Largo del pico (*mm*):	77	81
Largo del tarso (*mm*):	95	105

Alimentación: Invertebrados acuáticos y peces pequeños.

Reproducción: Forma grandes colonias en manglares. Pone de 1 a 4 huevos de color azul.

Época de cría: E F M A M J J A S O N D

ALIMENTACIÓN DE LOS PICHONES DE CUATRO ESPECIES DE GARZAS (AVES: ARDEIDAE) EN UNA COLONIA REPRODUCTIVA DE LA CIÉNAGA DE BIRAMA, CUBA.

Autor: Dennis Denis

Entre 1998 y 1999 se realizó un estudio con el objetivo de describir la dieta de los pichones de cuatro especies de garzas que conviven en una colonia reproductiva en la ciénaga de Birama: la Garza Ganadera, la Garza de Rizos, la Garza de Vientre Blanco y el Aguaitacaimán. Para esto se analizó una muestra de 70 regúrgitos que arrojaban, espontáneamente, los pichones al ser manipulados.

Tamaño promedio de las presas en los pichones

Especie	n	Media	DS
Garza Ganadera	53	20,8	6,5
Garza de Rizos	197	26,3	19,6
Aguaitacaimán	5	32,5	6,6
Garza de Vientre Blanco	112	19,7	8,0

La dieta de los pichones de la Garza Ganadera estuvo compuesta, fundamentalmente, por insectos y otros invertebrados, y las presas más frecuentes fueron orugas de mariposas (Lepidoptera) y saltamontes (Orthoptera). Los pichones de Garza de Rizos presentaron como presas más frecuentes e importantes, numéricamente, a los peces, las larvas de libélulas (Odonata) y los crustáceos (Decapoda). Los peces fueron, prácticamente, las únicas presas en la dieta de los pichones de la Garza de Vientre Blanco, con longitudes en el rango de los 18 a 30 *mm*.

Los resultados obtenidos mostraron que no existen grandes diferencias en cuanto a composición de la dieta con lo descrito para los adultos. La Garza Ganadera fue la de mayor diversidad con 17 tipos de presas consumidas, seguida por la Garza de Rizos con 15 tipos. El Aguaitacaimán y la Garza de Vientre Blanco mostraron una alta especialización alimentaria, ambas consumen las mismas presas (peces) y de igual talla, pero se diferencian en el hábitat de forrajeo y en la conducta. La Garza de Vientre Blanco se alimenta mientras camina dentro del agua en sus sitios de alimentación y el Aguaitacaimán, por su pequeño tamaño, pesca en lugares menos profundos o utiliza técnicas de caza al acecho desde piedras y ramas adyacentes a los cuerpos de agua. Gracias a esta diferencia en los métodos de captura no compiten directamente.

Composicion de la dieta de los pichones de garzas en Birama

Tomado de: Jiménez, A., D. Denis y A. Rodríguez (en preparación): Dieta de los pichones de cuatro especies de garzas en colonias de la ciénaga de Birama, Cuba.

como peces, decápodos, larvas de insectos y larvas de anuros que dominan en la dieta de la Garza de Rizos, son apenas utilizados por la Garza Ganadera.

Regúrgito de pichones de Garza Ganadera.

Los sistemas de manglares, a pesar de la casi monodominancia de sus componentes vegetales principales, no son espacialmente homogéneos ya que, por lo general, están formados por sistemas complejos de canales, esteros y lagunas interconectadas, con una hidrología compleja que constituye una barrera para los seres humanos y otros depredadores terrestres por lo que en su interior muchas aves pueden gozar de una relativa seguridad. Esto es aprovechado por especies como los patos para descansar o reproducirse, manteniendo sus áreas de alimentación en zonas aledañas. Esta conducta es particularmente notable

cuando aparecen zonas de cultivo de arroz o estanques de acuicultivo adyacentes a los humedales; cada maña-na y cada atardecer se observa el movimiento de grandes bandos de aves saliendo o retirándose hacia los humedales naturales.

Especial importancia, entre las especies que siguen esta estrategia, merece la Yaguasa, una especie de pato, endémica regional del Caribe y en peligro de extinción. Esta especie, de hábitos nocturnos, forrajea en sabanas y cultivos, y antes del amanecer se retira a lo más profundo de los manglares en busca de protección. La Yaguasa ha sido objeto de estudio, dada su delicada situación conservacionista y se

Marbella

Nombre científico:
Anhinga anhinga
Nombre en inglés:
Anhinga
Clasificación:
Orden Pelecaniformes
Familia Anhingidae

Distribución:

Medidas:
	♀ ♂
Peso corporal (*g*):	1240
Largo del pico (*mm*):	52
Largo del tarso (*mm*):	80
Largo total (*cm*):	89

Alimentación:
Peces que capturan buceando.

Reproducción:
Crían solitarios en manglares, en nidos a gran altura. Ponen de 1 a 5 huevos de color blanco azulado.

Época de cría:
| E | F | M | A | M | J | J | A | S | O | N | D |

conoce que en nuestro país aún se mantienen poblaciones saludables a pesar de que se ha llegado a extinguir en varias islas del resto del Caribe.

Complejidad de la reproducción en los manglares

Los manglares son ecosistemas muy importantes para la reproducción de las aves por las ventajas que ofrecen: la abundancia de alimento, de sitios apropiados para nidificar y la protección relativa contra depredadores terrestres. Numerosas especies de aves acuáticas utilizan la seguridad de estas zonas para desarrollar su ciclo de cría y sus parámetros reproductivos son utilizados, cada vez más, como indicadores de la salud de estos humedales, debido a su alta posición en la cadena trófi-

ca, a la bioacumulación que pueden hacer de quí-micos contaminantes, a su amplia distribución geo-gráfica, a la fidelidad a los sitios de cría y a la sincronía relativa de la época de nidificación en una misma región. La reproducción y su éxito son de considerable interés al reflejar también la producti-vidad local, la estructura trófica de la comunidad, la perturbación humana y el nivel de contaminación. Además, en las especies grandes y de larga vida, los mecanismos de regulación poblacional se

expresan, fundamentalmente, en el proceso reproductivo ya que la depredación en adultos es muy rara. Entre los ardéidos, por ejemplo, existen solo registros anecdóticos de ataques de depredadores a individuos adultos y tampoco hay mecanismos o conductas antidepredadoras bien establecidas; por esto se ha desechado la depredación como fuerza selectiva o reguladora de importancia en la población adulta. Por esto, y como el alimento en los humedales naturales, por lo general, tampoco es limitante al punto de producir mortalidad por inanición en este sector poblacional, el control del tamaño y estructura de las poblaciones se ejerce durante la cría, al ser los huevos y los pichones las etapas más delicadas y sensibles del ciclo vital.

La biología reproductiva en las aves acuáticas es un campo muy complejo dada la convergencia de numerosos fenómenos adaptativos cuyo significado ecológico y evolutivo es de difícil comprensión.

Entre estos están el propio colonialismo, cuyo significado primario defensivo ha sido puesto en duda recientemente, los patrones de selección del sitio de cría y su relación con diferentes aspectos como la productividad o la distribución de las áreas de forrajeo, las implicaciones de la morfología de las especies en los parámetros reproductivos, y la cronología de la puesta y su determinación ambiental.

Los análisis ecoevolutivos de los fenómenos relacionados con la reproducción en este grupo se hacen muy complejos por todos los factores asociados a las estrategias de reducción de la nidada como la asincronía de la puesta, con los patrones de variación en la talla y composición de los huevos según el orden de aparición en el nido o las diferencias entre pichones producidas por la eclosión también asincrónica.

En las aves cada especie tiene una dinámica de crecimiento característica, que puede ser analizada como parte de su estrategia reproductiva y brindar información valiosa acerca de su modo de desarrollo, de las características ecológicas de los ambientes y de las relaciones evolutivas entre las especies.

En nuestro país las épocas de cría de las aves acuáticas son muy variables y se pueden distribuir a lo largo de todo el año, pero se concentran, fundamentalmente, entre los meses de abril a septiembre.

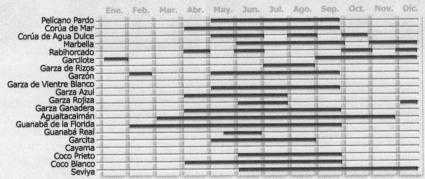

REGISTROS DE CRÍA DE LAS AVES ACUÁTICAS COLONIALES EN CUBA

Tomado de: Denis, D., L. Mugica, M. Acosta y L. Torrella (1999): Nuevos reportes sobre la época reproductiva de aves acuáticas coloniales en Cuba. **El Pitirre** 12(1): 7-9.

Colonia de cayo Norte, ciénaga de Birama.

La conducta de estas especies, sometidas a altos niveles de agregación que intensifican las relaciones interespecíficas, también es compleja, y numerosos mecanismos de segregación del subnicho reproductivo se han desarrollado para garantizar la subsistencia sin exclusión competitiva.

La reproducción de las aves acuáticas coloniales es un fenómeno muy dinámico y depende, estrechamente, de las condiciones ambientales locales. Las épocas de cría, la cronología de la puesta y el éxito reproductivo están determinados por un conjunto de variables locales como el clima, la presión de depredación y el ritmo hidrológico del ecosistema. Se han encontrado diferencias significativas en la cronología de la nidificación entre colonias. Cambios locales en la hidrología o las lluvias, aparentemente, causan retrasos de hasta varios meses en la cría de numerosas especies, aunque el retardo en el inicio de la nidificación también pueden significar que la cantidad o concentración de alimento o el número de aves necesarias para activar la cría no se hayan alcanzado a tiempo.

¿CRIAR SOLITARIOS O EN COLONIAS?

La biología reproductiva de las especies coloniales ha sido intensamente estudiada porque la alta concentración de parejas en las colonias multiespecíficas resulta muy atractiva para la investigación por la rapidez con que se obtiene un valioso volumen de datos. Por esta razón, las investigaciones en las especies menos coloniales ha sido mucho menor, y, en especial, el Aguaitacaimán y la Garcita han sido muy poco estudiadas. Sin embargo, las zancudas de hábitos no coloniales son las que peor soportan el impacto humano y los modelos de conservación basados en la protección de sitios concretos como áreas protegidas pueden controlar la reproducción de miles de parejas de especies coloniales agrupadas en un lugar, pero incluyen a pocas parejas de las especies que nidifican solitarias. Por esto, es muy importante promover el desarrollo de investigaciones en estas, cuyo comportamiento poblacional también es poco conocido.

El Aguaitacaimán, por ejemplo, pertenece a una línea adaptativa más primitiva, diferente a la de otras especies de garzas donde se exacerba el colonialismo. Su tamaño, marcadamente inferior, unido a sus hábitos de nidificación solitaria en algunas localidades, su corto período de preindependencia y su relativa precocidad en el desarrollo influyen, significativamente, en su separación del grupo anterior. También se separa en relación con su ecología trófica y forma un grupo independiente cuando se analiza el tipo y cantidad de presas que ingiere.

Esta especie se alimenta en terrenos poco inundados e incorpora presas variadas y muy pequeñas a su dieta. Como dato curioso, el Aguaitacaimán, cuya alimentación se basa, fundamentalmente, en el forrajeo al acecho desde los bordes de los cuerpos de agua, sin entrar a ella, constituye uno de los pocos ejemplos comprobados de aprendizaje en la naturaleza en el grupo de las aves. Se han observado individuos que emplean pequeñas migajas de pan, arrojándolas al agua, para atraer y capturar pequeños peces.

Aguaitacaimán

Nombre científico: *Butorides virescens*

Nombre en inglés: Green Heron

Clasificación: Orden Ciconiiformes
Familia Ardeidae

Distribución:

Medidas:

Peso corporal (*g*):	186
Largo del pico (*mm*):	61
Largo del tarso (*mm*):	54

Alimentación:
Invertebrados y pequeños vertebrados.

Reproducción:
Nidificador solitario o en grupos pequeños, en bordes de cuerpos de agua. 2 a 4 huevos azul celeste.

Época de cría:
E F M A M J J A S O N D

Garcita
(*Ixobrychus exilis*)

ALGUNOS ASPECTOS DE LA ECOLOGÍA REPRODUCTIVA DEL AGUAITACAIMÁN EN LA CIÉNAGA DE BIRAMA

Autor: Dennis Denis

El Aguaitacaimán es considerado, localmente, un nidificante solitario y las características de su reproducción son poco conocidas. Durante 10 días de julio de 1998, se realizó una investigación para caracterizar el sitio de cría y los principales parámetros reproductivos de la especie en la ciénaga de Birama,

región oriental de Cuba. En ella fueron visitados, diariamente, 17 nidos, se les midió la altura, su diámetro externo y las dimensiones de los huevos. Además, se tomaron, en días alternos, el peso y las longitudes del pico, tarso y ala de los pichones, con el objetivo de obtener las curvas de crecimiento para cada parte del cuerpo.

La mayoría de los nidos se ubicaron de 1 a 2 *m* de altura sobre el agua (promedio: 1,5 *m*), y el diámetro promedio de estos fue de 26,1 *cm*.

El tamaño de la nidada fue de 2,2 huevos/nido, y las medidas de los huevos fueron de 38,1 x 28,0 *mm* (n = 21). No se encontraron diferencias estadísticas entre los huevos dentro de las nidadas. En siete de los nidos se observó la eclosión, en cuatro de ellos los dos huevos nacieron el mismo día, en uno los huevos nacieron en días consecutivos y en dos con un día de por medio. Esto no es común entre las garzas, donde la asincronía de puesta es la regla general.

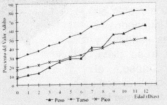

Dinámica del crecimiento de los pichones de Aguaitacaimán.

El crecimiento de las distintas partes del cuerpo tuvo una tendencia similar, sin diferencias apreciables en la velocidad del crecimiento. Solo se detectaron diferencias significativas en el tamaño relativo de las estructuras en relación con el tamaño adulto, por ejemplo, el peso de los pichones recién nacidos fue solo 8 % del peso adulto, mientras que la longitud del pico al nacer ya representaba 19 % de la longitud en el adulto, y la del tarso representaba 30 % de la del tarso en el adulto.

Tomado de: Denis, D., L. Mugica, M. Acosta y L. Torrella (1999): Algunos aspectos de la ecología reproductiva del Aguaitacaimán *Butorides virescens* (Aves: Adeidae) en la ciénaga de Birama, Cuba. **Biología** 13(2): 117-124.

El colonialismo es una conducta que aparece en cerca de 13 % de las aves, pero es característico de muchas aves acuáticas durante la etapa de cría y, sin duda, ha evolucionado bajo una gran variedad de fuerzas selectivas. El término colonia, técnicamente hablando, se refiere a agrupaciones para la reproducción que no dependen, únicamente, de la distribución agregada de los sitios óptimos sino que ha llevado un proceso evolutivo de relaciones interespecíficas e intraespecíficas entre sus componentes. La formación de colonias está relacionada con el gregarismo trófico o con los dormitorios comunales, pero son procesos diferentes. Las aves acuáticas coloniales que forman los comúnmente llamados pajarales o "pueblos" son, fundamentalmente, ciconiformes, sin embargo, también se pueden encontrar en ellos otras especies asociadas como los pelícanos, corúas, marbellas y otros más esporádicos que, aunque no son coloniales, pueden aprovechar las ventajas de la vida colonial.

Esta conducta de agruparse aparece en la mayoría de las zancudas durante la etapa de cría, y pueden encontrarse desde pequeños grupos de escasos individuos hasta colonias reproductivas de miles de parejas densamente agrupadas.

Los factores que conducen a la formación de las colonias son altamente complejos y varían entre especies. Se ha señalado que influyen aspectos como la disponibilidad y asequibilidad de alimentos, las distancias a los sitios de forrajeo y su calidad, el grado de perturbación humana, la estructura de la vegetación y la presión de depredación, entre otros. Así, durante la etapa de cría la mayoría de las zancudas y aves marinas concentran sus poblaciones reproductivas en puntos deter-minados, a partir de los cuales vuelan hacia los sitios de alimentación. Se han propuesto cuatro fuerzas selectivas para explicar el origen de esta conducta: asequibilidad de sitios apropiados, ganancia termorreguladora, ventajas antidepre-dadoras y facilidades para encontrar el alimento. Las ventajas antidepredadoras vienen dadas por la detección temprana de los depredadores, la cooperación para ahuyentarlos o simplemente el efecto "dilución", al disminuir la probabilidad individual de ser seleccionado por un depredador cuando se está en grupo. Sin embargo, otros científicos consideran que, por su estabilidad, las colonias son más sensibles a la depredación al actuar como una concentración de presas que atrae a los depredadores. También se plantea que una respuesta defensiva ante un depredador por estas especies de larga vida y reproducción anual, bien pudiera ser un comportamiento inefectivo, ya que perder una única etapa de cría entre muchas no es comparable al riesgo de perder la vida. De cualquier forma, la ventaja antidepredadora ha sido citada como principal factor en el origen del colonialismo en algunas especies aunque no hay evidencias de esto, particularmente, en garzas. No obstante, han sido sugeridas muchas otras ventajas alternativas a este tipo de agrupación. Entre estas se encuentran las de actuar como un grupo de comparación a la hora de la selección de la pareja, la estimulación social a la reproducción, o como centro de información para la localización de las áreas de forrajeo, ya que existe una fuerte asociación entre reproducción colonial y forrajeo gregario. Además, hay numerosas evidencias que apoyan la relación de este fenómeno como adaptación a las condiciones de alimentación. El colonialismo también se ha relacionado con la coloración conspicua, la actividad diurna y las conductas de cortejo no aéreas.

Las especies que son capaces de coexistir juntas pueden responder de diferente forma a las numerosas relaciones interespecíficas antagónicas que se pueden establecer entre ellas, como la competencia, el cleptoparasitismo, el nidoparasitismo y la depredación de pichones y huevos. Esto determina una gran variabilidad en el grado del colonialismo; existe un espectro que va desde especies muy coloniales hasta otras menos coloniales o solitarios facultativos.

Las colonias en los manglares pueden persistir en un mismo sitio por más de 20 años o cambiar anualmente. Las colonias de

Coco Blanco pueden llegar a durar más de 17 años en un mismo lugar, en dependencia de la perturbación humana a que se vean sometidas. Las mayores colonias de aves vadeadoras se encontraron una en Tanzania, con 50 000 parejas, y la segunda en el delta del Níger con 23 000 parejas de siete especies.

Estas grandes agrupaciones para criar también tienen sus desventajas relativas y, en primer lugar, está su vulnerabilidad ante fenómenos locales. En América, por ejemplo, las poblaciones de *Ardea herodias* han sufrido mucho por los ciclones: en 1935 solamente sobrevivieron 150 individuos en la Florida, en 1960 perecieron 60 % de la población y en 1966 un ciclón aniquiló a 1 500 aves.

Otro aspecto negativo es que las colonias establecidas pueden afectar, seriamente, la vegetación local al modificar la composición química del suelo por la deposición de guano y por la defoliación que producen las aves, tanto con su actividad, como con sus heces que al depositarse sobre las hojas obstruyen la fotosíntesis. También influye la utilización de ramas para la construcción de los nidos, que puede llegar a cifras muy altas . En las colonias terrestres el efecto de la excesiva acumulación de heces altera el pH del suelo y produce su hiperfertilización, generalmente, destruyendo la vegetación, de forma tal que al cabo de varios años tienen que cambiar de sitio. A causa de esto se ha desarrollado, evolutivamente, el nomadismo o la falta de filopatría (fidelidad al sitio de puesta) en muchas especies.

500 nidos de Garza Ganadera pueden requerir más de 1 500 000 ramillas.

En las colonias de humedales el agua reduce el efecto letal y aunque se sigue produciendo defoliación persistente estas colonias son más estables en el tiempo. Esta tendencia nómada es muy importante a tener en cuenta, ya que los criterios de conservación deben diferir, notablemente, de aquellos que se siguen en especies más sedentarias. Las especies

Coco Blanco

Nombre científico:
Eudocimus albus

Nombre en inglés:
White Ibis

Clasificación:
Orden Ciconiiformes
Familia Threskiornithidae

Distribución:

Medidas:

	♀	♂
Peso corporal (*g*):	737	888
Largo del pico (*mm*):	129	156
Largo del tarso (*mm*):	87	103

Alimentación:
Crustáceos e insectos acuáticos

Reproducción:
Grandes colonias en manglares. Ponen de 2-5 huevos de color gris claro con manchas pardo oscuras irregulares.

Época de cría:
E F M A M J J A S O N D

nómadas dependen de grandes extensiones de humedales para encontrar su alimento y sitio de nidificación y se ha demostrado que las poblaciones son dadas a declinar, abrupta e impredeciblemente, con la pérdida o destrucción del hábitat. En muchas especies y lugares aparecen abandonos masivos de colonias (como ocurre con el Coco Blanco en Florida) y sus causas fundamentales son las alteraciones en los regímenes hidrológicos, aumentos en la presión de depredación o de perturbación humana en las colonias y aumentos de la salinidad de sus áreas de forrajeo.

Inicio de las investigaciones sobre reproducción de aves coloniales en Cuba

Los factores que determinan la ubicación de los nidos, probablemente, son complejos y varían entre especies. El conjunto exacto de indicadores ambientales que utilizan las aves para iniciar la construcción de sus nidos es desconocido en la mayoría de los casos, pero incluye las características del hábitat a pequeña (< 1 km^2), mediana (1 a 10 km^2) o gran escala (10 a 1000 km^2). Se supone que influyan, particularmente, la ubicación y distancia a los principales sitios de alimentación. En las especies acuáticas coloniales se han encontrado fuertes correlaciones entre las colonias y el hábitat: al parecer se ubican en posición central en los sistemas de humedales, más cercanas a las áreas de forrajeo que lo esperable por una ubicación al azar. El esclarecimiento de estos factores dependerá de la integración y análisis de muchas colonias en diferentes condiciones y la información geográfica y ecológica de los ambientes donde se formen. En este sentido, en dos localidades se ha avanzado más en la localización y el censo de las colonias: en la ciénaga de Birama y en el archipiélago de Sabana-Camagüey.

Cayo Norte: precursor de los estudios de reproducción de aves acuáticas en Cuba

Autor: Dennis Denis

Cayo Norte es un pequeño islote de mangle de apenas unas 8 *ha*, de forma circular y con dos lagunas someras en su interior, alrededor de las cuales nidifican miles de parejas de garzas. Este cayo se ubica en la ciénaga de Birama, en una enorme laguna costera llamada Las Playas, segunda en tamaño del país después de la laguna de La Leche con 15 km^2 de superficie, y que comunica con el mar a 12 *km* de su borde oriental, un poco por debajo de la desembocadura del río Cauto. En este pequeño cayo, sin embargo, se han registrado 27 especies de aves haciendo uso de sus recursos. De estas especies, 15 crían en el cayo, convirtiéndolo en un importante centro de reproducción de aves acuáticas, mientras que otras 6 solo lo usan para descansar, arribando en impresionantes bandadas desde sus sitios de alimentación en la camaronera adyacente o los campos de cultivo del arroz. Más de la mitad de ellas, además, se alimentan en las lagunas interiores del cayo y tres (el Bobito Chico, el Canario de Manglar y el Carpintero Verde) habitan en la franja de mangle del borde en busca de insectos. Finalmente, otras tres especies solo aparecen de paso, mientras vuelan hacia la costa o hacia partes más interiores de la ciénaga de Birama: el Galleguito, el Garcilote y la Paloma Rabiche.

En los manglares que bordean las lagunas interiores del cayo desde hace muchos años (más de 20 según los pobladores locales), se ha establecido una colonia multiespecífica de garzas que desde 1998 hasta 2004, ha mantenido números entre 4 500 y 15 000 nidos de 6 especies. Esta colonia está compuesta, principalmente, por garzas, y las especies dominantes son la

Cayo Norte

Ciénaga de Birama

Garza Ganadera, la Garza de Rizos y la Garza de Vientre Blanco.

Durante estos años se hicieron investigaciones sobre el éxito reproductivo y se midieron más de 770 nidos, 1 700 huevos y 290 pichones de estas especies que han permitido describir sus características reproductivas. Con toda la información biológica obtenida se han establecido las bases científicas que permiten el desarrollo de efectivos planes de conservación y manejo, cuyos resultados se han ido observando, progresivamente, en el incremento del éxito de la cría en la colonia.

Las investigaciones en esta colonia continuarán dada su importancia regional y por ser este uno de los humedales más importantes del Caribe, donde toda la información posible es necesaria para garantizar una conservación efectiva.

Tomado de: Denis, D. (2001): **Ecología reproductiva de siete especies de garzas (Aves: Ardeidae) en la ciénaga de Birama, Cuba.** Tesis en opción al grado de doctor en Ciencias Biológicas, Universidad de La Habana, Cuba, 150 pp.

DATOS SOBRE LAS COLONIAS DE NIDIFICACIÓN DE CICONIIFORMES (AVES) EN EL ARCHIPIÉLAGO DE SABANA-CAMAGÜEY, CUBA

Autora: Patricia Rodríguez

En junio del 2001 se realizó una expedición al archipiélago de Sabana-Camaguey desde la bahía de Nuevitas (Camagüey) hasta cayo Guillermo (Ciego de Ávila) con el objetivo de estudiar la distribución, composición y estructura de las colonias de nidificación de Ciconiiformes en este importante sistema de cayos.

En general, las garzas y cocos prefirieron para nidificar los manglares que son muy abundantes en la costa sur de los cayos y en las macrolagunas interiores que los separan de la isla de Cuba. Las especies nidificantes más comunes en

esta parte del archipiélago fueron la Garza Rojiza y la Garza de Vientre Blanco. Es de destacar la presencia de cuatro sitios de reproducción de Garza Rojiza, una de las especies menos abundantes del grupo. Al menos en tres de las colonias se encontraron individuos de los dos morfos de color de la especie.

Número de sitios de cría detectados por especie

Nombre común	Nombre científico	No. de sitios
Guanabá de la Florida	Nycticorax nycticorax	1
Garzón	Ardea alba	3
Garcilote	Ardea herodias	2
Garza de Rizos	Egretta thula	2
Garza de Vientre Blanco	Egretta tricolor	3
Garza Rojiza	Egretta rufescens	4
Coco Blanco	Eudocimus albus	1

Colonia de La Gloria
(22° 28' 47'' N, 78° 38' 05'' W)

Compuesta por 250 nidos de corúas de mar, en los bordes del cayo, y algunos nidos de Garza Rojiza, Garza de Vientre Blanco y Garza de Rizos, ubicadas en el mangle rojo de los bordes del cayo.

Colonia cayo Kiko
(21° 18' 08'' N, 77° 58' 14'' W)

Fue la mayor de todas las encontradas. Estuvo compuesta por 27 nidos de Garza Rojiza, 235 de Garza de Vientre Blanco y 37 de Coco Blanco, todos a menos de 1,5 m de altura. Los tamaños de puesta fueron: Garza Rojiza: 2,68; Coco Blanco: 2,42 y Garza de Vientre Blanco: 2,44 huevos/nido.

Colonia cayo Fogoncito
(22° 05' 12'' N, 77° 43' 54'' W)

27 nidos de Garza Rojiza y 57 de Garza de Vientre Blanco. Altura de los nidos de 2,2 m y tamaño de puesta de 2,26 huevos/nido en la Garza Rojiza y 2,52 huevos/nido en la Garza de Vientre Blanco.

Colonia cayo Ratón
(21° 53' 30'' N, 77° 53' 15'' W)

Compuesta por 23 nidos de Garzón, 5 de Garza de Rizos, un nido aislado de Garcilote y más de 200 nidos de Corúa de Mar. Es un pequeño cayo, arenoso, en su mayor parte, bordeado por una estrecha banda de mangle prieto de entre 8 y 10 m, en los que se encontraban los nidos de corúas. Hacia el interior predominan arbustos y algunas yanas, que fueron el sustrato de los nidos de las garzas, cuya altura promedio fue de 2,8 m en el Garzón y 2,1 m en la Garza de Rizos.

Colonia cayo Grillo
(22°03'54'' N, 77°41'12'' W)

Siete nidos de Garza Rojiza, con huevos, ubicados a 6 m de altura sobre mangle rojo.

Cayo de las Corúas
(21° 55' 13'' N, 77° 53' 15'' W)

Formada por corúas y algunos nidos aislados de Garzón, sobre mangle prieto de gran altura.

Colonia de Bocas Grandes
(21° 28' 26'' N, 77° 10' 10'' W)

Estaba compuesta por Guanabá de la Florida, garzones, garcilotes y marbellas.

Tomado de: Rodríguez, P., D. Rodríguez, E. Pérez, A. Llanes, P. Blanco, O. Barrios, A. Parada, E. Ruiz, E. Socarrás, A. Hernández, F. Cejas (2004): **Distribución y composición de las colonias de nidificación de aves acuáticas en el archipiélago de Sabana-Camagüey**. Instituto de Ecología y Sistemática, CITMA, Simposio Nacional de Zoología 2004.

Ya con posterioridad, otras investigaciones se han incorporado, como es el caso de las que se realizan, actualmente, en las colonias del litoral norte de La Habana o las que, por varios años, se desarrollaron en las colonias del archipiélago de Sabana-Camagüey. Las ciconiformes están entre las especies más llamativas y mejor representadas en este archipiélago ya que la extensión y amplia variedad de hábitat de este ecosistema provee sitios de nidificación apropiados y poco alterados a diferentes especies para establecer sus colonias, así como extensas áreas de alimentación. Aquí se ha registrado la nidificación de 12 especies de ciconiformes en más de 16 sitios, por lo que se considera uno de los lugares más importantes para la reproducción de estas aves en Cuba.

Ahora bien, muchas de estas especies que forman colonias tienen tendencias gregarias durante todo su ciclo de vida. Las garzas, en su mayoría, se alimentan en grupos o al menos existen adaptaciones que favorecen su agrupamiento alrededor de sitios óptimos de alimentación. Generalmente, además, pernoctan en dormideros comunales, a veces protegidas por humedales, pero otras en simples árboles aislados a los bordes de ríos o caminos. Durante su etapa no reproductiva estas poblaciones se mantienen dispersas por amplios territorios, pero al comenzar la cría comienzan a agruparse alrededor de puntos determinados, donde se forman luego las colonias. En el área que rodea estos sitios se desarrolla el forrajeo y las actividades vitales, con rangos de distancias variables entre especies.

En los grandes humedales, generalmente, aparecen sistemas de colonias de tamaños y composiciones diferentes, dispersas en varios lugares. Estas colonias, sin embargo, se pueden relacionar, funcionalmente, entre sí respondiendo a los mismos factores demográficos, e intercambian individuos funcionando como una metapoblación.

Las metapoblaciones se definen como mosaicos cambiantes de poblaciones temporales interconectadas por algún grado de migración. Estas se caracterizan por una o más poblaciones nucleares o fuentes, más o menos estables en el tiempo y varias poblaciones satélites o receptoras que fluctúan con la llegada de inmigrantes. Las poblaciones satélites se pueden extinguir en años desfavorables, pero son recolonizadas por migraciones desde una población nuclear. Las metapoblaciones se manifiestan a diferentes escalas geográficas, desde grandes regiones zoogeográficas hasta localidades específicas de menor extensión, en dependencia de las características demográficas y biológicas de las especies. Durante la etapa de cría, la mayoría de las garzas concentran sus poblaciones reproductivas en zonas determinadas, a partir de las cuales vuelan, direccionalmente, hacia los sitios de forrajeo. Entre estas colonias, se puede establecer, también, un intercambio de parejas o individuos, como ha sido demostrado en algunas especies como la Garza de Vientre Blanco y el Garzón. La descripción de esta dinámica es vital para los planes de manejo y de conservación en las

COMPORTAMIENTO METAPOBLACIONAL EN LAS COLONIAS DE GARZAS EN LA LAGUNA LAS PLAYAS

Autor: Dennis Denis

En la laguna Las Playas, en la ciénaga de Birama, se ha encontrado un comportamiento metapoblacional típico entre las colonias que se establecen en el área. La colonia central, mayor y más estable es la de cayo Norte, pero cada año, en un área de menos de 3 *km* de radio, se forman entre dos y tres colonias, generalmente, más pequeñas, que pueden localizarse en cuatro localidades: la Güija, La Nueva, Juan Viejo y Wiso. Cada una tiene composiciones de especies propias y características particulares.

Laguna Las Playas

El análisis de las variaciones anuales en tamaño y composición de especies en estas colonias ha permitido describir un comportamiento metapoblacional de tipo de interacciones complejas, al existir migraciones no solo con la colonia núcleo sino también entre las satélites.

Estos movimientos fueron muy evidentes en el 2001, cuando los trabajos de construcción de una estación cerca de cayo Norte causaron una perturbación que hizo trasladarse a numerosas parejas de garzas hacia las colonias satélites, que entonces tuvieron un brusco aumento en su tamaño. Igualmente, se evidenciaron al analizar el comportamiento de los cocos blancos, que se movieron entre las colonias de Juan Viejo y Wiso antes de retirarse a lugares más alejados dentro de la ciénaga producto de la perturbación humana o de cambios en los sitios de alimentación.

La dinámica metapoblacional evidenciada en esta área es muy importante que se tenga en cuenta en todos los planes locales de manejo. Se deben monitorear, anualmente, todos los sitios activos o potenciales para detectar nuevas colonias satélites, monitorear el estado de la vegetación en estos lugares para conocer la necesidad de trabajos de restauración ecológica y si ocurre una degradación fuerte de las condiciones de cría de algún lugar específico, se puede hacer un manejo activo del número de nidificantes en cada colonia. Las medidas de conservación y protección más estrictas se deben enfocar siempre a la colonia fuente que es el sitio más vulnerable e importante y por esta razón los planes ecoturísticos o de educación ambiental solo deben incluir las colonias satélites, pero siempre manteniendo la distancia recomendada (100 *m* en las garzas) para evitar las perturbaciones.

Modificado de: Denis, D. (2001): Dinámica metapoblacional en las colonias de garzas (Aves: Ardeidae) de la ciénaga de Birama, Cuba. **J. Caribb. Ornithol.** 16(1): 35-44.

áreas, al demostrar cómo los efectos producidos en un punto específico pueden repercutir en otros, o, por el contrario, determinadas medidas de control pueden ser inefectivas a causa de los movimientos poblacionales que funcionarían como un sistema de vasos comunicantes. Este enfoque también es importante al permitir identificar la población núcleo, de la cual dependen las satélites, y sobre la cual deben concentrarse los mayores esfuerzos conservacionistas.

Garzón

Nombre científico: *Ardea alba*

Nombre en inglés: Great Egret

Clasificación:
Orden Ciconiiformes
Familia Ardeidae

Distribución:

Medidas:

	♀	♂
Peso corporal (*g*):	934	1084
Largo del pico (*mm*):	110	115
Largo del tarso (*mm*):	154	162

Alimentación:
Peces, crustáceos e invertebrados acuáticos.

Reproducción:
Colonias en manglares. Nidos a gran altura. Ponen de 2 a 4 huevos de color azul.

Época de cría:
E F M A M J J A S O N D

ESTRATEGIAS ECOLÓGICAS PARA LA CRÍA

Las aves han desarrollado, evolutivamente, diferentes estrategias reproductivas bajo la presión de las condiciones climáticas, de fuentes de alimentos puntuales e impredecibles o de diferentes presiones de depredación y competencias. Se han descrito dos tendencias fundamentales, que se han desarrollado en función de minimizar los posibles efectos negativos de las condiciones ambientales y de las relaciones interespecíficas. Una de ellas es la estrategia de supervivencia de nidada, que aparece en algunas especies de caradriformes y en anátidos, en la cual se tiende a minimizar cualquier tipo de jerarquía entre los pichones para garantizar iguales probabilidades de supervivencia. En las especies que siguen esta estrategia, generalmente, existe sincronía en la eclosión, dada porque la incubación comienza luego de culminada la puesta y, por lo general, los huevos tienden a ser semejantes o el tamaño mayor del huevo final compensa diferencias de sincronía. La estrategia de reducción de nidada, por el contrario, refuerza las diferencias entre los pichones, bien por una asincronía marcada de eclosión al comenzar la incubación con la puesta del primer huevo o por un huevo final pequeño. Esta presenta dos variantes fundamentales: los reduccionistas obligados, como por ejemplo: los pelícanos, rapaces y pájaros bobos; y los reduccionistas facultativos, entre los que se encuentran las zancudas. Esta estrategia se apoya en las diferencias competitivas de los pichones, producidas y refor-zadas por la asincronía de puesta y eclosión, por los patrones de talla de los huevos y por otras diferencias intranidada, que permiten la eliminación selectiva de los pichones más pequeños ante condiciones limitantes.

Uno de los fenómenos centrales, relacionado, directa o indirecta-mente, con todos los demás, es la asincronía de la puesta-eclosión la cual se plantea como uno de los mecanismos mediante los cuales se refuerza la estrategia de reducción de nidada. Esta asincronía proviene, de manera general, de un patrón de puesta con dos o más días intermedios entre huevos y un comienzo de la incubación antes de que ocurra la terminación de la puesta. Este patrón es hallado en muchas especies de aves: la mayoría de las rapaces nocturnas, rapaces diurnas, varias aves marinas, y en muchas paserinas. Este inicio de la incubación con el primer huevo los provee de mayor protección ante condiciones climáticas adversas y posibles enemigos.

La reducción de nidada en sí, se efectúa por dos mecanismos: la inanición por desplazamiento de los más jóvenes o el fraticidio. El fraticidio es la eliminación de los pichones más jóvenes por sus hermanos mayores. Los métodos de ejecución van desde un simple empujón hacia afuera del nido, hasta una gran cantidad diaria de picotazos en la cabeza. El fratricidio no es exclusivo de las aves, se manifiesta también en varias especies de insectos, anfibios y mamíferos, aunque el patrón conductual es bien diferente y en grupos inferiores termina en canibalismo. En aves y mamíferos, sin embargo, parece ser que el objetivo es monopolizar el cuidado de los padres. Lejos de considerarse un comportamiento patológico, esta conducta es una estrategia adaptativa ya que promueve la fortaleza de los individuos que la practican y reduce el costo energético de la cría para los padres en caso de escasez de alimento, sin afectar el éxito reproductivo en su conjunto.

Existen especies que practican el fratricidio obligado, estas, típicamente, ponen dos huevos y,

usualmente, el pichón mayor mata a su hermano. Un número mayor de especies de aves son fraticidas facultativamente. Aunque las peleas son frecuentes en estas especies no siempre el pichón menor es eliminado. Existen varios patrones de fraticidio facultativo; por ejemplo, en los guinchos hay poblaciones donde la agresión no se manifiesta y está presente en otras.

En las garzas, generalmente, nacen tres o cuatro pichones con dos días de intervalo entre ellos. Las peleas comienzan casi en el mismo momento en que nace el segundo pichón y son más intensas mientras más similares en tamaño sean los hermanos. Los ataques agresivos llevan un orden de picoteo que se traduce en ventajas de alimentación para el pichón mayor. Aproximadamente en un tercio de los nidos los ataques culminan en fraticidio por inanición forzada y heridas o por expulsión del nido.

Las estrategias reproductivas se relacionan con el patrón dicotómico de desarrollo en las aves. En muchas aves los recién nacidos son incapaces de valerse por sí mismos y dependen de sus padres, mientras que en otras, en cambio, son móviles y capaces de encontrar su propio alimento. Los términos altricial y precocial se refieren a los extremos de este espectro de niveles de maduración en el momento de la eclosión y de la disminución en la dependencia de los cuidados parentales. Las especies precociales practican, de manera general, la estrategia de supervivencia de nidada y las altriciales la estrategia reduccionista.

La clasificación tradicional de los patrones de desarrollo en las aves reconoce muchas categorías intermedias de acuerdo con la combinación de caracteres morfológicos y conductuales. Muchas clasificaciones tienen en cuenta para describir el modo de desarrollo nueve características: presencia de plumón, movimientos controlados, actividad locomotora, búsqueda de alimento por sí mismos, seguimiento a los padres, alimentación por los padres, permanencia en el nido, ojos cerrados al eclosionar y carencia de plumas visibles.

Cada modo de desarrollo tiene ventajas relativas sobre los otros. Mientras que el modo precocial libera a los padres de la necesidad de alimentar a los pichones y aumenta su fecundidad, en ciertos casos también puede reducir la mortalidad de los pichones y tiene la ventaja de la independencia térmica. El desarrollo altricial tiene la ventaja de un crecimiento rápido y una mayor eficiencia energética durante el desarrollo embrionario y el crecimiento posnatal.

ORGANIZACIÓN DENTRO DE LAS COLONIAS

Cada modo de desarrollo tiene ventajas relativas sobre los otros. Mientras que el modo precocial libera a los padres de la necesidad de alimentar a los pichones y aumenta su fecundidad, en ciertos casos también puede reducir la mortalidad de los pichones y tiene la ventaja de la independencia térmica. El desarrollo altricial tiene la ventaja de un crecimiento rápido y una mayor eficiencia energética durante el desarrollo embrionario y el crecimiento posnatal.

El denso agrupamiento en las colonias conduce a competencia por el espacio y los recursos que se

Las aves altriciales típicas son desnudas, ciegas y virtualmente inmóviles cuando nacen, dependiendo, completamente, de sus padres. Los pichones con este tipo de desarrollo, tienen grandes estómagos e intestinos largos, lo que refleja la necesidad de alimentarse y crecer rápidamente. En este grupo se encuentran las Passeriformes, Columbiformes y algunos Pelecaniformes.

En contraste, los pichones precociales, que aparecen en los órdenes Galliformes, Anseriformes y algunos Charadriiformes, son bien desarrollados desde pequeños y están cubiertos de plumón. Ellos se pueden alimentar por sí mismos, correr y regular su temperatura corporal baja después del nacimiento y su cerebro es más grande, comparado con el de los pichones altriciales.

Los Ciconiiformes, son considerados semialtriciales, pues las crías nacen cubiertas de plumón y con los ojos abiertos, son nidícolas aunque bastante móviles y tienen un período de cuidados parentales relativamente largo. El desarrollo, en muchas especies de este orden, se caracteriza por un rápido crecimiento inicial del pico, las patas y, especialmente, los dedos, y una temprana habilidad para termorregular y moverse. Entre los 7 y los 14 días ya son capaces de dejar el nido y mantenerse entre las ramas de los árboles durante el resto del período de preindependencia.

Segregación espacial y temporal dentro de las colonias de garzas

Autor: Dennis Denis

Con el conocimiento de los patrones de segregación del subnicho reproductivo que posibilitan la coexistencia en las colonias mixtas de aves acuáticas, se gana información importante sobre los mecanismos ecológicos involucrados en la reproducción colonial. Por esta razón, se desarrolló una investigación sobre estos patrones en colonias de la ciénaga de Birama entre 1998-2003.

La segregación se establece en tres dimensiones fundamentales: espacial de los sitios de nidificación en los planos horizontal y vertical, y temporal. La segregación espacial es un reflejo de diferentes patrones de microlocalización del nido entre las especies y se manifiesta por la selección de diferentes tipos de sustrato, en la que, al parecer, las variables más involucradas son las características de la vegetación, la ubicación relativa al agua y la altura. Ahora bien, dentro de cada colonia también existen patrones de segregación espacial de los nidos; su ubicación en relación con el agua mostró tres grandes grupos.

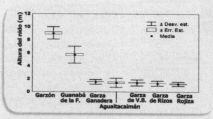

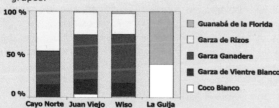

En una misma área todas las colonias tienen, aproximadamente, las mismas proporciones de especies, tal vez, relacionado con los tamaños poblacionales locales.

El primero está formado por las especies menos coloniales, que nidifican, única o preferentemente, adyacentes al borde de lagunas o en los bordes de los esteros y que incluyó al Aguaitacaimán y, en menor grado, al Guanabá de la Florida. Un segundo grupo que nidifica en mangles altos, sin relación aparente con el agua, en el cual se incluía el Garzón y, un tercer grupo, que, generalmente, centraba sus agrupaciones en los bordes de áreas abiertas con aguas someras o a lo largo de pequeños esteros, y que incluyó las especies más fuertemente coloniales como las garzas de Rizos, Ganadera, Azul y Rojiza. Incluso dentro de este tercer grupo se pudo detectar una segregación espacial horizontal, dada porque aunque las especies se distribuyen por toda la colonia, anidan en proporciones diferentes en algunas áreas de esta.

En cayo Norte, las garzas azules se concentraron en las zonas de vegetación más alta, en el lado este de la laguna central; las rojizas en cayuelos de la laguna y las demás especies se encontraron también en proporciones diferentes entre áreas.

En relación con la altura de los nidos se encontró un patrón de segregación en que las especies se alinean, verticalmente, en la vegetación en función de sus tallas corporales. El Aguaitacaimán se ubicó a menor altura, mientras que los garzones y guanabaes a mayor altura. La Garza Rojiza fue una aparente excepción a esta regla por el hecho de segregarse en pequeños mangles, aisladas de las demás especies. La explicación de este patrón podría ser que las garzas mayores nidifican a mayor altura, debido a que tienen menos interferencia de la vegetación a su movimiento; mientras que las garzas más pequeñas prefieren elevaciones menores, debido a que con ellas logran mayor protección contra depredadores aéreos.

Además de la segregación espacial, la fecha de llegada a la colonia puede determinar las características de los sitios de nidificación ya que los individuos o especies tardías se ven replegados a áreas periféricas o de peor calidad. La Garza Ganadera en cayo Norte tiende a ser la primera en arribar, mientras que la de Rizos y la de Vientre Blanco pueden llegar sincrónicas o secuencialmente. Los intervalos de días en los que se realizaban las puestas fueron similares entre las especies (entre 49 y 54 días); sin embargo, la intensidad de puesta era diferente, ya que en la Garza Ganadera, con su carácter oportunista típico, 50 % de los nidos eran puestos solo en un intervalo de nueve días, mientras que en el otro extremo estaba la Garza de Vientre Blanco, en la que tomaba 17 días, lo que apoya la existencia de una segregación temporal evidente.

Tomado de: Denis, D., A. Rodríguez, A. Jiménez, J. L. Ponce de León y P. Rodríguez (2003): Segregación espacio temporal en varias colonias de garzas (Aves: Ardeidae) en la ciénaga de Birama, Cuba. En: J. J. Neiff (Ed.): **Humedales de Iberoamérica.** pp: 204-210.

Garza de Vientre Blanco

Nombre científico:
Egretta tricolor

Nombre en inglés:
Louisiana Heron

Clasificación:
Orden Ciconiiformes
Familia Ardeidae

Distribución:

Medidas:

	♀	♂
Peso corporal (*g*):	378	455
Largo del pico (*mm*):	95	99
Largo del tarso (*mm*):	97	107

Alimentación:
Se especializa en peces pequeños, pero también captura crustáceos e insectos acuáticos.

Reproducción:
Colonias multiespecíficas en manglares. Ponen de 3 a 4 huevos de color azul.

Época de cría: E F M A M J J A S O N D

reduce por la partición del hábitat, por esto se han desarrollado varios patrones de segregación del subnicho reproductivo que posibilitan la coexistencia. Con el estudio de estos se gana en comprensión de los mecanismos ecológicos que facilitan la reproducción colonial y, además, se obtiene información básica para el manejo de este grupo con particulares necesidades de conservación.

Los ardéidos han desarrollado, evolutivamente, una partición diferencial de los recursos de nidificación en las dimensiones temporales y espaciales dentro de las colonias, lo cual tiende a minimizar estas interacciones. La variación en el lugar de formación de la colonia y el sitio de ubicación del nido (altura y sitio específico dentro de la vegetación), junto con una asincronía del momento de nidificación entre especies permite aumentar el éxito reproductivo y disminuye la competencia intraespecífica e interespecífica en colonias mixtas. De cualquier forma, bajo una marcada competencia interespecífica por el espacio para nidificar, cada especie puede ser forzada a un subnicho mucho más estrecho que si estuviera nidificando en solitario. En resumen, la estratificación horizontal y vertical de los nidos dentro de una colonia puede ser una función del tiempo de iniciación del nido, la densidad de nidos en las diferentes áreas de la colonia, la competencia interespecífica o las características morfoetológicas particulares de las especies.

La Garza de Rizos y la Garza de Vientre Blanco, se incluyen dentro del grupo de las garzas medianas, que coexisten en muchas colonias reproductivas en estrecha asociación. Las características de la microlocalización de los nidos son similares entre las especies, aunque se ha descrito algún tipo de segregación espacial horizontal de los nidos. Esta superposición de los subnichos reproductivos se compensa con la existencia de diferencias en otras variables reproductivas y en otras dimensiones del nicho como el subnicho trófico.

El Guanabá de la Florida, aunque siempre mantiene una separación de más de tres metros entre sus nidos, generalmente uno por árbol, forma colonias bien reconocidas. Posiblemente, la separación entre nidos esté relacionada con su agresividad y las características de su dieta que los convierten en depredadores potenciales desde que son pichones. Esta especie se alimenta, con frecuencia, de huevos y pichones de otras garzas. Los garzones, por su parte, se agrupan en la colonia de forma más densa que los guanabaes. Las distancias entre sus nidos pueden ser grande, en dependencia de la forma de las ramas, pero no debido a que existan interferencias entre los adultos.

NIDOS Y HUEVOS

Tanto las aves zancudas como las marinas pueden seleccionar sitios de nidificación variados, pero que tienen características en común: protección contra depredadores, incluyendo humanos, adecuada estabilidad, materiales de construcción del nido no limitantes y acceso fácil a áreas de forrajeo cercanas. La microlocalización del nido también tiene características específicas aunque, en muchos casos aún no han sido descritas adecuadamente.

En general, el uso de materiales para la construcción del nido refleja la composición de la vegetación del área por lo que en los nidos de garzas se encuentran, principalmente, ramas de mangle. En

los casos donde las colonias se forman en otros tipos de vegetación, como el macío, los nidos están formados por estas plantas. Los nidos abandonados o depredados muchas veces son desmantelados muy rápidamente y son frecuentes los hurtos de ramas de los nidos aún activos, lo que causa numerosas peleas. Aunque la construcción del nido se estima entre 3 y 11 días, en la mayoría de las garzas se ha descrito que el aporte de material nuevo al nido continúa durante toda la incubación e incluso cuando los pichones han nacido. Esto pudiera sugerir un aumento de tamaño del nido en relación con su contenido, pero esto no ha sido detectado, por lo que la adición de material nuevo solo garantiza, al parecer, el mantenimiento y reposición del material perdido o hurtado, pero no produce incremento significativo en el diámetro de los nidos.

El tamaño de puesta está definido como el número de huevos puestos por una hembra en una nidada y se correlaciona con el esfuerzo reproductivo, aunque se considera una adaptación evolutiva moldeada por la selección natural durante muchas generaciones, pero sensible a las condiciones ambientales inmediatas. Teóricamente, debe existir un tamaño de nidada óptimo dictado por la selección natural que en condiciones "normales" da origen al número máximo de juveniles que sobreviven a la madurez sexual.

Guanabá Real

Nombre científico:
Nyctanassa violacea

Nombre en inglés:
Yellow-crowned Night Heron

Clasificación:
Orden Ciconiiformes
Familia Ardeidae

Distribución:

Medidas:

	♀/♂
Peso corporal (*g*):	649 / 716
Largo del pico (*mm*):	73
Largo del tarso (*mm*):	98

Alimentación:
Estrictamente cancrívoro (cangrejos)

Reproducción:
Colonias pequeñas en manglares.
Ponen de 1 a 4 huevos de color azul.

Época de cría:
E F M A M J J A S O N D

Esta variable está sujeta a numerosas restricciones, algunas inmediatas, como la energía disponible para la formación de los huevos, y otras a más largo término, como el éxito reproductivo del individuo en su totalidad. La regulación del tamaño de puesta es uno de los mecanismos por los cuales las aves pueden ajustar la magnitud de su esfuerzo reproductivo a las condiciones ambientales y a su propia condición fisiológica y se relaciona con el valor adaptativo a través de su efecto en el número potencial de descendientes que se pueden obtener.

El tamaño de puesta tiende a variar entre los diferentes grupos taxonómicos; por ejemplo, los pingüinos y buitres ponen uno o dos huevos y las aves costeras y corúas, tres o cuatro. También cambia entre especies, poblaciones e incluso entre individuos de la misma especie debido a diferencias geográficas u otros factores como la edad, estado fisiológico de la hembra, edad de la pareja, tamaño del nido, disponibilidad o abundancia de alimento, calidad del territorio, el período dentro de la época de cría, la salinidad y año de cría, entre otros. Esta variable también se afecta en dependencia de otras condiciones como el tipo de hábitat; por ejemplo, en especies como la Garza de Vientre Blanco, el Coco Blanco y la Garza de Rizos, las nidadas tienden a ser mayores en hábitat dulceacuícolas que en hábitat salobres y marinos. Esta diferencia se debe al

---

TAMAÑOS DE PUESTA EN ESPECIES DE AVES ACUÁTICAS COLONIALES ENCONTRADOS EN DIFERENTES LOCALIDADES EN MANGLARES CUBANOS

Especie	Humedal	Colonia	Año	Puesta (n)
Garza Ganadera	Birama	Cayo Norte	1987-2003	2,08 ± 0,73 (121)
Garza Ganadera	Habana	Guanabo	2004	2,20 ± 0,80 (519)
Garza Ganadera	Habana	Itabo	2004	1,70 ± 0,50 (--)
Garza de Rizos	Birama	Cayo Norte/ Wiso	1998-2001	2,43 ± 0,60 (582)
Ganadera/Rizos	Habana	La Laguna	2004	2,20 ± 0,90 (89)
Garza de V. Blanco	Birama	Cayo Norte	1987-2000	2,09 ± 0,51 (11)
Garza de V. Blanco	Birama	(varias)	1998-1999	2,15 ± 0,49 (91)
Garzón	Birama	Cayo Norte	1998-2001	2,29 ± 0,60 (82)
Garza Rojiza	Birama	Cayo Norte/ Wiso	2001	2,40 ± 0,80 (17)
Guanabá de la Florida	Birama	Wiso	1998-1999	2,14 ± 0,38 (7)
Guanabá de la Florida	Birama	Wiso	2001	2,60 ± 0,60 (51)
Guanabá Real	Birama	Cayo Norte	2003	2,72 ± 0,61 (25)
Aguaitacaimán	Birama	Canal camaronera	1998-1999	2,20 ± 0,50 (29)
Aguaitacaimán	Birama	Estero	2000-2001	2,70 ± 0,50 (10)
Seviya	Cayo Sabinal	Bahía del Jato	2004-2005	3,52 ± 0,63 (52)

Datos tomados de: Denis (2001), Denis *et al.* (2001) y Primelles (inédito)

estrés fisiológico que produce el agua salada y a la energía que pierden los padres en la excreción de sal y en los vuelos largos a las áreas de forrajeo de agua dulce, ya que los pichones requieren alimento de baja salinidad. Otros factores que influyen en la variación del tamaño de puesta son el estrés social producto de las condiciones de hacinamiento, la competencia, las condiciones ambientales en momentos críticos del ciclo reproductivo e incluso los niveles variables de químicos tóxicos y las hormonas de los individuos nidificantes.

En las aves han sido seleccionadas las nidadas que maximizan el éxito reproductivo durante su período de vida. En muchas especies altriciales el tamaño de puesta puede estar limitado por el número de pichones que los padres son capaces de alimentar; sin embargo, se ha considerado, históricamente, que las especies precociales son limitadas más bien por la asequibilidad de alimento para las hembras durante la puesta.

Por tanto, asumiendo a la alimentación como potencial limitante, los aumentos de tamaños de

puesta deben estar compensados por reducciones en el tamaño de los huevos. Es decir, debe haber un compromiso entre estas dos variables que determina el máximo éxito reproductivo. Esto ha sido confirmado en grupos grandes de especies; se ha descrito que el tamaño de puesta es capaz de explicar hasta 20 % de la variación en tamaño del huevo en un grupo de 1 530 especies de aves. Dentro de las garzas ha sido mencionada esta tendencia para la Garza Ganadera.

Las variaciones en el tamaño de los huevos han sido, frecuentemente, investigadas para determinar su relevancia como una característica genéticamente determinada o adaptativa, en conexión con otros parámetros reproductivos. Los huevos, por lo general, varían entre 2 a 11 % de la masa corporal del adulto, aunque existen excepciones como, por ejemplo, los kiwis y frailecillos.

Dentro de cada especie, el tamaño del huevo tiene un fuerte componente hereditario, pero, además, puede variar con un gran número de factores ambientales: localización geográfica, tamaño de

MEDIDAS (EN *mm*) DE LOS HUEVOS DE ALGUNAS ESPECIES CUBANAS DE AVES ACUÁTICAS QUE CRÍAN EN LOS MANGLARES *

Especie	n	Diámetro mayor	Diámetro menor	Volumen
Garza de Vientre Blanco	339	44,5 ± 1,7	32,2 ± 1,0	23,5 ± 1,9
Garza Ganadera	563	45,5 ± 2,3	32,2 ± 1,3	24,1 ± 2,5
Garza de Rizos	550	42,9 ± 1,9	31,5 ± 1,2	21,6 ± 2,5
Garza Rojiza	39	49,3 ± 1,7	35,4 ± 2,6	31,7 ± 4,4
Guanabá de la Florida	204	51,2 ± 2,6	37,2 ± 1,7	36,0 ± 4,0
Garzón	70	55,3 ± 1,9	40,0 ± 1,2	45,2 ± 3,4
Aguaitacaimán	63	37,7 ± 1,8	28,3 ± 1,1	15,4 ± 1,4
Guanabá Real	5	51,4 ± 0,8	40,5 ± 1,9	43,1 ± 8,9
Garcita *	15	30,0 ± 0,4	23,1 ± 0,1	8,1 ± 0,8
Marbella *	15	53,4 ± 0,6	35,3 ± 0,2	33,9 ± 2,1
Coco Blanco	44	57,8 ± 2,7	39,1 ± 1,9	45,2 ± 5,5
Corúa de Agua Dulce*	13	52,4 ± 0,9	35,2 ± 0,4	33,2 ± 3,7
Sevilla **	204	63,2 ± 2,6	42,1 ± 1,4	57,2 ± 4,6

* Medidas tomadas de la colección Bauzá, del IES ** Primelles (en prensa)

puesta, orden de puesta dentro de la nidada, características de la hembra, condiciones climáticas, características del hábitat, disponibilidad de alimento, etc.

El tamaño de los huevos de una especie varía según la fecha de puesta ya que, una vez que el período de cría ha comenzado, se puede incrementar, disminuir o no variar, significativamente, durante el transcurso de la estación. También, se relaciona con el tamaño de la nidada, al tener la hembra que dividir su esfuerzo reproductivo en la formación de cada uno de ellos, lo que influye, de manera indirecta, en la productividad de la especie. De igual forma, tiene efectos en el tamaño inicial, crecimiento temprano y supervivencia de los juveniles. Los pichones que provienen de huevos grandes son mayores, crecen más rápido y, generalmente, tienen mayores probabilidades de superviven-

PATRONES DE VARIACIÓN EN LAS DIMENSIONES DE LOS HUEVOS DE LAS GARZAS

Autor: Dennis Denis

Durante los años 1998-2004 en la ciénaga de Birama se midieron más de 1 500 huevos de ocho especies de Ciconiiformes con los que se caracterizaron, por primera vez, los huevos de estas especies en un humedal cubano.

La especie y el orden de puesta son los factores que mayor variabilidad aportan al tamaño del huevo. La forma relativa del huevo es elongada, el diámetro mayor es cerca de 1,4 veces el menor.

Se demostró la existencia de una asociación significativa entre el orden de puesta verificado y el orden predicho por la talla del huevo. Generalmente, los primeros huevos de cada nido son mayores y contienen una mayor cantidad de calorías y materiales para el crecimiento y desarrollo. Esto garantiza, que junto con la puesta y eclosión asincrónica, exista una diferencia en cuanto a tamaño en los pichones, de manera que en caso de deteriorarse las condiciones ecológicas sobrevivan los que tengan mayores posibilidades.

A excepción del Aguaitacaimán, en el resto de las especies se detectó una disminución del tamaño del huevo con respecto al orden de puesta. Sin embargo, la talla del huevo no puede ser estimador del orden de puesta en un nido, ya que la probabilidad de cometer error es superior a 40 % para los dos primeros huevos y de alrededor de 28 % para el tercero. En el Aguaitacaimán, la ausencia de diferencias intranidada en la talla de los huevos puede representar una disminución de la estrategia de reducción de nidada característica del grupo. Se detectó una relación indirecta entre el tamaño de los huevos y el peso del adulto, ya que las especies más pequeñas ponen huevos significativamente más grandes.

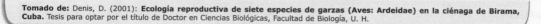

Tomado de: Denis, D. (2001): **Ecología reproductiva de siete especies de garzas (Aves: Ardeidae) en la ciénaga de Birama, Cuba.** Tesis para optar por el título de Doctor en Ciencias Biológicas, Facultad de Biología, U. H.

---

cia, cuando las condiciones del ambiente son adversas, que aquellos que provienen de huevos pequeños. Estas variaciones se manifiestan tanto entre especies como dentro de la propia especie, donde aparecen diferencias estacionales, geográficas, entre nidadas o dentro de una misma nidada. Sin embargo, en esto último no solo influye el tamaño de los huevos sino también su composición y las proporciones entre los diferentes componentes internos. El análisis del tamaño de los huevos y su composición han servido para caracterizar la calidad del hábitat reproductivo. Áreas de forrajeo muy provechosas influyen, de manera positiva, sobre el tamaño de los huevos y la puesta, en conjunto con la habilidad de los padres de conseguir el alimento.

Las especies que desarrollan una reducción de la nidada tienen un último huevo de pequeño tamaño, tal como ocurre en nidos de gaviotas, golondrinas, garzas y otras. En estas especies, los huevos eclosionan asincrónicamente y las diferencias de tamaño de estos tienden a reforzar la jerarquía competitiva de los pichones mayores en relación con los más jóvenes, en cuanto a interacciones agresivas y manipulación del alimento. La interacción de los dos fenómenos facilita que se lleve a cabo, de manera eficiente, la reducción de nidada; ya que disminuyen la probabilidad de supervivencia de los pichones más pequeños. El tamaño relativo de este último huevo puede depender del grado de agotamiento de las reservas.

DE LOS PICHONES AL ÉXITO

De las 11 especies de garzas que crían en colonias en Cuba, 2 son blancas y 3 tienen fases o morfos blancos, lo que dificulta la identificación de los juveniles en las colonias en ausencia de los padres. Los huevos son indiferenciables en la mayoría de los casos y la perturbación humana, generalmente, aleja a los adultos de los nidos.

Nido de Garza de Vientre Blanco (*Egretta tricolor*).

Pichón de Garza Ganadera (*Bubulcus ibis*).

IDENTIFICACIÓN DE LA ESPECIE EN PICHONES PEQUEÑOS DE GARZAS

Autor: Dennis Denis

Los pichones de las especies de garzas se pueden diferenciar por las características del nido y los colores del plumaje, pico y tarso. La primera separación se puede hacer entre las especies con pichones de colores grises que son la Garza de Vientre Blanco, la Garza Rojiza (morfo oscuro), el Aguaitacaimán y los guanabaes.

AGUAITACAIMÁN

Se diferencian por el pequeño tamaño de los pichones y la ubicación solitaria de los nidos, que se encuentran a baja altura y en el borde o muy cercanos a cuerpos de agua. Los pichones tienen un color gris, más claro o blanco en cuello y garganta con manchas pardas en forma de barras, un tanto azulado en el dorso en los primeros días de vida.

Los pichones son mayores que los de las demás garzas, de color gris manchado o barrado y ojos muy grandes con iris rojo, anaranjado o amarillos que los diferencian del resto de las especies. Las dos especies (Guanabá de la Florida y Real) tienen una coloración muy similar por lo que se recomienda su identificación solo a partir de la presencia de los padres.

GUANABÁ REAL

GARZA DE VIENTRE BLANCO

Son los únicos pichones grises o pardos en las colonias multiespecíficas densas de garzas blancas medianas (ganaderas y de rizos). De tamaño mediano, con el plumón superior de la cabeza largo y blanco. Los nidos se ubican a menos de 2,0 m de altura y, al igual que los huevos, no las diferencian de otras especies.

Las especies con pichones de color blanco son la Garza Ganadera, Garza de Rizos, Garza Azul, Garza Rojiza (morfo blanco) y el Garzón.

Sus pichones son de tamaño mucho mayor que el resto de las garzas, el pico es más largo, amarillo, y muy ancho y alto en la base. Los huevos son del mismo color, pero mayores que en el resto de las especies. Los nidos tienen forma de plataforma aplanada, mucho mayores que en las demás garzas, y se ubican a gran altura, sobre el dosel de los árboles, generalmente, de mangle prieto.

GARZÓN

GARZA AZUL

Los pichones se diferencian cuando son muy pequeños por el color gris azulado de la piel de la cabeza y la base del plumón. Al comenzar a crecer las plumas primarias tienen el extremo negro, lo cual es suficiente para diferenciarlos, aunque, de cualquier forma, es recomendable verificar la identificación por observación de los padres.

GARZA ROJIZA

Los pichones son fácilmente diferenciables por la conspicua coloración del pico amarillo con un reborde marcado en negro que aparece poco tiempo después de nacidos. Rápidamente, alcanzan una talla muy superior a los pichones de otras especies y sus nidos también se pueden diferenciar por ser mucho más grandes, voluminosos y recubiertos, internamente, por hojas de mangle. Por su tamaño, los nidos se pueden confundir con los de garzones, pero su ubicación, generalmente, es mucho más baja en islotes de mangle (1 a 3 m).

Los pichones con mayores dificultades para identificar son los de la Garza Ganadera y la de Rizos. Cuando tienen menos de una semana (peso corporal menor de 140 a 150 g en ambas) son de color blanco, muy similares entre sí, sin embargo, la combinación de colores del pico, paladar y tarso permite diferenciarlos.

GARZA GANADERA

Los de menos de una semana se pueden identificar por el pico amarillo en la punta y el paladar gris o negro. La mayoría a esta edad tienen el pico amarillo o amarillo gris, el paladar gris o negro, más claro en los jóvenes, el área loreal amarilla o verdosa y las patas rosadas, pardo grises o verdosas.
Cuando tienen ya más de una semana hasta 15 días se diferencian, por el color negro del paladar, en la mayoría de los casos. Estos pichones tienen el pico amarillo o gris, loreal verde amarillento y las patas verdes o pardas grises.

GARZA DE RIZOS

Tienen el pico con varios tonos de color, pero siempre es negro en la punta, paladar rosado y tarsos con colores grises o verdes diferentes al tono crema o amarillo claro de los dedos. Las patas son grises en los más pequeños o verdes en los mayores, casi siempre con los dedos definidamente más claros.
En la segunda semana de vida la mayoría tiene el pico con el centro y la base amarillo o rosado gris, el área loreal negra o amarillenta y las patas completamente verdosas. Luego de la primera semana se diferencian por el color rosado del paladar.

Tomado de: Denis, D., K. Beovides, A. Jiménez, L. Mugica y M. Acosta (1999): Diferenciación y cambios de color en los pichones de Garza Ganadera (*Bubulcus ibis*) y Garza de Rizos (*Egretta thula*) durante las dos primeras semanas de vida. **Biología** 15(1): 22-26.

Las condiciones tróficas de un humedal junto con otras características específicas como la competencia, o la presión de depredación, también pueden influir en otros aspectos de la cría de las especies coloniales, como es la velocidad de crecimiento de los pichones. Este ha sido uno de los aspectos de la ecología reproductiva que ha recibido atención por sus implicaciones ecológicas y evolutivas.

En los animales el crecimiento y su control son fenómenos eminentemente adaptativos, que han evolucionado en función de los requerimientos particulares de cada especie. A nivel de organismo, el crecimiento es el resultado del compromiso entre las fuerzas selectivas del ambiente que actúan sobre él y las estructuras y eventos moleculares que lo constituyen.

Los patrones de crecimiento de los animales reflejan una parte importante de su historia evolutiva. La comparación de estos patrones, puede dar información valiosa acerca de la productividad local, brinda importantes datos acerca de los patrones ecoevolutivos que han tenido las especies y de las relaciones filogenéticas entre ellas.

El ritmo de crecimiento tiene una influencia directa sobre la productividad porque se relaciona, directamente, con el éxito reproductivo, al determinar el tiempo durante el cual los pichones son vulnerables a la depredación y a otros factores limitantes del ambiente. De otra forma, el crecimiento puede limitar el tamaño final de la puesta ya que está influido por los requerimientos energéticos de los pichones y porque su relación con la competencia entre hermanos puede implicar la reducción de la nidada por exclusión competitiva del pichón de más lento crecimiento. Además, en las especies con cuidados parentales, limita el número de veces que la reproducción puede ocurrir en una estación de cría.

ESTUDIO DEL CRECIMIENTO POSNATAL DE SIETE ESPECIES DE GARZAS EN LA CIÉNAGA DE BIRAMA

Autor: Dennis Denis

El patrón de crecimiento es típico en cada especie y puede ser analizado como parte de su estrategia reproductiva al responder a características fisiológicas fijadas en la evolución y, a la vez, modificarse en relación con características locales como la presión de depredación o las condiciones tróficas del hábitat. En la colonia de cayo Norte, en la ciénaga de Birama, se realizó la caracterización de los patrones de crecimiento posnatal de varias especies de la familia Ardeidae, a partir de la medición de 642 pichones de estas especies. Los resultados mostraron que las especies al nacer presentan diferencias en cuanto a precocidad, cuantificada como porcentaje del peso adulto. El Aguaitacaimán fue el de mayor tamaño relativo en el momento de la eclosión.

Se establecieron las siguientes ecuaciones de regresión lineal para la determinación de la edad en este período (menos de 14 días de nacido) a partir de las estructuras corporales:

Garza Ganadera	Edad = 0,59 x Pico - 5,79
Garza de Rizos	Edad = 0,59 x Pico - 4,51
Garza de Vientre Blanco	Edad = 0,34 x Tarso - 4,83
Garzón	Edad = 0,48 x Pico - 4,03
Aguaitacaimán	Edad = 0,52 x Pico - 3,85
Garza Rojiza	Edad = 0,45 x Pico - 4,2
Guanabá de la Florida	Edad = 0,49 x Pico - 4,97

En estas ecuaciones la edad se calcula al sustituir el valor de la medida corporal en centímetros y estará expresada en días de nacidos, asumiendo como día cero al de eclosión.

La Garza Ganadera fue la especie de mayor velocidad de crecimiento en peso y longitud del pico mientras el Aguaitacaimán mostró la mayor velocidad de crecimiento para el tarso. En estas especies se manifiesta un crecimiento diferencial de las partes corporales que se expresa en el valor relativo en el momento de la eclosión, la velocidad de crecimiento y la forma de la curva.

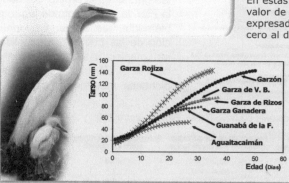

Tomado de: Denis, D. y P. Rodríguez (en prep): Patrones de crecimiento posnatal en seis especies de garzas (Aves: Ardeidae).

El ritmo de crecimiento individual, puede ser afectado por variaciones en la cantidad y calidad del alimento, patrones temporales de alimentación y por la temperatura; todo lo cual varía de acuerdo con la localidad, la estación, el hábitat y el clima. Como el ritmo de crecimiento está limitado por la disponibilidad de recursos, las variaciones de este pueden reflejar variaciones en la calidad del hábitat y en la estabilidad del ambiente.

Las medidas de éxito reproductivo varían, ampliamente, en dependencia de la especie, localidad, nivel de depredación y condiciones ambientales. Las causas más frecuentes de poco éxito durante la eclosión son la mala selección del sitio de nidificación, el abandono del nido, la infertilidad, la depredación, la rotura de huevos por la actividad de los adultos (padres o vecinos) y la expulsión del nido, bien por los primeros pichones o por el viento. Los huevos son afectados, también, si los adultos se ven forzados a abandonar el nido para beber, lo que aumenta el riesgo de depredación. Por otra parte, en regiones muy cálidas la insolación puede aumentar la temperatura de los huevos hasta el límite letal en sólo unos minutos en ausencia de los padres, lo que disminuye así el éxito reproductivo. Por tal razón la ubicación del nido al sol o la sombra y en relación con el viento tiene un efecto importante en el microclima del nido. Entre las aves coloniales los niveles de abandono varían, enormemente, desde 7 % en Gaviota Común hasta 31 % en ciconiformes.

Las causas de disminución del éxito reproductivo más importantes detectadas en nuestros humedales fueron la ruptura de los huevos (por causas desconocidas, incluyendo la depredación), la infertilidad de los huevos y las muertes embrionarias. Se han hallado, en otras localidades, hasta 30 % de huevos infértiles aunque en estos estudios la proporción de muertes embrionarias está subestimada a favor de la infertilidad ya que en esta última categoría están incluidos, también, los embriones muertos en etapas muy tempranas del desarrollo.

Pichón muerto por causa desconocida en su nido.

Los fuertes aguaceros y el viento son también importantes fuentes de mortalidad para algunas especies ya que pueden destruir nidos, someter a estrés térmico a los pichones desprotegidos o colapsar los nidos por el reblandecimiento y sobrepeso de su estructura debido a la humedad de las pequeñas ramas que los forman.

Por otra parte, entre los pichones las causas de mortalidad más importantes son la caída del nido al huir de enemigos reales o potenciales, el picoteo por adultos o pichones mayores, la hambruna por competencia entre los hermanos, el canibalismo en especies más agresivas con fuertes disparidades entre pichones y la depredación. Los depredadores de pichones más conocidos son, entre los aéreos, las rapaces diurnas y nocturnas (lechuzas, gavilanes de monte, las auras, etc.) y los guanabaes, y entre los terrestres las hormigas, cocodrilos, iguanas, ratas y gatos silvestres, entre otros.

El depredador más importante de las garzas es el propio Guanabá de la Florida y, en segundo lugar, posiblemente, las auras. La identificación de las huellas de depredación es compleja y se pueden confundir con la acción de carroñeo sobre pichones muertos por abandono o

Guanabá de la Florida

Nombre científico:
Nycticorax nycticorax
Nombre en inglés:
Black-crowned Night Heron
Clasificación:
Orden Ciconiiformes
Familia Ardeidae

Distribución:

Medidas:

	♀	♂
Peso corporal (g):	780	852
Largo del pico (mm):	73	77
Largo del tarso (mm):	81	87

Alimentación:
Variadas presas: anfibios, peces, crustáceos, huevos y pichones de otras garzas, etc.

Reproducción:
Colonias en manglares. Ponen de 2 a 5 huevos de color azul verdoso.

Época de cría:
E F M A M J J A S O N D

Causas de mortalidad en la colonia de cayo Norte, Birama, entre 1998 y 2002.

Especie	Porcentaje de nidos exitosos	Porcentaje de las pérdidas atribuibles a la depredación	Porcentaje de infertilidad entre los huevos
Garza de Rizos	24,8	86,2	3,3
Garza Ganadera	25,0	89,4	3,8
Garza de V. B.	46,0	78,0	2,8
Guanabá de la F.	84,0	100,0	0,8
Garzón	79,0	0,0	0,8

enfermedades; sin embargo, en varias oportunidades los huevos depredados mostraban las aberturas romboidales características que dejan los gruesos picos de los guanabaes, que eran con frecuencia observados merodeando por la colonia durante el día, aunque su forrajeo es, fundamentalmente, nocturno.

Las auras se encuentran, frecuentemente, sobrevolando las colonias, y aunque su principal alimento deben ser los pichones muertos, se han detectado casos de depredación de huevos y ataques directos a pichones vivos o agonizantes por lo que no se pueden descartar como depredadoras.

Otros depredadores de huevos fueron los carpinteros verdes (*Xiphidiopicus percussus*), los cuales se observaron, en varias ocasiones, picoteando los huevos. Estos les producían pequeñas aberturas circulares por donde extraían su contenido. Se supone que, dadas las características del área: grandes extensiones de agua salobre y elevadas temperaturas, los pájaros carpinteros empleen esta conducta poco usual para

Se han encontrado plumas de guanabaes en nidos de garzas destruidos y en este caso se observó, directamente, a un adulto regurgitando un pichón semidigerido de una garza blanca.

ingir líquidos, ya que sus presas, en general, poseen un contenido relativamente bajo de agua. Se han observado depredando nidadas de Garza Ganadera y Garzón, pero es de suponer que, igualmente, puedan afectar a las demás especies. El mismo comportamiento se ha encontrado en especies de Norteamérica en condiciones similares.

Por todos los elementos mencionados es que, a pesar de que se asume que el éxito reproductivo de las aves refleja, acertadamente, las condiciones ecológicas locales de cría, la dinámica desconocida de su relación hace que este sea muy poco predecible.

ESPECIES PARTICULARES

La mayoría de las investigaciones sobre la ecología reproductiva se han desarrollado en Cuba enfocadas al fenómeno del colonialismo. Sin embargo, algunas especies particulares han recibido una atención diferenciada por sus características o importancias particulares. Tal es el caso de la Garza Ganadera, que es una especie de reciente arribo al continente americano, donde fue observada, por primera vez, entre 1877 y 1882 en terrenos de Guayana Holandesa. Esta especie ha sufrido grandes y dinámicas transformaciones demográficas en el último siglo, que han conducido a la colonización del continente, extendiéndose desde el sur de Chile hasta Canadá. La vía utilizada por esta especie para alcanzar a América aún no resulta evidente, aunque se sugiere un viaje trasatlántico desde el noreste africano.

En Cuba se observó, por primera vez, en la década de 1950, pero su reproducción no se detectó hasta 1958. Luego de una perfecta aclimatación a nuestras condiciones ecológicas y de un acelerado

incremento en sus poblaciones, se ha convertido en una de las especies más abundantes e importantes, económicamente, por su asociación a los agroecosistemas. Su ecología trófica, de particular interés práctico-económico, ha sido reiteradamente estudiada, así como aspectos de su morfometría. El período de cría en nuestro territorio se extiende desde mayo hasta finales de octubre, y las colonias reproductivas parecen distribuirse a lo largo de todo el país, incluyendo la Isla de la Juventud.

La Garza Ganadera se diferencia, notablemente, del resto de las garzas, por presentar un comportamiento muy singular en las características del crecimiento que no se corresponde, en muchos casos, con su talla corporal y sí con otros aspectos generales de su ecología.

La Garza Ganadera al arribar a América comienza a interactuar con las especies nativas en las colonias ya establecidas. Se ha planteado que puede

Garza Ganadera

Nombre científico: *Bubulcus ibis*

Nombre en Inglés: Cattle Egret

Clasificación:
Orden Ciconiformes
Familia Ardeidae

Distribución:

Medidas:

	♀	♂
Peso corporal (g):	323	346
Largo del pico (mm):	55	56
Largo del tarso (mm):	81	84

Alimentación:
Omnívoro y oportunista. Consume una gran variedad de presas, tanto invertebrados como vertebrados.

Reproducción:
Grandes colonias en manglares, y a veces lejos del agua. Pone de 1 a 5 huevos de color azul claro.

Época de cría:
E F M A M J J A S O N D

---

comenzar a nidificar en momentos diferentes que las demás especies y en vegetación más alta que la Garza Azul, la Garza de Rizos y la Garza de Vientre Blanco. En Norteamérica se ha encontrado que tiende a segregarse en muchos aspectos de la reproducción: el arribo tardío a las colonias de nidificación, la menor selectividad de los sitios de cría, la construcción de nidos más altos en la vegetación, etc., todo lo cual redujo la competencia con los ardéidos nativos y permitió el establecimiento exitoso de la especie. En Birama, al contrario, es una de las primeras en arribar a los sitios de cría.

Además de la Garza Ganadera, otra especie ha recibido una atención particular, aunque por causas totalmente diferentes. Esta es la Garza Rojiza, una de las especies menos abundantes de la familia al ser casi exterminada en Norteamérica a principios de siglo por los cazadores de plumas. Aunque, en la actualidad, se han recobrado sus poblaciones, el total de reproductores a nivel mundial se estima entre 6 000 a 9 000 parejas. Esta especie habita, exclusivamente, en áreas costeras y manglares, en áreas de elevada salinidad y solo se conocen muy pocas colonias de cría. Tiene dos morfos muy bien definidos: uno blanco y otro de color pardo rojizo, solapados en su rango de distribución, que abarca las costas de América Central y del Caribe, incluyendo la Florida y el sur de América del Norte y la franja norte de Sudamérica.

En nuestro país ha sido registrada como localmente común aunque solo existen referencias en Las Salinas y en varios cayos como cayos Coco y Romano, cayo Guillermo, cayo Matías y cayo Campos, entre otros. Gundlach, desde finales del siglo XIX, menciona que ya era rara en el interior de la isla, pero no en los cayos y ciertos manglares, citando una población importante del morfo blanco en los manglares de la desembocadura del río Cauto, que aún se mantiene en nuestros días.

La Garza Rojiza construye sus nidos sobre mangle prieto de baja altura, en áreas periféricas de colonias de garzas. Los nidos entre los individuos de esta especie nunca estuvieron a una distancia menor de 3 m unos de otros y estuvieron compuestos de pequeñas ramas de mangle y recubiertos internamente de hojas.

Las dimensiones de sus nidos son mayores que en el resto de las garzas medianas, aunque se encuentran a alturas similares que los de la Garza de Rizos y la Garza de Vientre Blanco. Los padres se muestran confiados ante la presencia humana y toleran acercamientos de hasta 5 m en un área despejada, sin embargo, se comportan con extrema territorialidad con adultos y pichones, tanto de su especie como de otras que se acercan a su nido.

REPRODUCCIÓN DE LA GARZA GANADERA EN LA CIÉNAGA DE BIRAMA, CUBA

Autor: Dennis Denis

Garza Ganadera incubando sus huevos

Algunos de los parámetros reproductivos de la Garza Ganadera fuero estudiados en la ciénaga de Birama, Granma, Cuba, entre 1997-2003 e varias colonias de la laguna Las Playas. En estas, los nidos se ubicaron 1,4 ± 0,3 m de altura, tuvieron un diámetro medio de 28 a 29 cm y fuero construidos, casi en su totalidad, por ramas de los mangles dominantes e el área. El tamaño de la nidada se mantuvo siempre alrededor d 2 huevos/nido. Los huevos son de color azul y sus dimensiones son d 45,7 ± 2,0 x 32,1 ± 1,6 mm. No se detectaron diferencias significativa entre los huevos en relación al orden de puesta. El intervalo entr puestas fue de 1,8 días, siendo la eclosión simultánea o en día consecutivos en 37 % de los casos. De los nidos, 95 % perdieron algú huevo durante la incubación y 12 % fueron totalmente destruidos antes e eclosionar, obteniéndose una probabilidad de 24,4 % de que un nid iniciado llegara a producir al menos un pichón de 14 días de edad. La Gar Ganadera es una especie semialtricial, sus pichones nacen cubiertos plumón y con los ojos abiertos, pero incapaces de moverse y sin contr sobre la posición de la cabeza. El peso al nacer fue cerca de 20 g en pichones.

Tomado de: Denis, D., A. Rodríguez, P. Rodríguez y A. Jiménez (2003): Reproducción de la Garza Ganadera (*Bubulcus ibis*) en ciénaga de Birama, Cuba. **J. Caribb. Ornith.** 16(1): 45-54.

ASPECTOS DE LA ECOLOGÍA REPRODUCTIVA DE LA GARZA ROJIZA EN LA CIÉNAGA DE BIRAMA

Autor: Dennis Denis

La Garza Rojiza es una de las especies menos conocidas de la familia Ardeidae y está listada como vulnerable, a nivel mundial, por su restringida distribución geográfica y pequeñas poblaciones. En Cuba, su cría solo ha sido registrada en pocas ocasiones y se desconocía, totalmente, su ecología hasta que los primeros datos acerca de su reproducción se comienzan a obtener en 1999 cuando se estudia la nidificación de tres parejas en el Área Protegida Delta del Cauto, ciénaga de Birama. Dos años más tarde ya ascendían a 17 nidos localizados en dos colonias del área de la laguna Las Playas. Los nidos se marcaron, midieron y monitorearon durante alrededor de 14 días. Se encontraban en arbustos de mangle prieto de baja altura, entre otros nidos de garzas, y tenían una altura promedio de $1,2 \pm 0,3$ m. Eran de mayor diámetro que los de las demás garzas (promedio de 35 cm) y tenían un recubrimiento interno de hojas secas. El tamaño medio de puesta fue de $2,4 \pm 0,8$ huevos (n = 19) y estos, de características muy similares a los de las demás especies, midieron como promedio 49,3 x 35,2 mm (n = 36). El éxito reproductivo medido como la probabilidad de supervivencia diaria, para los huevos y pichones fue 83,3 y 86,8 %, respectivamente. Es curioso señalar la nidificación en una localidad tan interior, ya que aunque las condiciones de la laguna son de elevada salinidad, los nidos se encontraron a 11 km de la costa, que es la zona donde, generalmente, se han descrito las colonias de esta especie.

Tomado de: Denis, D., J. L. Ponce de León y Y. Estévez (en prensa): Aspectos de la ecología reproductiva de la Garza Rojiza (*Egretta rufescens*) en la ciénaga de Birama, Cuba. **Biología.**

BIBLIOGRAFIA

Bancroft, G. T., A. M. Strong, R. J. Sawicki, W. Hoffman y S. D. Jewell (1994): Relationship among wading bird foraging patterns, colony locations and hydrology in the everglades. En: **Everglades: the ecosystem and its restoration.** Davis, S. y J.Ogden (Eds.).

Burger, J. (1978): The patterns and mechanism of nesting in mixed species heronries. En: **Wading Birds.** A. Sprunt, IV; J. C. Ogden y S. Winckler (Eds.). New York, pp: 45-68.

Burger, J. (1979): Resource partitioning: nest site selection in mixed colonies of herons, egrets, and ibises. **American Midland Naturalist** 101(1):191-210.

Denis, D. (2001): **Ecología reproductiva de siete especies de garzas (Aves: Ardeidae) en la ciénaga de Birama, Cuba.** Tesis de doctorado. Universidad de La Habana. 156 pp.

Frederick, P. C. y M. W. Collopy (1989): The role of predation in determining reproductive success of colonially nesting wading birds in the Florida Everglades. **The Condor** 91(4): 860-867.

Hancock, J. A., y J. A. Kushlan (1984): **The Heron Handbook.** Harper and Row, New York. 288 pp.

Kushlan, J. A. (1978): Feeding ecology of wading birds. En: **Wading Birds.** A. Sprunt, IV; J. C. Ogden y S. Winckler (Eds.), New York, pp: 249-296.

McCrimmon Jr., D. A. (1978): Nest site characteristics amog five species of herons on the North Carolina coast. **Auk** 95: 267-280.

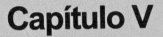
Capítulo V

Aves en las aguas dulces

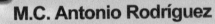

M.C. Antonio Rodríguez

RESUMEN

Las dos terceras partes del agua dulce que exist[e]
en el planeta se encuentran en estado sólido en lo[s]
glaciares y los casquetes polares; y el tercio res[-]
tante está distribuido en los ecosistemas acuático[s]
del mundo, donde se incluyen los arroyos, ríos[,]
lagos, lagunas, embalses, bosques y herbazales d[e]
ciénaga y las llanuras inundables. Cerca de 10[0]
especies de aves han sido registradas en esto[s]
tipos de humedales en Cuba, siendo la mayoría d[e]
ellas bimodales y migratorias. Los valores de reco[-]
brados de anillos de las especies migratorias, prin[-]
cipalmente los patos, son elevados en el país co[n]
valores de 43,4 % del total registrado para [el]
Caribe. Los humedales dulceacuícolas les propo[r-]
cionan un gran número de beneficios a las ave[s.]
Son usados como sitio de descanso ya que brinda[n]
la mayor disponibilidad de espejos de agua; com[o]
sitio de alimentación por la cantidad de recurso[s]
tróficos exclusivos que poseen y, además, com[o]
lugar para la reproducción al brindar protecció[n]
tanto a los padres como a las crías. Los princip[a-]
les grupos que se destacan en estos ecosiste[-]
mas son los patos, las gallaretas y la[s]
garzas; siendo los dos primeros conside[-]
rados como grupos vegetarianos. Dada la gra[n]
cantidad de individuos que se pueden reunir e[n]
cualquier tipo de humedal dulceacuícola, las esp[e-]
cies que en ellos viven han desarrollado mecani[s-]
mos de segregación trófica que tienen que ver c[on]
la distribución dentro de los sitios en que viven [y]
los mecanismos de alimentación; esto ha si[do]
visto en las gallaretas de Pico Blanco y de Pi[co]
Rojo, las cuales presentan diferencias en los siti[os]
utilizados para forrajear y la profundidad a la q[ue]
lo hacen. Además, dentro de una misma espec[ie]
también existen diferencias en estos parámetro[s]
como en el caso del Guareao, en el que los mach[os]
tienen patas más largas y la Garza Ganader[a]
donde existen diferencias en relación con el pic[o.]

Cita recomendada de este capítulo:

Rodríguez, A. (2006): Aves en las aguas dulces. Capítulo V[,]
pp: 94--107. En: Mugica *et al.*: **Aves Acuáticas en los**
humedales de Cuba. Ed. Científico-Técnica, La Habana[,]
Cuba.

Introducción

Solamente 3 % del total del agua del planeta es agua dulce, y las 2/3 partes de ella están almacenadas en los glaciares y las capas de hielo polar. El tercio restante está distribuido en los ecosistemas dulceacuícolas del mundo; los cuales pueden ser divididos en dos tipos fundamentales: lóticos y lénticos. Los ecosistemas lóticos incluyen los arroyos y ríos; en tanto, los lagos, lagunas, embalses y humedales interiores se consideran ecosistemas lénticos.

Los llamados bosques y herbazales de ciénaga junto con las llanuras inundables aparecen en nuestro país, asociados a las zonas pantanosas y de manglares y son considerados humedales interiores. Estos ecosistemas, a diferencia de los descritos en los capítulos previos, son hábitat que se caracterizan por la periodicidad de sus inundaciones y sus suelos ricos en materia orgánica, lo que los convierte en los sitios preferidos por numerosas especies de aves acuáticas. Muchas de ellas, como por ejemplo, la Grulla (*Grus canadensis*), el Guareao (*Aramus guarauna*) y algunas especies de gallaretas, sólo se observan o son más frecuentes en estos sitios. Su ecología está regida, primariamente, por su hidrología, la que influye sobre el almacenamiento de agua, el flujo de nutrientes y la deposición de sedimentos; variables que, a su vez, determinan las comunidades vegetales características. Están localizados, fundamentalmente, en las penínsulas de Guanahacabibes y Zapata, la costa norte entre Matanzas y Camagüey y al sur de la Isla de la Juventud; aunque existen algunos remanentes de estos ecosistemas también en la zona oriental del país. Estos tipos de hábitat desempeñan un papel muy importante, ya que ayudan a la reducción de la erosión, de los sedimentos suspendidos y de los nitratos y fosfatos presentes en sus suelos.

Los lagos y las lagunas son ecosistemas lénticos que funcionan como islas de hábitat. Los lagos son cuerpos de agua de extensiones muy amplias y aunque nuestro país no se caracteriza por la presencia de lagos propiamente dichos, aparecen algunas lagunas extensas como la laguna de La Leche y la laguna del Tesoro. Sin embargo, sí son frecuentes las lagunas y otras depresiones anegadas que se condicionan al régimen costero y al de las lluvias. La vegetación acuática característica de estos lugares es muy beneficiosa para la vida silvestre en general; ya que brindan alimento, oxígeno disuelto y sitios de descanso y de reproducción. También pueden atrapar el exceso de nutrientes y reducir la cantidad de algunos compuestos químicos tóxicos. La cantidad de nutrientes inorgánicos disueltos en las aguas de estos ecosistemas determina que sean considerados como oligotróficos o eutróficos. Los primeros están caracterizados por una productividad relativamente baja; en tanto los eutróficos, tienden a ser menos profundos, son más productivos y, generalmente, presentan afloramientos de algas causados por un exceso de nitrógeno y fósforo en sus aguas.

La existencia de una marcada diferencia en las épocas de lluvia y seca, una economía eminentemente agrícola y el desarrollo acelerado de la acuicultura han traído aparejado la construcción de todo un sistema de embalses artificiales (presas y micropresas) a nivel nacional, que ha incrementado, considerablemente, la superficie cubierta por hábitat accesibles a las aves acuáticas. A su vez, esto ha provocado, en muchos casos, la alteración de los patrones hidrológicos de muchos ríos al ser represados, y han dado origen a cambios en la composición de su flora y fauna. Estos sitios artificiales han ido ganando en extensión e importancia para las aves acuáticas, producto de las disminuciones continuadas en calidad y cantidad de los humedales naturales por la contaminación y otras influencias humanas. Además, junto con los lagos y las lagunas constituyen humedales que se destacan por las grandes concentraciones de aves acuáticas que en ellos se observan, como, por ejemplo, patos, garzas y limícolas.

Dentro de los ecosistemas lóticos cubanos los que más se destacan son los ríos. Estos, de manera general, son de poco curso y escaso caudal, lo cual se debe, fundamentalmente, a la forma larga y estrecha del país y a sus cadenas montañosas estrechas que corren de este a oeste. Producto de esto, las corrientes superficiales llegan rápidamente al mar, aunque existen excepciones como son los ríos Toa y Cauto, el más caudaloso y de mayor longitud, respectivamente. Estos ecosistemas al ser sitios de agua dulce que está en constante movimiento, son más oxigenados que los lagos y las lagunas y contienen organismos que están adaptados a las rápidas corrientes de sus aguas.

Vegetación acuática frecuente en las lagunas de agua dulc

De esta forma, los humedales dulceacuícolas constituyen sitios de gran importancia para las aves acuáticas; ya que brindan una gran cantidad de recursos que en otros tipos de humedales no existen o son muy difíciles de encontrar. Por ejemplo, la vegetación acuática típica de estos, alberga una gran cantidad de animales, tanto vertebrados como invertebrados, que constituyen elementos básicos de la dieta de numerosas especies de aves. Estos humedales constituyen los sitios con una mayor disponibilidad de espejos de agua, elemento imprescindible para algunos grupos, como los patos y las gallaretas. De igual manera, las aves les brindan beneficios a estos ecosistemas; ya que se encuentran entre los depredadores más altos en sus cadenas tróficas por lo que desempeñan un papel muy importante en el reciclaje de nutrientes y en el mantenimiento del balance ecológico que ocurre en ellos.

Aves frecuentes en humedales dulceacuícolas

Este tipo de humedales, no solo es importante para las aves acuáticas; ya que existen otros organismos completamente dependientes de ellos. Ejemplo de esto lo constituyen varias especies de anfibios y reptiles, como es el caso de la rana toro (*Rana catesbeiana*), la babilla (*Caiman crocodylus*) y el cocodrilo cubano (*Crocodylus rhombifer*), este último endémico y sólo presente en los hábitat dulceacuícolas de las ciénagas de Zapata y Lanier.

Los humedales dulceacuícolas constituyen sitios de cría, invernada y de paso durante la migración para un gran número de especies de aves. Alrededor de 100 especies de aves han sido registradas en estos ecosistemas, de las cuales 30 son especies bimodales, lo que significa que tienen poblaciones residentes durante todo el año a las que se incorporan individuos durante la etapa migratoria; y 48 son migratorias, usando este tipo de hábitat solo durante la etapa invernal.

En este período se observan grandes concentraciones de aves acuáticas en nuestros humedales, fundamentalmente, de anátidos, los cuales provienen, en su máyoría, de Norteamérica. Los cambios en el manejo y las acciones de restauración de los hábitat que usan estas especies, tanto en las áreas de cría e invernada, influyen, directamente, sobre el crecimiento poblacional de estas especies. Esto ha sido observado en el Pato Negro, una de las especies que, en los últimos años, ha incrementado sus efectivos en nuestros embalses, posiblemente, debido a cambios favorables en las zonas de cría que permiten un mayor éxito reproductivo y, por tanto, mayor reclutamiento.

Dentro de los anátidos migratorios se destacan el Pato de la Florida y el Pato Cuchareta que han llegado a ser observados en bandos de más de 120 000 individuos en las lagunas costeras de Sancti Spíritus.

Dentro del grupo de aves registradas en los humedales dulceacuícolas, solo algunas especies como el Zaramagullón Chico, el Guareao, la Grulla y algunas gallaretas, son residentes permanentes, o sea, habitan en estos ecosistemas durante todo el año. Dentro de este último grupo existen algunas especies que están puntualmente localizadas y no son tan fáciles de ver, como la Gallinuela de Santo Tomás. Esta especie es la única ave acuática endémica de nuestro país y, además, es endémica local de la península de Zapata. Tiene un tamaño mediano y no es fácil de observar dado lo escurridizo de su conducta y el sitio donde habita. Esto influye en que muchos aspectos de su ecología son desconocidos en la actualidad, aunque se piensa que, posiblemente, se alimente de invertebrados acuáticos y pequeños renacuajos, tan comunes en los humedales dulceacuícolas. Asociada también a esta región se encuentra la Ferminia, endémica local que aunque no es netamente acuática habita en la misma zona. Esta especie y la Gallinuela de Santo Tomás son características de los herbazales de ciénaga de la península de Zapata, y, generalmente, se refugian en las llamadas "macollas", que son agrupaciones de la planta conocida como cortadera (*Cladium jamaicense*).

Aproximadamente, 52 % de las especies registradas en los humedales dulceacuícolas crían en ellos; se destacan el grupo de las gallaretas y las gallinuelas, que aprovecha la vegetación herbácea que caracteriza a estos ecosistemas como sitio clave para nidificar. Algunas limícolas también suelen criar en estas áreas, como es el caso de la Cachiporra y el Gallito de Río, aunque con estrategias diferentes a las de las gallaretas y gallinuelas.

Gallinuela de Santo Tomás

Nombre científico: *Cyanolimnas cerverai*
Nombre en inglés: Zapata Rail
Clasificación: Orden Gruiformes
Familia Rallidae

Distribución:

Medidas:
Peso corporal (g): — ♀♂ —
Largo del pico (mm): No hay datos
Largo del tarso (mm):

Alimentación:
No se tienen datos.

Reproducción:
No se tienen datos.

Época de cría:
E F M A M J J A S O N D

ESPECIES DE AVES ACUÁTICAS PRESENTES EN LOS HUMEDALES DULCEACUÍCOLAS DE CUBA

Zaramagullón Grande	Sevilla	Gavilán Caracolero	Zarapiquito
Zaramagullón Chico	Flamenco	Halcón de Patos	Zarapico Chico
Pelícano	Cayama	Gallinuela de Santo Tomás	Zarapico Becasina
Rabihorcado	Yaguaza Barriga Prieta	Gallinuela de Agua Dulce	Zarapico Manchado
Corúa de Agua Dulce	Yaguasín	Gallinuela Oscura	Becasina
Corúa de Mar	Yaguasa	Gallinuela Prieta	Galleguito
Marbella	Pato de la Florida	Gallinuelita	Gallego Real
Garcita	Pato Cuchareta	Gallareta Azul	Gaviotica
Garcilote	Pato de Bahamas	Gallareta de Pico Blanco	Gaviota de Pico Negro
Garzón	Pato Morisco	Gallareta de Pico Rojo	Gaviota de Forster
Garza de Rizos	Pato Negro	Guareao	Gaviota Real
Garza Azul	Pato Pescuecilargo	Grulla	Gaviota Real Grande
Garza de Vientre Blanco	Pato Lavanco	Títere Sabanero	Gaviota Monja Prieta
Garza Ganadera	Pato Huyuyo	Frailecillo Semipalmeado	Martín Pescador
Aguaitacaimán	Pato Chorizo	Cachiporra	Ferminia
Guanabá de la Florida	Pato Agostero	Gallito de Río	
Coco Prieto	Pato Serrucho	Zarapico Patiamarillo Grande	
Coco Blanco	Guincho	Zarapico Patiamarillo Chico	

Asociados a estos humedales, ecosistemas que son considerados como zonas de transición entre el ambiente terrestre y el acuático, también aparecen numerosas especies de bijiritas y otras paseriformes que se mueven, continuamente, en la vegetación que bordea a estos lugares. La mayoría de ellas son residentes invernales y están presentes solo durante la etapa migratoria.

Alimentándose en el agua dulce

El alimento es uno de los factores primarios que determina el uso del hábitat en las aves, y su uso está determinado tanto por su abundancia como por su asequibilidad. La biomasa y las tallas de las presas también desempeñan un papel importante, lo que, a su vez, se ve influido por la hidrología y los sedimentos de los humedales. En los hábitat dulceacuícolas predominan las especies de aves acuáticas vegetarianas, pues las condiciones fisicoquímicas favorecen el crecimiento y desarrollo de numerosos organismos como plantas acuáticas, algas e incluso pequeños vertebrados e invertebrados, que en otros ambientes salinos están limitados.

Un ejemplo de esto son las gallaretas y gallinuelas, especies principalmente vegetarianas y que son típicas de estos humedales con zonas definidas de vegetación emergente. Para Cuba hay registradas cuatro especies de gallaretas y ocho especies de gallinuelas que se distribuyen dentro de la vegetación acuática a lo largo de un *cline* definido, fundamentalmente, por la profundidad del agua.

Para especies como la Gallareta de Pico Blanco y de Pico Rojo, la cantidad de individuos presentes en los humedales está determinada, principalmente, por las condiciones de alimentación. Ellas prefieren sitios donde se combinen espacios abiertos (espejos de agua) y sitios con vegetación emergente ya que son los idóneos para encontrar sus alimentos.

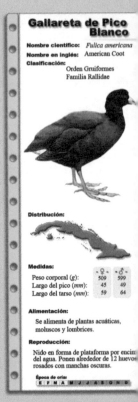

Gallareta de Pico Blanco

Nombre científico: *Fulica americana*
Nombre en inglés: American Coot
Clasificación:
Orden Gruiformes
Familia Rallidae

Distribución:

Medidas:

	♀	♂
Peso corporal (g):	509	599
Largo del pico (mm):	45	49
Largo del tarso (mm):	59	64

Alimentación:
Se alimenta de plantas acuáticas, moluscos y lombrices.

Reproducción:
Nido en forma de plataforma por encima del agua. Ponen alrededor de 12 huevos rosados con manchas oscuras.

Época de cría: E F M A M J J A S O N D

USO DEL HÁBITAT Y VARIACIONES CONDUCTUALES DE LA GALLARETA DE PICO BLANCO Y LA GALLARETA DE PICO ROJO EN UN HUMEDAL DULCEACUÍCOLA

Autor: Antonio Rodríguez

Las gallaretas de Pico Blanco y de Pico Rojo son las dos especies de gallaretas más comunes en nuestros humedales. En un estudio realizado en el 2005, durante el período migratorio, en un humedal dulceacuícola de la micropresa del Parque Lenin de la Ciudad de La Habana, se encontró que ambas especies prefieren sitios con una abundante vegetación subemergente, aunque una gran parte de la población de la Gallareta de Pico Blanco (46 %) prefirió los espejos de agua (sin vegetación). Este uso viene dado por las actividades particulares de cada especie, que les permiten segregarse en hábitat diferentes. En todos estos hábitat la actividad desarrollada, fundamentalmente, fue el forrajeo y la mayor parte de la población de Gallareta de Pico Rojo desarrolló esta actividad a muy poca profundidad. Contrario a esto el mayor porcentaje de la población de Gallareta de Pico Blanco estuvo en la búsqueda del alimento a mayores profundidades por lo que, en ocasiones, tuvieron que incluir el buceo en su estrategia de forrajeo. Esta especie explota al máximo los recursos que tiene a su disposición, adoptando estrategias de forrajeo generalistas. En general, la Gallareta de Pico Rojo empleó una mayor cantidad de tiempo para forrajear que la de Pico Blanco. Esto pudiera dar una idea de una mayor eficiencia de forrajeo por parte de esta especie.

Tomado de: Jiménez, A. y A. Rodríguez (datos sin publicar).

Gallareta de Pico Rojo

Nombre científico: *Gallinula chloropus*

Nombre en inglés: Common Gallinule

Clasificación: Orden Gruiformes
Familia Rallidae

Distribución:

Medidas:

	♀	♂
Peso corporal (*g*):	375	426
Largo del pico (*mm*):	40	42
Largo del tarso (*mm*):	61	63

Alimentación:
Se alimenta, principalmente, de plantas acuáticas.

Reproducción:
Ponen entre 3 a 9 huevos rosados con manchas.

Época de cría:
E F M A M J J A S O N D

A pesar de ser consideradas omnívoras oportunistas, 85 % de la dieta de los adultos y 75 % de la de los juveniles están representados por plantas acuáticas, tales como *Elodea*. Sin embargo, durante la etapa reproductiva y antes de la migración se incrementa el consumo de artículos animales entre los que se incluyen numerosas especies de invertebrados como moluscos, tanto adultos como larvas de odonatos, hemípteros, coleópteros e incluso pequeños vertebrados. El hacer uso de los mismos sitios de forrajeo y compartir recursos similares trae aparejada una competencia por estos, de ahí que ambas especies hayan desarrollado estrategias de forrajeo diferentes para minimizar su efecto.

Dentro de las gallaretas, la Gallareta Azul, es la más asustadiza de las presentes en Cuba por lo que es muy difícil de ver en espacios abiertos y, generalmente, siempre se le ve alimentándose entre la vegetación más tupida que rodea el agua.

De igual forma ocurre con las gallinuelas, las cuales prefieren mantenerse entre la vegetación acuática aunque, en ocasiones, se les observa en los bordes húmedos y fangosos, pero siempre cerca de la vegetación.

Otra de las especies que usa los humedales dulceacuícolas como sitio de alimentación es el Guareao, el cual es común en las orillas de lagunas y estanques de agua dulce a la captura de su principal alimento, un molusco dulceacuícola del género *Pomacea*, que representa 74 % de su dieta en Cuba. Los individuos de esta especie son los únicos representantes de la familia Aramidae y, generalmente, tienden a alimentarse con técnicas de búsqueda visual y táctil, en forma solitaria o en grupos de muy pocos individuos. El nombre de esta especie viene dado por el extraño sonido que emiten los machos, producto de modificaciones en su tráquea, posiblemente relacionado con conductas tales como relaciones sociales, alimentación o como reacción ante depredadores.

El Guareao tiene un pico largo que se curva, ligeramente, hacia la derecha en su extremo distal lo que es posible que esté relacionado con las frecuentes inserciones en la concha de su alimento más habitual. Además, presenta pequeñas adaptaciones en el extremo distal de su lengua, unas estructuras pequeñas, filamentosas y muy duras que sugieren cierto uso especializado durante la extracción del molusco. La estrategia que sigue esta especie para extraer el molusco de su duro caparazón es la inserción del pico dentro de la concha para lograr la ruptura del

Pomacea paludosa es una especie perteneciente a la familia Ampulariidae que agrupa a los moluscos dulceacuícolas de mayor tamaño corporal. Dentro del grupo esta especie puede llegar a exceder, en muchas ocasiones, los 60 *mm*, lo que la convierte en la mayor de la fauna malacológica fluviátil de Cuba. Tiene una distribución muy amplia por todo el país. Se encuentra en todos los cuerpos permanentes de agua dulce con vegetación acuática en donde prefiere las aguas más profundas. Permanece sumergida durante el día, oculta entre la vegetación cerca del borde y la superficie, y se vuelve más activa de noche. No son altamente selectivas y se alimentan de casi todo lo que esté disponible en su ambiente, aunque prefieren vegetación que sea fácil de digerir. Cuando no existe suficiente disponibilidad de alimento, pueden salir del medio acuático al igual que los anfibios en busca de alimento. Puede poner entre 10 a 80 huevos de color blanco empaquetados en una masa gelatinosa, los que deposita en tallos emergentes de vegetación acuáti-

ca. Esta especie es capaz de tolerar ambientes muy contaminados y se ha valorado su uso como agente de control biológico de hospederos intermediarios de enfermedades tropicales.

Huevos de *Pomacea*

Guareao
(*Aramus guarauna*)

En el Guareao ambos sexos son similares en apariencia, y los juveniles tienen una coloración similar aunque menos brillante. En nuestro país sólo fueron encontradas diferencias entre las medidas de longitud total y el peso de los individuos en machos y hembras de la especie; los machos son 5 % más grandes y 9 % más pesados. En Cuba, esta especie nidifica durante todo el año y hace sus nidos cerca del suelo, sobre ramas horizontales, pero siempre a muy baja altura y relacionados con los humedales dulceacuícolas. El nido está formado por hierbas secas y ramas colocadas sobre juncos. Los huevos son de color crema claro con manchas pardas que pueden aparecer en tonalidades más claras u oscuras. Generalmente, pone entre tres y seis huevos ovales con 30,5 *mm* de diámetro mayor y 21,5 *mm* de diámetro menor. Los territorios de cría son defendidos por los machos aunque las hembras contribuyen, sobretodo, desplazando del área a otras hembras. Ambos padres se ocupan del cuidado de las crías.

músculo abductor. Sin embargo, cuando se encuentra lejos del agua, es usual que se alimente de moluscos terrestres, pequeños reptiles, anélidos e invertebrados.

La distribución de esta ave acuática está muy relacionada con la del molusco, de ahí que además presente adaptaciones que le permiten desenvolverse en el medio acuático como las patas, largas y delgadas. Además, la coloración de su plumaje, pardo con manchas blancas, le permite, en muchas ocasiones, camuflarse con el medio circundante. Su distribución coincide, en gran parte, con la del Gavilán Caracolero el cual también se alimenta, casi exclusivamente, de estos moluscos.

Las garzas son otras de las especies que pueden ser vistas forrajeando en los humedales dulceacuícolas, aunque dentro de ellas, la Garza Ganadera es la que más se ha aventurado en ambientes terrestres. Esto le brinda un espectro de posibilidades tróficas mucho más amplio que el resto del grupo, que además ha implicado un grupo de adapta-

ciones como un pico y tarsos más cortos, lo que hace que sea la especie menos grácil del grupo. Dentro de la dieta de esta especie en nuestro país los órdenes de insectos Lepidoptera, Araneae y Orthoptera, son los mejor representados aunque existen diferencias entre los sexos, posiblemente, como resultado de algunas de las diferencias morfométricas entre ellos. La morfometría de las especies, de forma general, refleja relaciones ecológicas con su hábitat o aspectos de su historia evolutiva y, particularmente en esta especie, ha sido un aspecto bien estudiado en varias localidades de Cuba.

El Martín Pescador también forrajea en hábitat dulceacuícolas, es muy común verlos con su vuelo cernido, quietos en el aire, listos a lanzarse en picada para la captura de pequeños peces que constituyen la base de su dieta. También se observan, con frecuencia, posados en los árboles que bordean ríos y lagunas, desde allí divisan a sus presas y los capturan con rápidos vuelos.

Guareao

Nombre científico:
Aramus guarauna

Nombre en inglés:
Limpkin

Clasificación:
Orden Gruiformes
Familia Gruidae

Medidas:

	♀♂
Peso corporal (*g*):	1012
Largo del pico (*mm*):	115
Largo del tarso (*mm*):	169

Alimentación:
Se alimenta de moluscos del género *Pomacea*.

Reproducción:
Pone de 3 a 5 huevos de color crema, con numerosas manchas pardas.

Época de cría:
E F M A M J J A S O N D

Morfometría de la Garza Ganadera en Cuba

Autor: Dennis Denis

El análisis morfométrico de *Bubulcus ibis* en distintas localidades de Cuba evidencia que esta garza no ha sufrido grandes cambios morfológicos que la diferencien de sus congéneres de otras partes del mundo. Al parecer, la Garza Ganadera presenta, en nuestro país, una variación clinal concordante de oeste a este para tres caracteres: largo del pico, largo del ala plegada y envergadura alar. Existen diferencias entre las medidas del pico en machos y hembras de la especie que pueden corresponder con diferencias en la alimentación entre sexos, lo que pudiera contribuir a la disminución de la competencia intraespecífica y al éxito de la especie.

Medidas morfométricas de la Garza Ganadera en Cuba

Caracteres	Hembras (n=7) (media ± DS)	Machos (n=10) (media ± DS)
Peso (*g*)	330,0 ± 51,4	363,7 ± 55,4
Largo del pico (*mm*)	53,7 ± 1,6	55,3 ± 2,2
Ancho del pico (*mm*)	11,2 ± 0,6	12,2 ± 0,7
Altura del pico (*mm*)	12,6 ± 0,7	14,0 ± 1,0
Tarso (*mm*)	78,9 ± 5,4	81,9 ± 3,0
Cuello (mm)	280,0 ± 8,6	289,6 ± 17,2
Largo del cuerpo (*mm*)	496,1 ± 13,2	512,1 ± 18,6

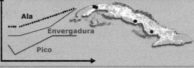

Ala

Envergadura

Pico

Tomado de: Mugica, L., O. Torres y A. Llanes (1987): Morfometría de la Garza Ganadera (*Bubulcus ibis*) en algunas regiones de Cuba. **Poeyana** 334: 1-6.

Protegidos para descansar

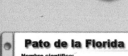

Pato de la Florida

Nombre científico:
Anas discors

Nombre en inglés:
Blue-winged Teal

Clasificación:
Orden Anseriformes
Familia Anatidae

Distribución:

Medidas:

	♀	♂
Peso corporal (*g*):	386	403
Largo del pico (*mm*):	39	41
Largo del tarso (*mm*):	35	36

Alimentación:

Se alimentan de semillas, vegetación acuática e insectos.

Reproducción:

No cría en Cuba.

Época de cría:
E F M A M J J A S O N D

Los ecosistemas de humedales, al estar íntimamente relacionados con el agua, constituyen un sitio idóneo para el descanso y protección de las aves acuáticas; ya que el agua constituye una barrera para los depredadores terrestres.

Los patos son el grupo más usual de ver, descansando, en nuestros humedales con una marcada preferencia por los hábitat dulceacuícolas. A estos sitios arriban durante la etapa invernal cuando migran de sus áreas de cría.

La migración de los patos es uno de los fenómenos más espectaculares en la naturaleza, pues involucra a cientos de miles los individuos que se mueven, simultáneamente, entre las áreas de cría y de invernada. La distancia que recorren en estos viajes difieren entre especies; algunos como el Pato de la Florida, que nidifica en la mayor parte de Norteamérica, tiene sus áreas de invernada desde el sur de Estados Unidos hasta la Argentina, incluyendo a Cuba. Esta especie, al igual que el Pato Cuchareta es una de las más abundantes durante la migración en nuestro país, a donde llegan provenientes, principalmente, de Estados Unidos y Canadá. De estas regiones proceden la mayoría de los patos migratorios que llegan a Cuba, a excepción del Pato de Bahamas que proviene de Suramérica. En total para nuestro país están registradas 23 especies de patos migratorios, aunque también se incorporan individuos a las poblaciones de cinco de las seis especies que se mantienen durante todo el año en nuestro país.

La mayoría de los patos migran de noche a elevadas alturas y formando grandes bandos. Existen diferencias entre sexos, edad y grupos en el momento de la partida: generalmente, los machos parten primero e incluso pueden llegar a invernar en localidades diferentes a las hembras, lo que pudiera reflejar diferencias sexo-específicas en los costos evolutivos y los beneficios asociados con invernar a latitudes específicas.

En cuanto a las clases de edad, los juveniles tienden a dispersarse más ampliamente que los adultos y los patos de superficie son los que más rápido vuelan y, usualmente, migran primero que las especies buceadoras.

Muchas explicaciones han sido dadas a estos fenómenos relacionados con las migraciones como, por ejemplo, la existencia de diferencias en cuanto a la eficiencia de forrajeo entre juveniles y adultos y, además, al estatus de dominancia

En el caso de los patos, los juveniles son subordinados a los adultos, por lo que ellos tienen que desplazarse mayores distancias, a medida que la disponibilidad de hábitat disminuye y se incrementa la competencia interespecíficas e intraespecífica.

Pato de Bahamas *

Pato Lavanco

Pato Agostero *

Pato Negro

Yaguasa *

Pato Pescuecilargo

Pato Chorizo *

Pato Cuchareta

Pato Huyuyo *

Yaguasín *

* Especies residentes

Los anátidos surgieron en latitudes frías y a tales condiciones presentan adaptadas su estructura corporal, el plumaje y sus hábitos alimenticios y migratorios. Sin embargo, de forma secundaria algunas especies se convirtieron en residentes de sus antiguas áreas de invernada.

En Cuba seis especies mantienen poblaciones reproductivas y de estas, tres ya no existen en zonas continentales.

RECOBRADO EN CUBA DE PATOS ANILLADOS

Autor: Antonio Rodríguez

La técnica más empleada para el estudio de las migraciones en las aves es el anillamiento de los individuos en determinadas áreas para conocer dónde son recuperados estos anillos. Durante el período 1910-2000 en Cuba han sido reportados 1 640 anillos; lo que representa 43,4 % del total reportado para la zona del Caribe en ese período. Los principales sitios de anillamiento de las aves que se recobraron en nuestro país fueron algunos estados de Canadá y Estados Unidos, como Saskatchewan, Manitoba, Ontario, Alberta, Dakota del Norte, Dakota del Sur y Minnesota.

Las principales especies cuyos anillos se registraron fueron el Pato de la Florida, el Pato Lavanco, el Pato Pescuecilargo y el Yaguasín; las cuales son sumamente abundantes en el área durante el período migratorio. En cuanto a la edad, se reportaron 17 % más de anillos de juveniles que de adultos y, aproximadamente, 55 % más de machos que de hembras. Esto está, posiblemente, influido por la propia inexperiencia de los juveniles y porque los machos son los primeros en arribar a las áreas de invernada.

La mayor concentración de anillos recobrados se localizó en la costa sur del país, en manglares, arroceras y pastos marinos. Otro tipo de hábitat también importante fueron los bosques húmedos. Esta costa es mucho más baja que la norte lo que hace que, de manera general, sea más pantanosa y húmeda. Existieron excepciones como el Pato Lavanco y el Yaguasín que tuvieron una distribución mucho más amplia e incluso se detectaron recobrados en la costa norte, en las provincias de Ciego de Ávila y Camagüey. El Pato de la Florida, la especie con un mayor número de recobrados, estuvo ampliamente distribuido por todo el país aunque las mayores concentraciones de sus recobrados coinciden, como en el resto de las especies, en la costa sur y fue la única con recobrados en embalses. Las principales áreas de recobrado para todas las especies fueron la costa sur de Pinar del Río y La Habana, los cayos de Las Doce Leguas, al sur de la provincia de Ciego de Ávila, los humedales del sur de la provincia de Pinar del Río, la zona de Amarillas, en Matanzas, limítrofe con Cienfuegos y la zona del delta del Cauto, en la provincia de Granma.

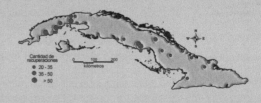

Tomado de: Rodríguez, A. (2004): **Análisis de los patrones de migración de varias especies de anátidos en el Neotrópico durante el período 1910-2004.** Tesis en opción al grado científico de Maestro en Ciencias, Universidad de La Habana, 78 pp.

Pato Huyuyo

Nombre científico: *Aix sponsa*

Nombre en inglés: Wood Duck

Clasificación: Orden Anseriformes
Familia Anatidae

Distribución:

Medidas:

Peso corporal (g): 546
Largo total (*mm*): 480

Alimentación:

Se alimenta de semillas, vegetación
acuática y algunos insectos.

Reproducción:

Cría en huecos de troncos. Pone de 8 a
14 huevos de color blanco.

Época de cría:
E F M A M J J A S O N D

Para estos vuelos, que en ocasiones son muy largos, hacen uso de los seis corredores aéreos descritos para el continente americano, aunque a Cuba la mayor cantidad de individuos que llegan lo hacen a través de los corredores del valle del Mississippi y la costa Atlántica.

Mucho se ha discutido sobre los procesos que desencadenan el movimiento migratorio y las formas de orientación que usan en su recorrido. Se cree que el fotoperíodo, o sea, los cambios en la duración del día y la noche a lo largo del año, es el principal responsable de su inicio. Este fenómeno provoca que ocurran cambios fisiológicos con cierta antelación como la acumulación de grasa subcutánea que constituye la principal fuente de energía para la migración.

El estudio del fenómeno migratorio es sumamente complejo y se realiza con el auxilio de diversos métodos que incluyen, en ocasiones, técnicas sofisticadas de seguimiento por radar o incluso por satélite, no obstante el anillamiento es todavía la técnica más generalizada por su fácil ejecución y relativo bajo costo.

Tanto la duración como la longitud de los viajes migratorios varía, grandemente, entre géneros, especies e incluso entre poblaciones de la misma especie. Las diferencias encontradas en la distancia de migración entre los principales géneros que migran hacia el neotrópico brindan una idea sobre las posibilidades de movimiento de estas poblaciones en América. El género *Dendrocygna*, uno de los más primitivos dentro del grupo, es uno de los más sedentarios y restringe sus movimientos a Centroamérica y el Caribe. Las especies de este género son corpulentas y no se caracterizan por un vuelo rápido. En el otro extremo se encuentran las especies del género *Anas*, que en el Neotrópico son, mayormente, migratorias y se caracterizan por un vuelo rápido que les facilita recorrer grandes distancias durante un período migratorio. La existencia de estas diferencias en las distancias recorridas contribuye a minimizar, de forma muy eficiente, la competencia por los recursos alimentarios y el espacio en las áreas de invernada.

La Grulla es una de las especies cuya migración y ecología general se ha comprendido más con el apoyo de tecnologías avanzadas como la radiotelemetría. Esta ave acuática utiliza como hábitat de descanso y reproducción ecosistemas muy particulares denominados sabanas inundables. Estas son afectadas, principalmente, por la sobreexplotación y los procesos de drenaje artificial, lo que ha conllevado a que, en la actualidad, esta especie esté confinada a hábitat pequeños. Aunque la cantidad de agua en estos sitios es muy poca, la selección y explotación de los mismos está basada, principalmente, en la mínima perturbación humana que tienen. Por esta razón, las poblaciones de Grulla son capaces de recorrer grandes distancias en busca de estos humedales dulceacuícolas que utilizan como sitios de descanso, refugio y alimentación.

La selección de los sitios de descanso en esta especie, tiene en cuenta la cercanía de hábitat adecuados. De esta forma, pueden moverse rápidamente entre ellos para elegir su dormitorio cuando ocurren disturbios. Esto es muy importante durante la reproducción ya que en esta especie monógama, donde ambos padres cuidan a los pichones, es necesario el mantenimiento de un territorio extenso y exclusivo durante la época de nidificación.

Grulla (*Grus canadensis*)

Generalmente, en los sitios que usan de dormitorio no se agrupan muchos individuos, aunque eso está en estrecha relación con la cantidad de hábitat disponible. Es por eso que son consideradas vadeadoras solitarias aunque, algunas veces, es posible verlas alimentándose en compañía de otras aves.

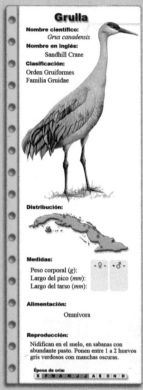

Grulla

Nombre científico:
Grus canadensis

Nombre en inglés:
Sandhill Crane

Clasificación:
Orden Gruiformes
Familia Gruidae

Distribución:

Medidas:

Peso corporal (g):
Largo del pico (mm):
Largo del tarso (mm):

Alimentación:
Omnívora

Reproducción:
Nidifican en el suelo, en sabanas con abundante pasto. Ponen entre 1 a 2 huevos gris verdosos con manchas oscuras.

Época de cría:
E F M A M J J A S O N D

Su ecología reproductiva y uso del hábitat se han estudiado en detalle utilizando avanzados métodos como la radiotelemetría y los sistemas de información geográfica.

La doctora Xiomara Galves localizando una Grulla marcada con un radiotrasmisor.

GRULLA CUBANA: UN AVE AMENAZADA DE NUESTRAS SABANAS INUNDABLES

Autor: Dennis Denis

La Grulla es una subespecie endémica que se encuentra amenazada. Sin embargo, en los últimos años la Empresa para la Conservación de la Flora y la Fauna, mantiene un amplio control y monitoreo de sus poblaciones. En la actualidad, se realizan investigaciones fundamentales para la conservación y manejo de la subespecie con la colaboración de la Fundación Internacional de la Grulla (ICF).

Se han registrado 13 áreas con poblaciones, actuales o historicas, de grullas, que totalizan unos 550 individuos de esta especie, como mínimo, para el territorio nacional.

A nivel de macrohábitat, las grullas seleccionan, en mayor proporción, los hábitat de sabanas abiertas, pastizales, sabanas secundarias y sabanas semicerradas, en dependencia de la condición y estación reproductiva. Las dimensiones de los ámbitos de hogar, varían según la condición de adulto o subadulto, estos últimos utilizan cuatro veces más área vital que los primeros. Sobre la supervivencia de las poblaciones de grullas actúan dos amenazas fundamentales: reducción de sus hábitat naturales de reproducción y represamiento de los ríos que altera el régimen hídrico natural de sus áreas de cría.

Tomado de: Galves, X. (2002): **Distribución y abundancia de *Grus canadensis nesiotes* en Cuba. Uso del hábitat y reproducción de una población de esta especie en la Reserva Ecológica Los Indios, Isla de la Juventud.** Tesis en opción al grado de Doctor en Ciencias Biológicas. Universidad de La Habana, 135 pp.

Uso para la reproducción

Los humedales dulceacuícolas son ecosistemas sumamente importantes para la reproducción de las aves acuáticas, ya que brindan una gran cantidad de alimento con un contenido de sales bajo, necesario para los pichones, así como sitios adecuados para la nidificación al brindar protección tanto a los padres como a las crías. Muchas son las aves que usan los humedales dulceacuícolas en etapa reproductiva para aprovechar todos los recursos que estos les proporcionan. Ejemplo de esto son los patos, aunque en esta época no son muy abundantes (al menos en números similares a los que se observan durante la etapa migratoria). El pato Huyuyo es una de estas especies y, generalmente, nidifica en ciénagas y llanuras inundadas. No obstante, se le ha observado nidificando sobre el macío en algunas de nuestras lagunas. La Yaguasa es otra de las especies de patos que cría, generalmente, en cavidades de los árboles o entre las hojas de las palmas; aunque también se encuentra anidando, regularmente, a

nivel del suelo en las arroceras, así evita la total dependencia de los sitios naturales. El tamaño de nidada varía entre 5 a 11 huevos y es de forma elíptica como ocurre con la mayoría de los huevos de las especies que nidifican a cierta altura con lo que se limitan las posibilidades de una caída.

Entre las especies que se reproducen de forma usual en estos humedales se encuentra el Gallito de Río, donde aparece el fenómeno del papel revertido de los sexos; en el cual el macho incuba los huevos y cría a los pichones sin ninguna ayuda de la hembra, la que se puede aparear con otros machos durante la etapa reproductiva. Estas relaciones poliándricas de las hembras y las monógamas de los machos resultan en ciclos y estrategias reproductivas diferentes para ambos sexos. En estas aves, los machos definen los territorios y las hembras se encargan de la defensa de varios machos. Ambos sexos defienden sus territorios contra otros gallitos, pero en el caso de los machos, fallan al tratar de excluir las hembras grandes, para lo cual llaman a su hembra que es la que asume la defensa territorial y lo ayuda a echar a la intrusa. Además de ayudar a los machos a defender sus territorios, la hembra, independientemente, defiende su superterritorio contra otros individuos, en especial, contra otras hembras vecinas o sin pareja. La defensa del territorio también es contra otras especies como gallaretas, patos y zaramagullones.

Este sistema de apareamiento del Gallito de Río es un ejemplo de poliandria por defensa de recurso, en el cual la hembra gana acceso a varios machos mediante la exclusión de otras hembras de los territorios de esos machos.

La formación de la pareja en esta especie es más el producto de la competencia intrasexual por los territorios, que producto de un cortejo intersexual. Los machos compiten entre ellos por los territorios de cría y

las hembras compiten entre ellas por el control sobre los machos y sus territorios. Un macho acepta a una hembra que sea capaz de excluir a otras hembras de su territorio y las hembras se aparean con machos que mantengan territorios dentro del de ellas.

Para Cuba, la etapa reproductiva de esta especie está definida entre mayo y septiembre, aunque se han observado algunos pichones a finales de abril. Generalmente, el nido está hecho con hojas y otros elementos del medio sobre la vegetación flotante. Los huevos son de color ocre y con abundantes manchas pardas y negras lo que le da cierto camuflaje y facilita que pase inadvertido. El tamaño de nidada más usual es entre tres a cuatro huevos ovalados (30,6 x 21,7 *mm*).

La atención a los pichones por parte de los gallitos machos incluye su cuidado, atención y defensa, pero nunca el alimentarlos. Las hembras

Gallito de Río

Nombre científico: *Jacana spinosa*

Nombre en inglés: Northern Jacana

Clasificación: Orden Charadriiformes
Familia Jacanidae

Distribución:

Medidas:

	♀	♂
Peso corporal (*g*):	109,6	89,4
Largo del pico (*mm*):	34,9	31,4
Largo del tarso (*mm*):	63,0	58,5

Alimentación:
Invertebrados (insectos, moluscos, crustáceos), semillas de plantas acuáticas y peces.

Reproducción:
Hace nidos flotantes sobre la vegetación acuática. Pone de 3 a 4 huevos de color crema con patrones de líneas irregulares.

Época de cría:
E F M A M J J A S O N D

Gallito de Río con su despliegue territorial típico.

Pichones de Gallito de Río

no tienen que ver con el cuidado del pichón aunque continúan con la ayuda al macho en la exclusión de intrusos de sus territorios sin importarle la presencia del juvenil. Al parecer, la relación entre la hembra y el juvenil es de simple tolerancia. Los pichones de gallito para huir ante los depredadores han desarrollado conductas muy variadas que van desde la huída hasta nadar para ocultarse en el agua y sumergirse dejando solo fuera del agua la parte más alta de la cabeza y el extremo del pico, lo cual se ve facilitado por la posición hacia delante de las aberturas nasales en el pico.

Las gallaretas y gallinuelas son también otros de los grupos que, usualmente, crían en los humedales dulceacuícolas. Las gallaretas son las más acuáticas dentro de la familia y ocupan un rango muy amplio de hábitat que, en la mayoría de las ocasiones, comparten con los patos, aunque existen diferencias entre los sitios que prefieren. Son especies relativamente monógamas y longevas, que, por lo general, maduran en su segundo año de vida. Son muy territoriales y agresivas durante la estación reproductiva.

Pichón de gallareta.

Tanto la Gallareta de Pico Rojo como la Gallareta Azul crían en humedales inundados, semipermanentemente, con vegetación emergente y en cuyas márgenes exista una gran cantidad de hierbas y arbustos. Sin embargo, existen diferencias entre ellas en cuanto a la profundidad del sitio escogido, siendo más profundos y menos densos de vegetación los que usa la Gallareta de Pico Rojo. Ambas especies también nidifican, por lo regular, en las arroceras. En el caso de la Gallareta de Pico Blanco, su nido, usualmente, es construido como una plataforma flotante sobre el agua y unida a la vegetación emergente.

El tamaño y la forma de los nidos de las gallaretas varían con la profundidad del agua y con la especie de planta que usen para construirlo. Generalmente, usan plantas vivas y muertas que son recogidas cerca del sitio de cría. Los materiales de construcción más rígidos favorecen la construcción de nidos de mayor tamaño ya que brindan una mayor estructura de soporte a los huevos y al padre a cargo de la incubación.

El comienzo de la puesta depende, probablemente, de algunas variables ambientales tales como las precipitaciones y para nuestro país la fecha de la época reproductiva se extiende desde abril a diciembre. La cantidad de huevos que ponen es sumamente variable, y puede ir de 2 a 3 huevos en la Gallareta Azul a entre 6 a 12 en la Gallareta de Pico Blanco. Se plantea que estas grandes nidadas le permite a los miembros del grupo producir tantos descendientes como les sea posible y puede haber evolucionado en respuesta a la vulnerabilidad de los hábitat que utilizan para la reproducción. Los pichones son semiprecociales por lo que necesitan del cuidado de los padres (alimentación y cuidado) durante algunas semanas.

En la etapa reproductiva se exacerba el antagonismo y la territorialidad en las gallaretas, siendo muy comunes las agresiones tanto entre individuos de la misma especie como con otras especies. El mayor grado de territorialidad, en este aspecto, lo muestra la Gallareta de Pico Blanco, la cual, constantemente, se mantiene alerta ante potenciales amenazas. Con el avance del período reproductivo todo esto cambia y a medida que el pichón se hace mayor y más independiente los padres muestran menos antagonismo hacia otras especies. Y a los tres meses de edad incluso los propios pichones son considerados como intrusos.

Nido de Cachiporra (*Himantopus mexicanus*)

Otras especies también han sido observadas nidificando en humedales dulceacuícolas como por ejemplo el Gavilán Caracolero, el Coco Blanco, la Cachiporra, el Coco Prieto y el Guanabá de la Florida. De estas, las dos últimas especies fueron observadas reproduciéndose en la laguna de Leonero, 2 700 y 200 individuos, respectivamente.

EMBALSE LEONERO: PARAÍSO PARA LAS AVES ACUÁTICAS

Autor: Martín Acosta

El embalse Leonero constituye un cuerpo de agua dulce de notable importancia dentro de la ciénaga de Birama. Construido entre 1967-1968 ocupa un área total de 5 448 *ha*, de las cuales 3 500 constituyen el espejo de agua. Tiene una capacidad de 70 millones de m^3. Debido a la profusa vegetación acuática que se desarrolla en él y que cubre casi toda su superficie, constituye un área de alta productividad primaria que se traduce en el desarrollo de numerosos consumidores, entre los que se destacan los peces y las aves. Dadas estas características, durante muchos años ha sido un área de pesca tanto comercial como deportiva y, además, se utilizó, durante muchos años como coto de caza. La sequía que nos ha afectado en los últimos años y, en particular, la correspondiente al periodo 2004-2005 redujo su acumulado a unos 35 millones de m^3 y una disminución del nivel del agua de 1,2 *m*. Este embalse resulta aun de mayor importancia como reservorio de agua dulce, si tenemos en cuenta la salinización que han sufrido la laguna de Birama y el río Cauto, que eran los otros dos cuerpos de agua dulce claves en esta parte de la provincia de Granma.

En el caso particular de las aves, Leonero constituye un área relevante para numerosas especies, tanto residentes como migratorias. El Coco Prieto, es una de las especies más notorias, ya que utiliza el área como sitio de descanso durante la noche, pero al amanecer vuela en grande bandadas hacia las áreas de alimentación. Durante la época de reproducción forman colonias que construyen sus nidos sobre el macío y pueden llegar hasta unos 5000 individuos. Un elemento de interés puede ser la abundancia del Gallito de Río, del cual han podido censarse hasta 70 individuos en una hora de recorrido.

Cada año con la entrada de la migración se incorporan un gran número de especies e individuos a la comunidad. Una presencia destacada la tienen el Pato de la Florida, el Pato Cuchareta, el Pato Lavanco y el Yaguasín, que se pueden observar formando congregaciones de varios miles, en las zonas de aguas más abiertas.

BIBLIOGRAFÍA

Bellrose, F. C. (1981): **Patos, gansos y cisnes de la América del Norte.** Ed. Científico-Técnica, 717 pp.

Del Hoyo, J., A. Elliot y J. Sargatal (Eds.) (1996): **Handbook of the Birds of the World. Vol. 3. Hoatzin to Auks.** Lynx ediciones. Barcelona. 821 pp.

Todd, F. S. (1996): **Natural History of the Waterfowl.** Ibis Publishing Co., 490 pp.

Telfair, R. C. (1987): **The Cattle Egret: A Texas focus and world view.** Texas Agricultural Experiment Station, College Klenberg. Studies in Natural Resources, 144 pp.

Vales, M., A. Álvarez, L. Montes y A. Ávila (Comp.) (1998): **Estudio nacional sobre la diversidad biológica en la Republica de Cuba.** CESYTA, Madrid. 480 pp.

Zimmerman, J. L. (1998): **Migration of birds.** Circular 16. USFWS, 113 pp.

Capítulo VI

Aves en el ecosistema arrocero

Dr. Martín Acosta y Dra. Lourdes Mugica

RESUMEN

Las arroceras son cultivos de gran importancia para la aves acuáticas en Cuba, ya que constituyen hábita alternativos ante la disminución y degradación de lo humedales naturales. Entre los elementos de mayo importancia para la comunidad de aves están los ciclo alternos de inundación y drenaje durante el ciclo de cu tivo y su posición geográfica en zonas aledañas a hum dales costeros. Por estas razones se han convertido e importantes sitios de alimentación, donde las av toman más de 46 tipos de recursos tróficos, que incl yen numerosas semillas, invertebrados (insectos, cru táceos, arácnidos, etc.) y vertebrados (peces, anfibio roedores, etc.). Además, son utilizados para la nidific ción y el descanso, pues muchas aves cubren todas s necesidades en las áreas arroceras. Existen dos fuent de variación fundamentales en la comunidad de av que utilizan las arroceras. En primer lugar la entrada salida de las aves migratorias que producen un gr aumento, tanto de la riqueza de especies como de abundancia, en el período entre septiembre y abril. segundo lugar está la disponibilidad de recursos, q depende de la cantidad de campos con condiciones ad cuadas para las aves, lo cual está relacionado con comienzo y final de los períodos de siembra. La releva cia de este monocultivo se extiende a escala region por su importancia para las aves migratorias. De l 97 especies registradas en este ecosistema, 74 % incr mentan sus poblaciones con individuos provenientes Norteamérica. El papel de estas en las arroceras se e dencia en el consumo de alimentos de la comunidad aves, que llega a alcanzar un valor de 1 606 t, cin veces superior al de la etapa no migratoria. La mayo de las aves que extraen recursos de la arrocera s beneficiosas al cultivo, pues ingieren gran cantidad plagas potenciales: invertebrados y plantas indeseabl Arroceros y conservacionistas deben trabajar unid para maximizar la cosecha con un daño mínimo al me ambiente y en particular, a las aves.

Cita recomendada de este capítulo:

Acosta, M. y L. Mugica (2006): Aves en el ecosistema arro ro. Capítulo VI. pp: 108-135. En: Mugica et al.: **A Acuáticas en los humedales de Cuba.** Ed. Científ Técnica, La Habana, Cuba.

Pág.

Índice

Arroceras como hábitat alternativo

Usualmente, los ecosistemas agrícolas se caracterizan por una baja diversidad, la presencia de fuentes accesorias de energía, la selección artificial de sus principales componentes bióticos y un control externo y dirigido, en lugar de la retroalimentación característica de los ecosistemas naturales. Esto es debido a que solo se cultiva una especie de planta, y al eliminar la vegetación original con ello se elimina la fauna asociada, quedando unas pocas especies muy generalistas, que se adaptan a cualquier medio, lo que da lugar a que proliferen las plagas, tanto de plantas como de animales, pues sus controladores biológicos ya no están presentes.

En el caso del arroz, a pesar de considerarse un monocultivo, difiere del resto en que es muy dinámico, con cambios rápidos en sus parámetros fisicoquímicos. Si a esto se le adiciona la presencia de extensas áreas de aguas someras, con ciclos alternos de inundación y drenaje, se encuentran condiciones adecuadas para que se desarrollen numerosas formas vivientes, condicionadas, en gran medida, a la entrada de energía adicional proveniente de la actividad humana. En general, se puede considerar como un sistema con ritmos de

reciclaje de nutrientes y energía excesivamente altos, como lo demuestra, por ejemplo, la rápida sucesión de las algas que en ellos se desarrollan. Esta inestabilidad extrema, a corto plazo, resulta en cierta estabilidad en períodos más largos, ya que cada año se repite la misma secuencia del cultivo y esto beneficia el desarrollo de las comunidades animales. Además, es importante tener en cuenta que dada la gran extensión que se siembra y lo complicado del método de cultivo, las arroceras en Cuba se siembran escalonadamente, lo que da lugar a que durante casi todo el año existan campos con diferentes grados de desarrollo y esto garantiza variados microhábitat que cada especie utilizará según sus posibilidades.

Las arroceras cubanas tienen otra característica que contribuye a que sean ampliamente usadas por las aves y es su ubicación geográfica. Aunque el arroz se cultiva hoy día en todas las provincias, las mayores áreas arroceras se encuentran en Pinar del Río, Matanzas, Sancti Spíritus, Camagüey y Granma. Todas estas áreas están ubicadas en la costa sur, aledañas a humedales costeros naturales. En algunos casos, los humedales son franjas de lagunas costeras y manglares de alrededor de 1 *km* de ancho

(Pinar del Río, Sancti Spíritus, Camagüey); en otros, constituyen extensas zonas, con pantanos, ciénagas, manglares y numerosos canales y lagunas (ciénaga de Birama, en Granma y ciénagas de Zapata, en Matanzas). La cercanía entre las zonas naturales y la arrocera favorece el constante movimiento de las aves y el consecuente intercambio de materia y energía entre ambas zonas.

Si a todo esto se le suma que el arroz es el segundo cultivo en importancia en el país, es indudable que resulta de gran interés saber cómo funciona, quiénes lo utilizan y para qué. De esta forma se puede determinar el papel que están representando las arroceras en la conservación de las aves, y el enorme peligro que corren las aves cuando se usan de forma indiscriminada plaguicidas y fertilizantes químicos que contaminan el entorno natural.

Esta estrecha asociación acentúa los conflictos entre la necesidad de conservar las aves y desarrollar la agricultura, al ser el arroz parte importante de la dieta de muchas especies granívoras, que se pueden transformar en plagas y causar apreciables daños. No obstante, esta interacción no siempre es negativa ya que se ha sugerido que el forrajeo de los patos promueve el desarrollo de plantas más vigorosas y panículas más robustas, gracias al efecto producido por la poda. Además, muchas especies utilizan como alimento volúmenes considerables de semillas de plantas indeseables y otras plagas de vertebrados e invertebrados que resultan perjudiciales al cultivo y afectan su rendimiento.

Las arroceras han demostrado ser ecosistemas alternativos de vital importancia para muchas aves y, en especial, para las especies acuáticas, que constituyen sus componentes más conspicuos, ya que su capacidad de desplazamiento les permite explotar, de forma eficiente, recursos estacionales y hasta los pulsos de producción que caracterizan a estos ambientes.

Características del ciclo de cultivo

En general, el ecosistema arrocero puede ser considerado como un hábitat en forma de mosaico, donde cada una de las etapas del ciclo de cultivo constituye un microhábitat diferente con particularidades en cuanto a tamaño de las plantas, presencia del agua y desarrollo de las comunidades animales y vegetales asociadas. Al hablar de mosaico se hace referencia a la disposición alternada de campos en cada etapa del ciclo de cultivo del arroz, ya que cada una de estas constituye un hábitat distinto. Como la planta de arroz se encuentra en un estadio de desarrollo diferente y, al mismo tiempo, el régimen de inundación y drenaje varía durante el ciclo, las características estructurales del hábitat para los organismos están en constante cambio, por lo que la comunidad de aves hace un uso diferencial de cada una de las fases del ciclo de cultivo del arroz, sobre la base de los recursos tróficos asequibles en cada uno y la presencia del hábitat adecuado para cada grupo.

Fases del ciclo de cultivo del arroz con diferencias estructurales y funcionales marcadas que repercuten en las comunidades de aves.

FASES DEL CICLO DE CULTIVO DEL ARROZ

El ciclo de cultivo del arroz comienza con la preparación del terreno. La roturación consiste en el desbroce del terreno de hierbas y en el arado de la tierra, que pone al descubierto gran parte de la fauna edáfica. Inmediatamente después de la roturación, se abren las compuertas de los canales y comienza a anegarse por gravedad el campo.

Campo anegado

La entrada del frente de agua constituye un evento que no pasa inadvertido para las aves, ya que al ir penetrando el agua en la capa superficial de la tierra, los componentes de la macrofauna y mesofauna del suelo, como cucarachas, coleópteros, y una gran diversidad de otros invertebrados de respiración aérea comienzan a salir de sus escondrijos. Estos organismos al huir, quedan a flote o se refugian en las elevaciones, tallos u objetos emergentes por lo que, de cualquier forma, se exponen a la depredación. Algunas especies de aves oportunistas como la Garza Ganadera, detectan, rápidamente, la abundancia de alimento fácil y tienden a concentrarse en el borde del agua para aprovechar, con un mínimo de esfuerzo, estos recursos puestos a su disposición.

Campo en fangueo

Una vez que la tierra está suficientemente húmeda comienza el proceso de fangueo, que da lugar a un microhábitat muy importante dentro del ciclo del cultivo. El fangueo es una práctica agrícola que consiste en utilizar tractores especializados (fangueadoras) que durante varias horas preparan una mezcla de agua, fango y restos vegetales en el campo, hasta eliminar cualquier vegetación previa y preparar un lodo homogéneo y poco denso que garantiza el rápido enraizamiento y desarrollo de las plantas de arroz. El paso de las fangueadoras pone al descubierto una gran cantidad de presas para las aves, por lo que este microhábitat a pesar de ser efímero tiene una elevada importancia en la cadena alimentaria de las arroceras al movilizar gran cantidad de energía y terminar de extraer la biomasa oculta bajo la tierra. En este momento, la energía del sistema es utilizada con máxima intensidad por las aves que se concentran en estos campos.

Campo recién sembrado

Al culminar el fangueo el campo está listo para la siembra, Las semillas de arroz son distribuidas por aspersión aérea y a partir de ahí comienza a drenarse el campo, para garantizar una germinación adecuada. La siembra se efectúa entre noviembre y agosto, en dependencia de las lluvias. Esta etapa del ciclo puede ser atractiva para los patos ya que una gran cantidad de semillas se encuentra dispersa en los campos.

Campo con arroz pequeño

Las semillas comienzan a germinar alrededor del quinto día y crecen las pequeñas plántulas. En esta fase el campo, aunque drenado durante unos 25 días, se mantiene con la tierra muy húmeda por pases de agua cada 4 a 5 días, hasta que el arroz alcanza unos 15 *cm* de altura y se inunda de forma permanente. Es el período menos atractivo para las aves, pues presenta muy pocos recursos que puedan ser utilizados como alimento.

Campo con arroz verde

A partir de este momento viene el período de inundación más largo de los campos, la planta de arroz completa su desarrollo vegetativo y tiene, por tanto, una amplia cobertura vegetal que lo diferencia de los anteriores. Comienzan a aparecer las plantas indeseables entre las cuales las del género *Echinochloa*, como el metebravo y el arrocillo, constituyen una importante fuente de alimento para muchas especies de aves. Es frecuente, en estos campos, encontrar lagunas interiores que se forman debido a desniveles en el terreno, que no permitieron la germinación de las semillas y que se hicieron evidentes con el crecimiento de las plantas. Estas lagunas interiores resultan ser importantes sitios de descanso y alimentación para diversas especies de aves como patos y gallaretas. La inundación permanente incrementa la oferta de recursos alimentarios, ya que numerosos invertebrados y pequeños vertebrados se desarrollan en estas aguas someras.

Campo con arroz espigado

Esta etapa es estructuralmente similar a la anterior, pero la aparición de las panículas de arroz hace surgir una nueva fuente de alimento que se refleja en una comunidad diferente de aves. En esta fase se mantiene la inundación, se alcanza la máxima altura de las plantas y de cobertura vegetal, y continúan abundando las plantas indeseables y lagunas interiores.

Campo con arroz maduro

La inundación se mantiene hasta que, aproximadamente, la mitad del campo madura sus panículas y entonces se drena. Aquí también hay cambios notables en la comunidad de aves, ya que muchas especies que dependían del agua se desplazan hacia otros campos que permanecen inundados. En las pequeñas lagunas remanentes se concentra el alimento, que es aprovechado por otras especies como los garzones.

Pág

Campo cortado y seco

La cosecha se realiza de forma mecanizada y trae consigo una gran pérdida de granos que quedan en el terreno y son
consumidos, intensamente, por aves granívoras, como las palomas. También
queda gran cantidad de restos vegetales
que se descomponen durante las etapas
finales del cultivo. En este caso, la acción
de las máquinas también hace que

de las máquinas también hace que
muchos vertebrados e invertebrados pequeños sean asequibles, pero a diferencia de los campos anegados,
solo la Garza Ganadera hace uso de ellos, ya que los campos están secos y esta es la única garza capaz de
alimentarse en campos drenados. Este campo adquiere una estructura similar a los pastizales con numerosas semillas utilizables.

Campo cortado anegado

Una vez terminada la cosecha puede ocurrir
que el campo se inunde, nuevamente, con
el objetivo de acelerar la descomposición de
las semillas y los restos de las plantas
cortadas y evitar la proliferación de plantas
indeseables. Estos campos son muy
importantes para las aves porque poseen
gran cantidad de semillas provenientes de la
pérdida por la cosecha, sobre todo en los
primeros días después de la inundación.

primeros días después de la inundación. Cuando estos campos se inundan pueden constituir importantes
comederos para las aves acuáticas. Por ejemplo, se han observado hasta 300 yaguasas alimentándose después de
la lluvia en 1 *ha* de arroz cortado. Incluso otras aves depredadoras como los guanabaes y garzones se concentran
en estos campos donde se alimentan de peces, pichones de gallaretas, ranas y otros pequeños vertebrados.

Características generales de la comunidad de aves de las arroceras

Alrededor de 90 especies de aves han sido
observadas en las arroceras cubanas, por ejemplo, en
Los Palacios se han registrado 76 especies y 84 en
Sur del Jíbaro. Los grupos fundamentales son las
garzas, cocos, patos, gallaretas y limícolas. Una
característica importante de la comunidad de aves de
las arroceras es que el patrón de abundancia
encontrado se asemeja al descrito para comunidades
asentadas en ecosistemas naturales, con pocas
especies abundantes (ocho especies con densidades
promedio por encima de 2 individuos/ha) y numerosas
especies raras. La presencia de gran cantidad de
especies raras, ha sido usada como un indicativo del
grado de naturalidad de un ambiente, puesto que las
especies comunes se dispersan con facilidad y
colonizan, rápidamente, las nuevas localidades, pero
las especies raras no.

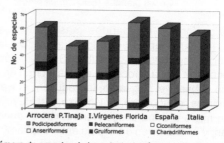

Número de especies de los principales órdenes de aves acuáticas en
la arrocera Sur del Jíbaro y otros cinco humedales naturales del mundo.

Entre las especies más comunes y abundantes están
la Garza Ganadera, la Garza de Rizos, el Coco
Prieto, el Yaguasín, el Pato de la Florida, la
Cachiporra, el Zarapiquito y la Paloma Rabiche.

Los cocos y la Seviya están comprendidos, al igual que las garzas, dentro de las aves vadeadoras, típicas de zonas con aguas someras. Son aves con tamaño mediano, cuello y patas largas, que utilizan para desplazarse por el interior del agua y capturar su alimento. Los cocos tienen un pico largo y curvo que permite identificarlos con rapidez y la Seviya tiene un inconfundible pico en forma de cuchara y un intenso color rosa en las alas que se distingue, fácilmente, a distancia. En el cultivo del arroz existen dos especies de cocos, de ellas, el Coco Prieto es el más común y aunque hace unos 20 años era muy difícil de ver, hoy está entre las aves más numerosas en las arroceras. El Coco Blanco es menos abundante ya que al igual que la Seviya utiliza, con mucha frecuencia, las lagunas y ciénagas costeras para alimentarse. Ambas especies incluyen en su dieta, principalmente, crustáceos, insectos y otros invertebrados, mientras que los cocos prietos también consumen arroz. Nidifican en colonias en los manglares costeros y lagunas que rodean a las arroceras.

De las 12 especies de garzas registradas para Cuba, al menos 10 han sido observadas en las arroceras donde son muy comunes. La Garza Ganadera, por ejemplo, a pesar de haberse detectado en el país por primera vez en la década del cincuenta, es, en la actualidad, el ave más numerosa en las arroceras, donde utiliza un mayor número de hábitat que las demás especies, pues incluye también para su alimentación a los campos secos cuando se están preparando y cosechando.

Cocos blancos (*Eudocimus albus*)

Los patos forman los bandos más numerosos en las arroceras en el período invernal. De las 25 especies registradas para Cuba, 13 se han visto, con frecuencia, en la arrocera, de ellas 6 crían en el territorio cubano, el Yaguasín, la Yaguasa, el Pato de Bahamas, el Agostero, el Chorizo y el Huyuyo. El resto migra a Cuba desde Norteamérica, donde nidifican, y permanecen en el país entre septiembre y marzo. Entre las especies migratorias las más abundantes son el Pato de la Florida, muy conocido por su nombre en inglés *Blue-winged Teal*, el Pescuecilargo y el Cuchareta.

Los patos son vegetarianos, se alimentan de numerosas semillas y plantas acuáticas, por lo que, potencialmente, pueden constituir un peligro para el cultivo de arroz en ciertos momentos, como, por ejemplo, durante la siembra en los primeros meses del año, cuando es mayor la sequía y tanto las fuentes de agua como el alimento escasean en los humedales naturales.

El Yaguasín fue la especie de pato más abundante en la década de los setenta, era muy común observar bandos de varios miles de individuos merodeando las arroceras, pero el control y la explotación indiscriminada han reducido mucho sus poblaciones.

Yaguasines (*Dendrocygna bicolor*)

La Yaguasa, por otra parte, es una especie asediada por los cazadores desde los tiempos de la colonia, lo que ha puesto en peligro su subsistencia y ha hecho que, en la actualidad, esté considerada como especie vulnerable a la extinción en el Caribe. Es la única de todas las especies de aves que visitan las arroceras que está incluida en el Libro rojo de las especies amenazadas.

Un grupo común en la arrocera, aunque menos evidente, es el de las gallaretas y gallinuelas, de las que se han detectado seis especies. Al menos tres de ellas, la Gallareta Azul, la de Pico Rojo y la Gallinuela de Agua Dulce, nidifican en los campos de arroz donde permanecen todo el año, siempre y cuando existan campos inundados con suficiente cobertura vegetal.

La Gallinuelita Prieta y la Gallinuela Oscura son migratorias, que visitan el cultivo en la etapa de invierno y son muy difíciles de detectar, ya que, generalmente, prefieren ocultarse o desplazarse entre la vegetación antes que volar.

Una especie muy común durante todo el año en la arrocera es el Guareao, un ave solitaria, de mediano tamaño que se mantiene activa día y noche. Se alimenta en los campos inundados o en los bordes de los canales donde captura moluscos del género *Pomacea*, que constituyen su fuente fundamental de alimento. Su canto durante la noche resulta, prácticamente, un símbolo de las arroceras cubanas. Aunque no se ha podido observar su nido en los campos arroceros sí se han visto en la etapa reproductiva parejas con pichones alimentándose juntos.

Yaguasa
(*Dendrocygna arborea*)

Otra especie atraída por la abundancia de *Pomacea* es el Gavilán Caracolero, ave rapaz común en el cultivo, en algunas zonas como las arroceras de Granma se han llegado a contar más de 50 individuos en un día, en áreas aledañas al pueblo de Guamo.

Las aves limícolas pertenecientes al orden Charadriiformes ocupan también un importante papel entre la comunidad de aves de las arroceras, cuando arriban numerosos bandos migratorios de zarapiquitos, zarapicos patiamarillos grandes y chicos, zarapicos reales y grises, revuelvepiedras y pluviales entre otros, que aprovechan los campos con aguas someras y sin cobertura vegetal. En el verano, durante la etapa reproductiva, la Cachiporra, otra especie de limícola, migra desde humedales aledaños hacia las arroceras para nidificar. Resulta notorio que esta especie elabora sus nidos en campos recién sembrados y los huevos eclosionan antes de que estos campos sean inundados de nuevo, lo que evidencia su alta capacidad de adaptación.

Las arroceras cubanas son utilizadas como sitios de alimentación, descanso y reproducción por numerosas especies de aves acuáticas.

Gavilán Caracolero

Nombre científico: *Rosthramus sociabilis*

Nombre en inglés: Snail Kite

Clasificación:
Orden Falconiformes
Familia Accipitridae

Distribución:

Medidas:

Peso corporal (g):	360-393 g
Largo (mm):	400-450
Envergadura alar (mm):	1150

Alimentación:
Se alimenta de moluscos del género *Pomacea*.

Reproducción:
Nidifica en colonias dispersas, sobre árboles, arbustos o macío. Pone de 2-3 huevos blancos con manchas rojizas.

Época de cría:
E F M A M J J A S O N D

NIDIFICACIÓN DE LA GALLARETA AZUL EN LAS ARROCERAS

Autora: Lourdes Mugica

La Gallareta Azul, en las arroceras de Amarillas (Matanzas) y Alonso de Rojas (Pinar del Río), construye sus nidos en el interior de los campos de arroz inundados, cuando las plantas alcanzan entre 60 y 80 *cm* de altura y brindan la suficiente protección y sustrato adecuado para depositar los huevos (5 como promedio). Al elaborar sus nidos utilizan entre 75 y 100 hijos de las plantas de arroz, para entretejer una pequeña plataforma circular con un diámetro interior de 13,9 ± 0,17 *cm* y uno exterior de 26,1 ± 0,6 *cm* (n=51). Por encima de esta plataforma doblan los extremos de las plantas que ascienden a su alrededor, a una altura entre 30 y 40 *cm* del nido, y forman una especie de cobertura superior que protege, tanto al ave como a los huevos de las altas temperaturas del mediodía, además de ocultar los nidos a la vista de los predadores.

Tomado de: Mugica, L., M. Acosta y A. Sanz (1989): Nidificación de la Gallareta Azul (*Gallinula martinica*). **Miscelánea Zoológica** 43: 1-2.

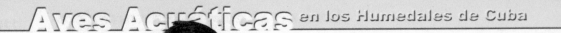

REPRODUCCIÓN DE LA CACHIPORRA EN LAS ARROCERAS

Autora: Lourdes Mugica

La Cachiporra es otra especie que utiliza, ampliamente, las arroceras para nidificar, pero construye sus nidos en el suelo en los campos recién sembrados, en los camellones, y en zonas bajas aledañas a las arroceras. En una sabana natural limítrofe con la arrocera de Granma y la ciénaga de Birama se estudiaron 22 nidos de esta especie. El tamaño de puesta promedio fue de 3,5 ± 1,0 huevos, las nidadas más frecuentes fueron de 4 huevos (70 %).

Resulta interesante que los nidos se concentraron en una pequeña área de 2 *ha* y se distribuyeron de forma tal que los nidos con mayor altura, elaboración y tamaño de puesta se situaron en el centro mientras que aquellos que contenían entre 1 y 3 huevos se ubicaron en los alrededores. Este resultado corrobora la teoría de que las aves que crían en el centro de la colonia poseen mayor experiencia como padres y mejores condiciones físicas.

Varios mecanismos contribuyen, al éxito de cria en las cachiporras, uno es la coloración críptica de los huevos que los hace prácticamente invisibles en el terreno, otro es la distancia a la que elaboran sus nidos entre 15 y 20 *m* que parece ser adecuada para no atraer a depredadores y, en caso de que se acerquen, desarrollar despliegues de distracción grupal que los alejen de los nidos. En la arrocera se ha observado, además, una sincronía con el ciclo de cultivo del arroz, de forma que la puesta, incubación y eclosión de los huevos ocurre en el breve período en que están drenados los campos y cuando se vuelven a inundar, ya los pichones están listos para buscar su alimento en las zonas inundadas.

Tomado de: Jiménez, A., D. Denis, M. Acosta, L. Mugica, O. Torres y A. Rodríguez (2002): Algunos aspectos de la ecología reproductiva de la Cachiporra (*Himantopus mexicanus*) en una colonia de nidificación en la ciénaga de Birama, Cuba. **El Pitirre** 15(1): 34-37.

Carabo
(*Asio flámmeus*)

Monjita Tricolor
(*Lonchura malacca*)

La Paloma Rabiche, la Paloma Aliblanca y la Tojosa, encuentran, también, en la arrocera un importante sitio de alimentación y descanso, donde aprovechan tanto el arroz que queda en los campos cosechados como el que cae de las carretas en los caminos, es por esto que en tiempos de cosecha se pueden ver millares en las áreas arroceras.

Existen varias especies que han aumentado su número en las arroceras en los últimos 20 años, entre ellas la más destacada es el Coco Prieto por sus grandes concentraciones. La Monjita Tricolor, aunque es de reciente incorporación, se ha convertido en una especie abundante en los campos, donde puede causar daños ya que andan en bandos y se alimentan de la panícula de arroz cuando se está formando el grano.

Otra ave que ha pasado a ser común es el Cárabo del cual se observan, con frecuencia, individuos solitarios o en parejas e incluso realizando el cortejo previo a la reproducción.

Paloma Aliblanca

Nombre científico: *Zenaida asiatica*

Nombre en inglés: White-winged Dove

Clasificación: Orden Columbiformes
Familia Columbidae

Distribución:

Medidas:
	♀♂
Peso corporal (*g*):	147
Largo del pico (*mm*):	19,5
Largo del tarso (*mm*):	28,3

Alimentación:
Consume semillas y algunas frutas pequeñas.

Reproducción:
Nidifica en arboles y arbustos. Pone dos huevos de color blanco.

Época de cría:
E F M A M J J A S O N D

Variaciones anuales de la comunidad de aves de las arroceras

Existen dos fuentes fundamentales de variación temporal en la comunidad de aves de las arroceras. En primer lugar, en los meses de septiembre y octubre, la llegada de la migración produce grandes cambios en la estructura de la comunidad, cuando comienzan a entrar numerosos bandos, tanto de especies que solo permanecen en Cuba en el invierno, como poblaciones de otras que residen en Cuba todo el año. Esto implica, por una parte, el aumento en la riqueza de especies y, por otra, un incremento en el número de individuos de aquellas especies que tienen poblaciones residentes permanentes y poblaciones migratorias, que se conocen como bimodales. Generalmente, estas especies regresan a sus zonas de cría en Norteamérica entre los meses de febrero y abril. La segunda fuente de variación es la disponibilidad de campos con condiciones adecuadas para las aves y que está dado por el comienzo y final del período de siembra.

Un análisis de la arrocera Sur del Jíbaro entre los años 1992 al 1995 mostró que la riqueza de especies se mantuvo alta todo el año, excepto en diciembre cuando la disponibilidad de hábitat inundados era casi nula, lo que evidencia una relación muy estrecha entre la heterogeneidad ambiental y su estabilidad hídrica con la abundancia y composición taxonómica de la comunidad de aves, a su vez, el valor máximo se observó en abril, coincidiendo con la salida de las aves migratorias, y con que todas las fases del ciclo de cultivo estaban presentes, lo que implica una variada oferta de recursos. Sin embargo, las mayores densidades y biomasa se encontraron en el último trimestre cuando llegan grandes bandos de patos y otras aves migratorias que hacen un fuerte uso de los campos que aún permanecen inundados. Durante el período de cría se observó un aumento en densidad en el mes de julio cuando comienzan a aparecer los pichones de especies como la Cachiporra y el Yaguasín, que nidifican en la arrocera.

Las especies bimodales y migratorias se mantuvieron muy por encima de las residentes permanentes, demostrando que la arrocera constituye un importante sitio de invernada para las aves de Norteamérica.

En las arroceras cubanas más extensas se siembra, de forma escalonada, por lo que en la medida que se avanza con la siembra, los campos previamente sembrados se encontrarán con el arroz germinado, verde, espigado o incluso maduro, de aquí que, varios microhábitat o etapas del ciclo de cultivo estén asequibles para las aves al mismo tiempo. Es precisamente esta característica la que hace posible el mantenimiento de tan alta diversidad de aves, las cuales se mueven de un campo a otro para satisfacer sus requerimientos específicos.

IMPORTANCIA DE LAS ARROCERAS PARA LAS AVES MIGRATORIAS

Autora: Lourdes Mugica

De las 97 especies de aves registradas en los campos arroceros y sus alrededores en Sur del Jíbaro, 42 son estrictamente migratorias y 24 son residentes permanentes que tienen, además, poblaciones migratorias. O sea, que 74 % de las especies registradas incrementan sus efectivos, periódicamente, con poblaciones provenientes de Norteamérica (37 % migratorias y 37 % bimodales), lo cual evidencia la importancia de la arrocera como sitio de paso y residencia invernal para las aves migratorias. No hay duda que estas constituyen el componente mayor en la comunidad. Estas especies mostrarón una mayor riqueza entre los meses de agosto y abril, período durante el cual la mayoría permanece en Cuba.

La densidad de especies migratorias evidenció dos períodos bien diferenciados. Uno con altas densidades en la etapa invernal, debido, fundamentalmente, a la entrada de grandes bandos de patos y

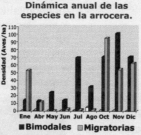

Dinámica anual de las especies en la arrocera.

aves playeras y otro con valores mínimos durante el verano en que solo se observan algunos individuos aislados. El Pato de la Florida fue la especie con mayor número de efectivos en la etapa invernal, llegando a aportar, en octubre, 51 % de la densidad total.

El papel que desempeñan estas aves en el funcionamiento del ecosistema arrocero se hizo evidente al calcular el consumo anual de alimento en la comunidad. En el verano el consumo alcanzó la cifra de 289,7 t mientras que en la etapa invernal el valor ascendió a 1 606,5 t, casi seis veces mayor. Este resultado evidencia que las aves migratorias están desempeñando un papel fundamental en el funcionamiento del ecosistema arrocero. Además, con la constante pérdida y degradación de los humedales las arroceras están pasando a ser hábitat alternativos de gran importancia para la conservación de estas aves de importancia regional.

Tomado de: Mugica, L., M. Acosta, D. Denis, A. Jiménez, A. Rodríguez y X. Ruiz (2005): Rice culture as important wintering site for migrant waterbirds from North America in Cuba. **Proceedings of Waterbirds Around the World Conference** (en prensa).

Variaciones de la comunidad de aves durante el ciclo de cultivo

Garzas forrajeando en un campo fangueado.

Al estudiar el uso de los campos que hacen las aves durante el ciclo de cultivo, se encontró que el microhábitat frecuentado por un mayor número de especies es el fangueado (46 especies), en correspondencia con sus elevadas posibilidades de alimentos, mientras que el de menor número de especies fue el arroz maduro (15 especies), los demás campos mantuvieron cifras intermedias entre 29 y 38 especies. En cuanto a la densidad se observó que los campos anegados y fangueados tienen una capacidad de carga muy superior a los demás, y los campos recién sembrados y de arroz pequeño siempre mantuvieron bajas densidades.

Los patos estuvieron mejor representados en los campos cortados y anegados, donde la densidad promedio es muy alta, pues son campos inundados, con abundante alimento debido a que quedan en el suelo hasta 135 *kg* de arroz por hectárea durante la cosecha mecanizada y estas aves, usualmente, se alimentan en grandes bandadas. También se observaron, con frecuencia, en campos anegados y fangueados y en aquellos de mayor cobertura con arroz verde y espigado, sobre todo si contaban con lagunas interiores.

Bando de patos en la arrocera de Sancti Spíritus.

Las gallaretas se mantuvieron con densidades muy bajas, y una mayor preferencia por aquellos campos con el arroz alto, espigados o no, donde al parecer cubren todas sus necesidades, pues en ellos se alimentan, crían y descansan, solo se mueven de esos campos cuando son drenados. Las garzas por su parte, mostraron una marcada preferencia por las primeras fases del ciclo, sobre todo por aquellas fases que tienen un subsidio de energía fuerte, como sucede con el fangueo y el aniego, donde aumenta, de forma extraordinaria, la asequibilidad del alimento, y se vuelve fácilmente aprovechable.

Los coco prefirieron los campos de arroz maduro, donde se alimentan del grano de arroz ya maduro que cae al suelo por diversas causas.

Para las aves limícolas, las primeras fases del ciclo de cultivo fueron las más importantes, su densidad promedio decayó a partir de la mitad del ciclo cuando el arroz comienza a crecer y la profundidad del agua se incrementa. En estas primeras fases los campos de arroz se asemejan a las planicies inundadas o playazos que estas pequeñas aves prefieren para buscar su alimento.

Resulta evidente que la comunidad de aves asociada al cultivo funciona como un sistema abierto en el cual las especies se acomodan a lo largo de un gradiente ambiental de acuerdo con sus requerimientos ecológicos específicos. De esta forma, las aves se concentran donde la densidad de presas y su asequibilidad son relativamente altas y donde el gasto energético para obtenerlas es bajo, produciéndose una segregación espacial tanto entre gremios como dentro de ellos.

Titere Sabanero (*Charadrius vociferus*).

SEGREGACIÓN ESPACIAL DE LAS GARZAS EN LA ARROCERA SUR DEL JÍBARO

Autor: Martín Acosta

Un análisis de las variaciones que sufre la densidad de cada especie de garza por microhábitat de cultivo del arroz, se realizó en los campos de la arrocera Sur del Jíbaro, en 1992. Para esto se muestrearon 515 parcelas, y se evaluó la densidad y frecuencia de uso de cada uno de los 13 microhábitat del cultivo. Esta investigación reveló la existencia de tres patrones característicos en cuanto al uso del hábitat.

Así se encontró que la Garza Azul, la Garza de Rizos y el Garzón son los típicos oportunistas del fangueo, donde se acumulan en grandes cantidades. La Garza Ganadera tiene un espectro de utilización mayor de microhábitat, ya que, además de los campos en preparación, utiliza, también, los de finales del ciclo. Esta especie,

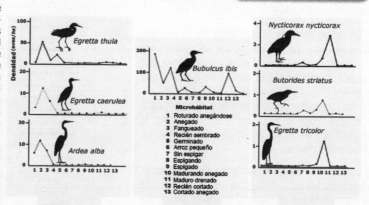

Microhábitat
1 Roturado anegándose
2 Anegado
3 Fangueado
4 Recién sembrado
5 Germinado
6 Arroz pequeño
7 Sin espigar
8 Espigando
9 Espigado
10 Madurando anegado
11 Maduro drenado
12 Recién cortado
13 Cortado anegado

Especies que se asocian, principalmente, con las primeras fases del cultivo.

Especies que se asocian, principalmente, con las últimas fases del cultivo.

Especies que se asocian con el inicio y el final del cultivo.

en particular, presentó siempre sus mayores densidades relacionadas con los principales momentos de la actividad antrópica (preparación del suelo y cosecha). Solo en raras ocasiones se encontraron algunas de estas aves utilizando los microhábitat intermedios. Las especies escasas se encontraron, generalmente, asociadas con la mitad final del ciclo de cultivo. El Guanabá de la Florida incrementó sus densidades en los campos en maduración donde la reducción del nivel del agua ocasiona pequeñas charcas en las cuales se acumulan los peces y anfibios que le sirven de alimento. Todo esto pudiera ayudar, de manera importante, a la segregación estructural entre especies con mucha similitud tanto morfológica como en el uso de los recursos tróficos.

Tomado de: Acosta, M. y L. Mugica (1999): Influencia del microhábitat en la estructura del gremio zancudas que habita la arrocera Sur del Jíbaro, Sancti Spíritus, Cuba. **Biología** 13(1): 17-24.

Morfometría de la comunidad de aves

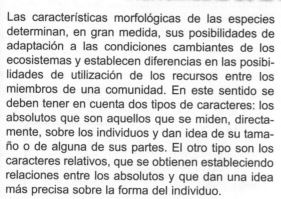

Las características morfológicas de las especies determinan, en gran medida, sus posibilidades de adaptación a las condiciones cambiantes de los ecosistemas y establecen diferencias en las posibilidades de utilización de los recursos entre los miembros de una comunidad. En este sentido se deben tener en cuenta dos tipos de caracteres: los absolutos que son aquellos que se miden, directamente, sobre los individuos y dan idea de su tamaño o de alguna de sus partes. El otro tipo son los caracteres relativos, que se obtienen estableciendo relaciones entre los absolutos y que dan una idea más precisa sobre la forma del individuo.

En general, para las aves se ha demostrado un alto grado de relación entre caracteres morfológicos y ecológicos y se han encontrado relaciones notables entre la longitud del tarso y el microhábitat de forrajeo, el ancho del pico y el tamaño de las frutas ingeridas, la forma de las alas y el tipo de hábitat, etcétera.

Entre las aves vadeadoras las variaciones de la longitud del pico entre especies pueden estar relacionadas con el de los tamaños de las presas o

las características del microhábitat de forrajeo, mientras que la longitud del tarso, se puede relacionar con la profundidad del agua en el hábitat donde se alimentan y el tamaño corporal con el tamaño promedio de las presas. Esto ha sido probado, también, para las aves marinas.

Dentro de la comunidad de aves del ecosistema arrocero existen múltiples ejemplos de adaptaciones morfológicas que facilitan la comprensión de cómo las especies pueden utilizar diferentes segmentos de los recursos del medio sin entrar en contradicciones notables. Por ejemplo, la Garza de Vientre Blanco cuenta con un cuello proporcionalmente más largo que el resto de las especies por lo que puede basar su alimentación en pequeños peces, mientras que las otras consumen presas más lentas.

En los buceadores, zancudas y buscadores aéreos, cuyos miembros se alimentan, principalmente, de peces, anfibios, reptiles y artrópodos de tamaño apreciable, existe un mecanismo de distensión de la entrada bucal cuando el ave abre el pico, que se produce por un incremento en la separación de las comisuras, muy superior al ancho del pico, y que le permite la ingestión de presas proporcionalmente grandes y difíciles de tragar como sucede con los peces.

En aquellos gremios donde las presas preferidas son muy pequeñas o se alimentan de vegetales no se presentó este mecanismo, por lo que los valores de la comisura fueron muy similares al ancho del pico, y, en muchas ocasiones, menores, ya que en estos casos, cuando el ave abre el pico, lejos de aumentar la abertura de entrada, disminuye, ligeramente, por el estiramiento.

La comunidad de aves del ecosistema arrocero muestra características comunes al resto de las comunidades presentes en otros ecosistemas, en las cuales se refleja una alta heterogeneidad en la morfología de las especies que la constituyen lo que le permite un óptimo aprovechamiento de los recursos disponibles.

Entre los caracteres más notables relacionados con la obtención de los recursos alimentarios, están el peso corporal y la longitud del pico. Un análisis de estas dos variables refleja un comportamiento muy parecido.

En el caso de los pesos corporales se puede apreciar que 32 % de las especies (10) supera los 500 *g*; 32 % están entre los 100 a 500 *g*, y sólo 36 % tienen pesos inferiores a los 100 *g*, lo que supone, teniendo en cuenta el elevado gasto energético de las aves, un apreciable consumo de alimento, con el consiguiente transporte de materia y energía entre una y otra zona, dentro de los campos arroceros, o entre la arrocera y los manglares aledaños, donde muchas especies, principalmente de patos, garzas y cocos, pasan la noche y se reproducen.

De todas las adaptaciones estructurales para la alimentación, los picos han sido los más estudiados y, en términos generales, se dice que los picos largos y finos están, generalmente, adaptados para tomar presas en movimiento, mientras que los largos y gruesos permiten tomar presas de diferentes tipos.

En este caso los resultados obtenidos para la longitud de los picos permiten predecir una amplia utilización de los recursos disponibles dada la gran variabilidad que se presenta entre las especies y que debe estar estrechamente relacionada con la forma, el tamaño y el microhábitat de las presas que habitan en estas zonas acuáticas.

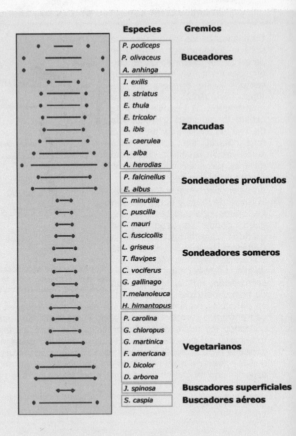

Representación del ancho del pico (línea continua) y la separación entre las comisuras (distancias entre los dos puntos), de las especies de aves acuáticas estudiadas en la arrocera de Amarillas.

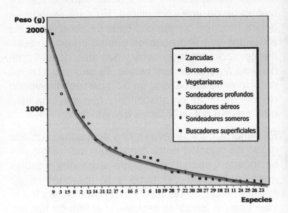

Distribución de los pesos corporales (*g*) de las especies de aves acuáticas de la arrocera de Amarillas.

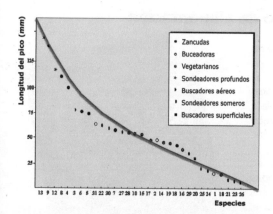

Distribución de las longitudes de los picos (*mm*) presentes en las especies de aves de la arrocera de Amarillas.

Generalmente, las aves con picos mayores ingieren artículos de mayor tamaño (peces, anfibios, crustáceos, etc.), mientras que las de picos menores prefieren los insectos o los vegetales.

Si se tienen en cuenta los grupos tróficos a que pertenecen se puede apreciar que dentro de cada uno existen especies con pesos y longitudes de pico muy diferentes, lo que debe permitir una utilización mucho más racional de los tipos y tamaños de los recursos que caracterizan la dieta de cada uno de los gremios.

Esta gran variabilidad morfológica se corresponde con la teoría sobre el desplazamiento de caracteres, que presupone que las especies que cohabitan deben diferenciarse de acuerdo con sus características morfológicas, ecológicas, conductuales o fisiológicas, con el consiguiente respaldo genético.

Los recursos disponibles para un individuo determinado son todos aquellos realmente susceptibles de ser utilizados, y son el resultado de la interacción entre la producción del recurso y la intensidad de uso que realizan otros organismos, incluyendo a los de su misma especie.

FORTALEZA DEL PICO DE LAS AVES

Autor: Martín Acosta

En la mayoría de las aves el pico constituye la estructura fundamental para la captura del alimento, por lo cual los caracteres medidos en el pico deben presentar relaciones muy estrechas con los tipos, tamaños y fortaleza de las presas utilizadas. Para el proceso de captura y manipulación se necesita de una fuerza en el pico superior a la resistencia que pueda oponer la presa. Se ha planteado que la fuerza ejercida por el pico de un ave depende, principalmente, de su altura, y disminuye con su longitud.

Para estudiar la fortaleza del pico se utilizó un índice que relaciona ambas medidas, denominado: Índice de Fortaleza (IF): IF = alto del pico/largo del pico.

El comportamiento de este para seis especies de garzas mostró que la Garza de Vientre Blanco, que constituye la especie más especializada en la alimentación, presenta la menor fortaleza del pico, lo que pudiera justificar, en parte, su predilección por los pequeños peces que constituyen su dieta. El mayor valor del índice se halló para la Garza Ganadera, que es, a su vez, la más generalista de todas estas especies y que utiliza con frecuencia presas de mayor envergadura como ratones, lagartos, ranas, etcétera. El resto ocupó posiciones intermedias con pequeñas variaciones en la morfología del pico que pudieran constituir evidencias de especializaciones morfológicas relacionadas con un mecanismo de segregación trófica entre especies que comparten el mismo hábitat.

Se observa un comportamiento general que predice que aquellas especies que presentan una mayor fortaleza en el pico serán capaces de ingerir una mayor variedad de artículos alimentarios. Las garzas que tienen un pico proporcionalmente más fuerte tendrán mayor probabilidad de comportarse como generalistas mientras que las de pico más débil pudieran presentar una mayor propensión hacia un comportamiento especialista.

Tomado de: Acosta, M. (1998): **Segregación del nicho en la comunidad de aves acuáticas del agroecosistema arrocero en Cuba.** Tesis presentada en opción al grado de Doctor en Ciencias Biológicas. Universidad de La Habana, Cuba. 110 pp.

Arrocera como sitio de alimentación

Los recursos existen en el ambiente en una cierta abundancia que varía en el espacio y en el tiempo, no obstante los animales tienden a utilizar aquellos que les rinden un mayor beneficio con un menor gasto energético. Es por esto que para que un recurso alimentario cualquiera atraiga la atención general de los consumidores se debe encontrar bien distribuido, ser abundante y fácil de capturar. Ejemplos evidentes en las arroceras se encuentran al observar las concentraciones de garzas que se forman en los campos que se están preparando y que consumen todas aquellas presas que se ven obligadas a salir de sus escondrijos, ya sea por la inundación del terreno o por el efecto de las cosechadoras.

Otro ejemplo pudieran ser las grandes agrupaciones de palomas que se forman en los caminos para aprovechar el arroz que cae de las carretas durante el período de cosecha, y así se logra obtener el alimento con un mínimo esfuerzo. Esto da lugar a que, en ocasiones, se concentren más de 250 palomas rabiches por kilómetro de terraplén en la arrocera.

La maquinaria deja una gran cantidad de granos de arroz en los caminos, que son aprovechados por las palomas.

Paloma Rabiche

Nombre científico:
Zenaida macroura

Nombre en inglés:
Mourning Dove

Clasificación:
Orden Columbiformes
Familia Columbidae

Distribución:

Medidas:

	♀	♂
Peso corporal (g):	107,4	112
Largo del pico (mm):	13,7	13,6
Largo del tarso (mm):	23	24

Alimentación:
Se alimentan de semillas y en ocasiones de pequeñas frutas.

Reproducción:
Construye un pequeño nido en árboles o arbustos, donde pone dos huevos de color blanco.

Época de cría:
E F M A M J J A S O N D

PALOMAS Y ARROCERAS

Autor: Martín Acosta

El orden Columbiformes está representado en el ecosistema arrocero por varias especies, entre las que se encuentran la Paloma Rabiche, la Paloma Aliblanca, la Paloma Sanjuanera y la Tojosa. Durante todo el año la Rabiche es la más común. La Aliblanca después de la época de cría, cuando existen campos que han sido cosechados y se mantienen secos, se encuentra en grupos grandes, pero, generalmente, muy localizados. Las otras dos especies se mantienen en densidades bajas, por lo general. Un estudio realizado en las arroceras de Los Palacios, en Pinar del Río, con las tres especies del género *Zenaida* (Rabiche, Aliblanca y Sanjuanera) reveló que los machos tienen un peso superior al de las hembras y presentan la cola relativamente más larga que ellas, lo que les da mayor maniobrabilidad en el vuelo y más posibilidades de seguir a la pareja durante la época de apareamiento. La dieta estuvo basada, principalmente, en arroz, el cual representó entre 62 y 88 % del volumen total, de acuerdo con la especie. También fueron detectados otros 13 tipos de semillas de plantas silvestres, que quizás contribuyen a completar sus requerimientos nutricionales. La mayor diversidad alimentaria correspondió a la Rabiche, en correspondencia con su distribución más amplia y su gran capacidad de movimiento.

Tamaño promedio de las semillas (mm)

Especie	Largo	Ancho
Paloma Rabiche	3,9	2,3
Paloma Aliblanca	9,2	3,8
Paloma Sanjuanera	4,4	2,7

El análisis del tamaño del alimento mostró que la Aliblanca consume semillas mucho más grandes que el resto de las especies, esto pudiera constituir un mecanismo de segregación trófica entre especies que consumen recursos similares y que al menos durante una parte del año cohabitan en las mismas áreas.

Tomado de: Acosta, M. y V. Berovides (1982): Ecología trófica de palomas del género *Zenaida* en el sur de Pinar del Río. **Ciencias Biológicas** 7: 113-123.

El uso de los recursos, además, está influido por adaptaciones de las especies consumidoras asociadas con su morfología, como sucede con algunas especies de garzas, en las cuales la longitud proporcional del cuello y el pico facilitan la captura de uno u otro tipo de presa. Es por esto que la Garza de Vientre Blanco tiene la posibilidad de consumir mucha mayor cantidad de peces que otras especies de garzas, como la Garza Azul o la Garza Ganadera como se verá más adelante.

La conducta es otro de los factores que determina la composición de la dieta de las especies, así la Garza Ganadera tiene una dieta mucho más amplia que el resto de las garzas, ya que, normalmente, se le observa en cualquier hábitat abierto buscando, activamente, entre la vegetación y, de esta manera, entra en contacto con una mayor variedad de recursos alimentarios que pueden constituir presas potenciales, y muestra un comportamiento de forrajeo oportunista.

COMPOSICIÓN Y ESTRUCTURA DE LAS COMUNIDADES DE ORGANISMOS ACUÁTICOS EN LAS ETAPAS DEL CICLO DE CULTIVO DEL ARROZ

Las arroceras son ecosistemas altamente dinámicos, con ritmos de reciclaje de nutrientes y energía muy altos. En estas condiciones se beneficia el desarrollo de comunidades de especies móviles o con mecanismos de dispersión eficientes, adaptadas a explotar los efímeros pulsos de producción de los humedales naturales.

Autor: Dennis Denis

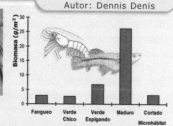

En los campos de la arrocera Sur del Jíbaro, Sancti Spíritus, se realizó una caracterización de las comunidades de organismos acuáticos en diferentes etapas anegadas del cultivo. Las muestras se obtuvieron en parcelas de 5 x 0,5 m, por medio de un salabre de 0,1 mm de paso de malla. Luego se calcularon índices ecológicos fundamentales y se identificaron los grupos dominantes.

Se demostró que los microhábitat de cada etapa del cultivo del arroz tienen características particulares que determinan una composición específica de sus comunidades acuáticas.

Las etapas que mostraron una mayor diversidad y equitatividad de grupos zoológicos fueron la del fangueo y la del arroz verde espigando, mientras que el arroz verde y el maduro resultaron ser las etapas de menor valor para estos índices. El predominio correspondió a los coleópteros que presentan los mayores números en el fangueo, arroz verde y cortado anegado. En la etapa de arroz maduro, sin embargo, dominaron los peces ya que en esta, el campo tiene una capa de agua profunda durante largo tiempo con abundante alimento y refugio. Otro grupo predominante fue el de los moluscos (en el fangueo), así como los homópteros en el arroz espigando y las larvas de odonatos (en el arroz verde), las cuales son alimento para numerosas especies de aves.
El microhábitat de mayor diversidad de organismos acuáticos fue el arroz verde, mientras que el de mayor biomasa fue el de arroz maduro.
A su vez, un análisis general sobre los recursos tróficos utilizados reveló a los coleópteros, hemípteros y peces como los recursos más ampliamente consumidos por la comunidad de aves, ya que se reportan en más de 40 % de las especies estudiadas en este ecosistema, lo que puede estar dado por la mayor abundancia de estos en el medio o por ser presas más fáciles o, en algunos casos, de mayor contenido energético, como sucede con los peces.

Tomado de: Mugica, L., M. Acosta, D. Denis y A. Jiménez (en prep.): Disponibilidad de presas en los campos inundados de la arrocera Sur del Jíbaro durante el ciclo de cultivo del arroz.

En otras ocasiones, la profundidad a la que se encuentra el alimento es determinante para su consumo. Muchas especies de garzas consumen los camarones de agua dulce (batatas) que los tractores desentierran durante el proceso de fangueo de los campos y que quedan expuestos en la superficie del lodo, sin embargo, cuando están ocultos dentro del fango solo los cocos, con su largo y sensible pico, pueden detectarlos y utilizarlos como alimento.

La época es también un efecto importante a tener en cuenta, ya que el alimento, las condiciones del microhábitat y las necesidades fisiológicas cambian estacionalmente y entre los años y estos cambios, a su vez, producen modificaciones en los patrones de forrajeo y similitud alimentaria entre las especies.

En términos generales, todas las especies tienen mayores necesidades de proteínas durante la época de reproducción para poder desarrollar, adecuadamente, a sus crías. Por esta razón algunas especies, como el Yaguasín, cambian su dieta durante la reproducción hacia semillas de mayor contenido proteico. Otras que durante la mayor parte del año utilizan, fundamentalmente, alimento de origen vegetal, cuando llega la época de cría, incorporan a su dieta una amplia variedad de recursos de origen animal.

ALIMENTACIÓN EN LOS GREMIOS TRÓFICOS

El estudio de la repartición de los recursos y la evolución de las estrategias de alimentación han contribuido a la comprensión de la estructura y organización de las comunidades de aves. En este sentido la distribución de las especies en grupos tróficos o gremios, resulta ser la más evidente, ya que estos gremios están constituidos por especies que utilizan los mismos recursos y de una manera similar. Por esta situación resulta de especial interés estudiar el comportamiento alimentario de cada una de las especies, para facilitar el análisis sobre la utilización de los recursos y las interacciones interespecíficas, así como sus efectos dentro de la comunidad. Además, hay que tener en cuenta que dentro de un gremio la posibilidad de competencia se hace mayor y es necesario dilucidar los mecanismos que permiten la coexistencia entre las especies, ya que la teoría de la competición predice que especies muy similares no pueden coexistir si la competencia por los recursos comunes no se reduce. Existen dos formas de definir los gremios, una denominada *a priori*, que ocurre cuando el investigador, teniendo en cuenta su experiencia cualitativa sobre los hábitos de las especies, las organiza en grupos y les da un nombre general que hace alusión, de alguna manera, al tipo de alimento y la forma en que lo consumen.

La otra forma de organizarlos son los gremios *a posteriori*, donde es necesario cuantificar un grupo grande de variables y mediante el uso de un análisis matemático complejo agrupar las especies.

En el ecosistema arrocero, las aves obtienen su alimento con diferentes técnicas de forrajeo. La observación de individuos pertenecientes a 31 especies, en los campos arroceros de Amarillas, en la provincia de Matanzas, evidenció que las formas más comunes de forrajeo son: buceando, volando sobre el agua, caminando por el agua y alimentándose en la superficie o alimentándose en el fondo, desplazándose sobre la vegetación acuática, desplazándose sobre el fango o lugares húmedos, desde la orilla, nadando sobre la superficie o caminando entre la vegetación acuática. Si se relaciona esto con un estudio minucioso de los alimentos que ingiere cada especie, se obtiene la formación de las siguientes agrupaciones tróficas o gremios:

B: Buceadores
BA: Buscadores aéreos
Z: Zancudas
SP: Sondeadores profundos
SS: Sondeadores someros
V: Vegetarianos

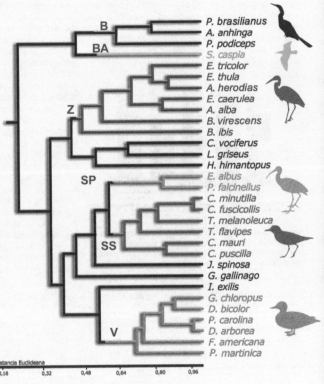

B
BA
P. brasilianus
A. anhinga
P. podiceps
S. caspia
Z
E. tricolor
E. thula
A. herodias
E. caerulea
A. alba
B. virescens
B. ibis
C. vociferus
L. griseus
H. himantopus
SP
E. albus
P. falcinellus
C. minutilla
C. fuscicollis
T. melanoleuca
T. flavipes
SS
C. mauri
C. puscilla
J. spinosa
G. gallinago
I. exilis
G. chloropus
D. bicolor
P. carolina
V
D. arborea
F. americana
P. martinica

Distancia Euclideana
0,16   0,32   0,48   0,64   0,80   0,96

Gremio: conjunto de especies que comparten una característica común o utilizan los mismos tipos de recursos del ambiente de una manera similar. Los criterios para definirlos pueden ser muy variados: morfológicos, conductuales, de hábitat, etc. Los más conocidos son los gremios tróficos, que tienen en cuenta las agrupaciones alimentarias. El arreglo de las especies en gremios permite una caracterización más real de la estructura de la comunidad, e inferir patrones de funcionamiento intrínsecos de ésta.

ALIMENTACIÓN EN EL GREMIO ZANCUDAS: GARZAS

Las Zancudas agrupan a todas aquellas especies de garzas que se alimentan en aguas someras y presentan patas largas que les permiten buscar su alimento sin mojar su plumaje. En ellas el cuello es largo y flexible y el pico largo y recto. Estas dos estructuras garantizan la captura de presas en movimiento, tanto dentro del agua como fuera de ella. Un análisis detallado de la utilización de los recursos reveló que esta varía no solo entre las especies, sino también en la misma especie entre diferentes períodos del año, especialmente, en la temporada reproductiva, cuando las exigencias de proteínas son mayores y la temporada no reproductiva.

El gremio Zancudas, con 10 especies de garzas, es el más representativo dentro de los campos arroceros y consume gran cantidad de alimento animal. La aplicación del Índice de Importancia Alimentaria permitió establecer qué componentes de la dieta fueron más relevantes, tanto en la etapa reproductiva (entre abril y agosto) como en la no reproductiva (entre septiembre y marzo) para todas las zancudas que se alimentan en la arrocera.

En total las garzas utilizaron 25 tipos de alimentos diferentes durante el año, con una mayor variedad en la etapa reproductiva, en esta, ocho de ellos obtuvieron valores altos de consumo, y dos alcanzaron valores intermedios. Sin embargo, en la etapa no reproductiva solo un recurso fue altamente utilizado, uno se usó de forma regular, y los demás se mantuvieron con valores muy bajos, lo que denota que en la etapa reproductiva este grupo de aves no solo extrae mayor variedad de alimentos del medio sino que hace un mayor uso de ellos. El gremio ingiere, casi exclusivamente, alimento animal, ya que solo se reporta consumo de semillas en la literatura en *Ixobrychus exilis*, en valores muy bajos.

El recurso más utilizado en ambos períodos son los peces, seguido de varios órdenes de insectos, entre estos los ortópteros son los más representados. Aunque los crustáceos se consumen todo el año, su uso fue muy superior en el período de cría, comportamiento muy similar se observó en las larvas de coleópteros y odonatos, así como en los adultos de coleópteros, odonatos, hemípteros, arañas y ranas. Los recursos que presentaron mayores índices en la etapa no reproductiva fueron peces, ratones y larvas de lepidópteros. Esta etapa coincide, en general, con el período de seca, ade-

> **Índice de importancia alimentaria:** es un índice matemático que permite determinar la importancia de cada tipo de alimento en la dieta de una especie. Se realiza con una valoración integral de los recursos encontrados, y tiene en cuenta el número de unidades que el ave utiliza como alimento, su peso o volumen y la frecuencia con que aparece representada en la dieta. Toma valores entre 0 y 3.

Índices de Importancia Alimentaria promedio en el gremio Zancudas en etapa reproductiva y no reproductiva.

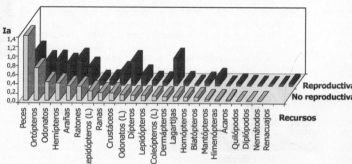

más, entre septiembre y diciembre no hay siembra, por lo que es muy posible que el patrón que aquí se observa sea un reflejo de la asequibilidad, que debe ser muy superior en los meses de verano, donde además de estar presentes todas las etapas del ciclo de cultivo, coincide con el período de lluvias.

Un análisis más detallado de las especies del gremio arrojó que la Garza Ganadera es la que mayor número de recursos utiliza (22 en el año, 18 en etapa reproductiva y las 22 en etapa no reproductiva) y es la única del gremio que no consume peces.

ALIMENTACIÓN DE LA GARZA GANADERA EN CUBA

Autor: Dennis Denis

Las características tróficas de la Garza Ganadera deben haber contribuido a su éxito en la colonización del continente americano. La alimentación de esta especie ha sido extensamente estudiada en varias localidades del país, pues sus hábitos generalistas se llegaron a considerar una amenaza para algunas aves autóctonas cubanas. A partir de 221 ejemplares colectados en nueve localidades de Pinar del Río, Ciudad de La Habana, Sancti Spíritus y Camagüey, se estudió el contenido estomacal para conocer los elementos que componen su dieta en Cuba. Se demostró que los grupos de presas más consumidos son los ortópteros, lepidópteros, arañas y coleópteros; en general, consume una amplia variedad de artículos de origen animal, que incluye tanto invertebrados como pequeños vertebrados (lagartos, ranas y ratones). En cada localidad la dieta tiene una composición específica que parece estar de acuerdo con la abundancia del recurso. Estos estudios demostraron que la Garza Ganadera no afecta, sensiblemente, a las poblaciones de codornices ni ninguna otra especie de vertebrado autóctono cubano, lo que contradice la opinión que existe en algunas regiones de Cuba. También se demostró que la creencia generalizada de que esta especie se alimenta de garrapatas del ganado vacuno, no cuenta con una base científica, ya que en los estudios realizados solo aparecieron en dos contenidos alimentarios. Su estrecha asociación tanto con el ganado como con la maquinaria agrícola, está relacionada con la perturbación que ambas provocan en la vegetación y que hacen salir a las posibles presas, fundamentalmente, grillos y saltamontes, de forma que pueden ser capturadas con un mínimo esfuerzo.

Tomado de: Torres, O., L. Mugica y A. Llanes (1984): Alimentación de la Garza Ganadera (*Bubulcus ibis*) en algunas regiones de Cuba. **Ciencias Biológicas** 13: 67-77.

El Aguaitacaimán utilizó 17 recursos alimentarios en el año. Esta especie hace un mayor uso de los peces en la etapa no reproductiva. En el resto de los recursos utilizados, aunque no hay cambios muy marcados en la intensidad de uso, se evidencia que durante la etapa reproductiva aumentan los valores de consumo en un mayor número de recursos. La frecuencia de utilización de los coleópteros adultos fue la única que presentó diferencias notables entre las dos etapas.

ALIMENTACIÓN DEL AGUAITACAIMÁN EN ARROCERAS DE CUBA

Autor: Dennis Denis

Dentro de los ardéidos la ecología de las especies coloniales medianas y grandes ha recibido mucha más atención que las pequeñas garzas, porque la obtención de muestras en las colonias es relativamente fácil. Esto, unido a los hábitos crípticos y menores abundancias de algunas especies solitarias, ha implicado que sean muy poco conocidos sus patrones de alimentación.

El Aguaitacaimán es un ave pequeña, de hábitos solitarios que vive en áreas parcial o temporalmente anegadas, o en las cercanías de cuerpos de agua. Es un habitante común de las arroceras donde forrajean en los canales de riego o desde los camellones en los campos anegados. Para obtener algunos datos acerca de su dieta en dos áreas arroceras de Cuba, entre los años 1986 y 1996, se realizó un estudio a partir de 40 ejemplares procedentes de la arrocera de Amarillas, provincia de Matanzas, y Sur del Jíbaro, provincia de Sancti Spíritus. El análisis de los contenidos de los estómagos permitió identificar 553 presas pertenecientes a 14 órdenes y 17 familias animales. En general, contenían un peso promedio de 5,3 g, que corresponde a 3,6 % del peso corporal.

En la estación reproductiva las hembras evidenciaron una tendencia a consumir más alimento, en respuesta al esfuerzo reproductivo superior que han de hacer en la producción de los huevos. Los órdenes más ingeridos fueron hemípteros y ortópteros, seguidos por peces y coleópteros. Las presas tenían un peso promedio de 0,18 ± 0,11 g y una longitud promedio de 22,0 ± 17,4 mm. No existieron diferencias entre los tamaños de las presas ingeridas por cada sexo, ambos prefirieron presas entre 10 y 20 mm. De las presas, 96,2 % son de origen acuático y el resto fueron, en su mayoría, odonatos adultos, que cazan al vuelo, y ortópteros que capturan entre la vegetación. De las presas consumidas, 82,7 % fueron especies rápidas y, el resto, larvas de libélulas y de coleópteros acuáticos, de movimientos lentos. Esta composición es un reflejo de su conducta de forrajeo al acecho, ya que, probablemente, las presas de movimientos lentos no inicien el reflejo de captura.

Tomado de: Denis, D., L. Mugica y M. Acosta (2000): Morfometría y alimentación del Aguaitacaimán (*Butorides virescens*) en las arroceras del Sur del Jíbaro. **Biología** 14(2): 133-140.

Garzas ganaderas forrajeando en campos drenados.

Se puede apreciar que la Garza Ganadera, que obtiene su alimento en campos drenados y solo se alimenta, ocasionalmente, en las mismas áreas que las otras especies estudiadas, prefirió a los ortópteros en ambos períodos. Así mismo se aprecia la utilización de un notable número de ordenes, aunque la mayoría de ellos en cantidades poco importantes. Estos resultados deben estar influidos, en gran medida, por una combinación entre las técnicas de caza buscadora y perseguidora, ya que esta especie puede variar su técnica de forrajeo de acuerdo con el momento o el hábitat donde se encuentre. La Garza de Rizos, una especie que ha sido señalada como perseguidora atendiendo a su conducta alimentaria, presentó una amplia utilización en cuanto al número de órdenes ingeridos, lo que representa un cierto grado de generalización en la obtención del alimento. Los peces constituyen el renglón más utilizado en correspondencia con sus hábitos acuáticos, seguidos por los crustáceos, ranas e insectos.

En el Aguaitacaimán predominó la selectividad por los pequeños peces e insectos, se observa, además, que la variedad de los recursos encontrados es amplia y el grado de utilización más homogéneo. Esta especie utilizó una técnica de caza al acecho, situándose, por lo general, en las orillas de charcas y canales y desde allí captura a los peces y a los invertebrados que se ponen a su alcance.

Por su parte la Garza Azul mostró su preferencia por pequeñas ranas de la especie *Osteopilus septentrionalis*, crustáceos e insectos. En general, su espectro alimentario es más reducido que el de las especies anteriores, dado que realiza una utilización más homogénea de los recursos, en correspondencia con su conducta alimentaria buscadora, donde toma del medio lo que encuentra.

El Garzón siempre es menos activo que el resto de las garzas blancas. Caza, generalmente, al acecho y solo en algunas ocasiones persigue a sus presas, lo que reduce su espectro alimentario y tiende a consumir, preferentemente, peces y algunos insectos.

La Garza de Vientre Blanco mostró un mayor grado de especialización con un rango de alimentación muy reducido en la variedad de órdenes ingeridos y una preferencia muy marcada por los peces. En este caso las fuentes alternativas de alimento fueron prácticamente despreciables. Es de destacar que esta ave, en las arroceras, se comporta como solitaria y utiliza microhábitat que son poco utilizados por el resto de las garzas.

El Guanabá de la Florida es la única garza nocturna que utiliza las arroceras, en correspondencia con esto tiene ojos proporcionalmente mayores que las demás especies de garzas y un pico sumamente fuerte que le

El Aguaitacaimán caza al acecho desde las orillas.

facilita la captura de presas grandes, como la rana toro y las tilapias. Utiliza una técnica de caza al acecho y solo, ocasionalmente, se le encuentra alimentándose en horario diurno, sobre todo al amanecer.

El Garcilote es la mayor de las garzas que se puede encontrar en Cuba y sus densidades son generalmente bajas, aunque durante el invierno se le observa con mayor frecuencia. Caza al acecho y se alimenta sobre todo de presas grandes, como tilapias, ratones, etc.

El análisis de la variabilidad en el consumo de alimento entre los períodos reproductivo y no reproductivo en las especies de garzas, puede esclarecer diferentes estrategias de supervivencia, seguidas por cada una de las especies involucradas. Por ejemplo, se ha observado en las arroceras, que la Garza Ganadera tiene un amplio espectro en la utilización de los microhábitat de alimentación, no

variación grande entre sus densidades en los períodos reproductivo y no reproductivo, lo que debe estar ampliamente influido por la entrada y salida de individuos migratorios y la reducción de los ambientes acuáticos que ocurre en la época no reproductiva.

Este grupo de especies es muy dependiente de los ambientes acuáticos y aunque no presentan grandes variaciones en el tipo de recurso que utilizan se pueden observar cambios notables en las proporciones en que ingieren cada uno de ellos entre ambos períodos.

Todo esto denota que las zancudas realizan un uso diferencial de los campos en etapas reproductiva y no reproductiva. En la reproductiva, cuando sus necesidades nutricionales son mayores, se concentran en los campos fangueados, donde la disponibilidad de los recursos es mayor y disminuye, por tanto, el gasto energético para la captura de las presas que necesitan para ellas y sus crías.

Las garzas de rizos se alimentan en lugares anegados, a mayor profundidad.

realiza cambios apreciables en los tipos de artículos que ingiere y solo varía, ligeramente, el grado en que utiliza cada uno de ellos. Además de esto sus poblaciones se mantienen con densidades muy similares entre ambos períodos, ya que es capaz de explotar tanto áreas anegadas como áreas de pastoreo totalmente secas. Quizás todo esto le ha permitido lograr el alto nivel de adaptación y desarrollo de sus poblaciones que posee en la actualidad a lo largo de su amplio rango de distribución.

Mecanismos similares ha seguido el Garzón, aunque con poblaciones mucho más escasas, probablemente, por su tamaño mayor que lo obliga al consumo de presas grandes que compensen el gasto energético de su captura. Otras especies de garzas como la Garza Azul, la Garza de Rizos, la Garza de Vientre Blanco, el Aguaitacaimán y el Guanabá de la Florida, siguen una estrategia diferente, donde se aprecia una

Por otra parte, las variaciones estacionales en la dieta de las seis especies, están dadas, fundamentalmente, por variaciones en su diversidad, el uso de presas diferentes entre etapas y el aumento en la biomasa de alimento consumido.

Las garzas siguen, en primer lugar, la estrategia de incrementar la cantidad de alimento ingerido ante un período de críticas demandas energéticas. Casi todas las especies experimentan un aumento en el peso del contenido estomacal al arribar la temporada de cría (entre 30 y 69 %). Tal incremento fue el resultado exclusivo de un mayor volumen de alimento ingerido. Se plantea que el consumo energético diario de los individuos durante la etapa es equivalente entre 4,5 y 5 veces el valor de su tasa metabólica basal, por lo que el incremento en la biomasa de alimento ingerido está destinado a enfrentar el enorme esfuerzo reproductivo de las parejas, las cuales deben consumir una mayor biomasa de alimentos, para contrarrestar el tiempo fuera de las áreas de forrajeo (incubación) y suplir las necesidades de sus crías.

Para lograr un mayor volumen de alimento consumido se necesita de un mayor tiempo dedicado a las tareas de forrajeo o un incremento en la eficiencia de forrajeo. La segunda estrategia, por tanto, es seleccionar aquellos campos donde se aumenta la eficiencia, debido a que la disponibilidad de recursos es mayor, como es el caso de los campos fangueados, en los cuales disminuye el gasto energético para la captura de las presas que necesitan para ellas y sus crías. En tercer lugar, en el gremio se observó, como tendencia general, un cambio en la dieta entre etapas del ciclo de vida, dirigido hacia una mayor diversificación en la etapa de cría, producida tanto por el incremento en la riqueza de especies de presas como por un consumo más equitativo de estas.

Las variaciones estacionales observadas en la dieta de las garzas estudiadas están condicionadas, en última instancia, por la abundancia y disponibilidad del alimento en los campos. La cronología de cría de las zancudas y otras aves acuáticas se halla muy correlacionada con el período de lluvias (mayo a octubre), pues este determina los meses de mayor productividad en los humedales. Las arroceras son ecosistemas que reciben importantes subsidios de energía y, potencialmente, mantienen condiciones óptimas para el desarrollo de presas durante todo el año. No obstante, durante el período de seca son muy escasos los campos sembrados, y tanto los tipos de presas como su abundancia tienden a ser menores que los observados durante el verano; cuando además de coincidir con el período de lluvias, están presentes todas las etapas del ciclo de cultivo.

Las variaciones anuales en la dieta del gremio Zancudas que utiliza las arroceras, está influida entonces por dos factores. En primer lugar, factores intrínsecos dados por las necesidades fisiológicas que imponen mayores demandas durante el período reproductivo. En segundo lugar, factores extrínsecos relacionados con la asequibilidad de los recursos alimentarios, dados, fundamentalmente, por los períodos de siembra.

La etapa reproductiva coincide con la siembra y es la única etapa del año en que se pueden encontrar campos anegados en todos los estadios del ciclo de cultivo del arroz (desde la preparación del campo hasta la cosecha), lo cual se refleja en un mayor número de hábitat y una mayor diversidad en cuanto a talla y tipo de presas disponibles. De aquí que las variaciones en el consumo de las garzas están dadas, principalmente, por cambios en la composición y estructura de la dieta, en especial, relacionados con el uso de los camarones, ranas y peces, y en menor cuantía por los cambios poblacionales.

DISPONIBILIDAD DE PRESAS DURANTE EL CICLO DE CULTIVO DEL ARROZ

Autora: Lourdes Mugica

Los estudios de alimentación contemplan tres elementos básicos: los hábitos alimentarios de las aves, el grado de utilización de los recursos alimentarios y la asequibilidad de estos en el hábitat.

Con el objetivo de conocer la disponibilidad de presas para las aves en los campos inundados de la arrocera Sur del Jíbaro, se tomaron muestras representativas de la fauna acuática de todos los campos que permanecen inundados durante el ciclo de cultivo del arroz. De los 15 grupos taxonómicos detectados los peces, moluscos, crustáceos y coleópteros fueron los más importantes, similar a otras arroceras como, por ejemplo, en el Delta del Ebro en España, donde también estos tipos de presas desempeñan un papel clave en la transferencia de energía en el ecosistema. La biomasa y el peso promedio de las presas colectadas tienden a aumentar durante el ciclo de cultivo, con los máximos valores en los campos maduros (114 *kg/ha*), cuando las terrazas han estado inundadas por un mayor período de tiempo (alrededor de tres meses), y las presas son mayores. Durante el fangueo el valor es bajo (26 *kg/ha*), sin embargo, esta breve etapa del ciclo, que, en ocasiones, dura unas horas, es de gran relevancia para la alimentación de las aves y constituye la etapa del ciclo donde se consume una mayor cantidad de kilogramos por hectárea. La aparente paradoja de la relación inversa biomasa de presas-consumo, es explicada por dos factores. En primer lugar, la entrada de energía externa procedente del paso de las fangueadoras, produce un aumento en la disponibilidad de presas superior a la que existe en cualquier otra fase del ciclo. Este efecto se observa al muestrear los mismos campos antes de iniciarse el fangueo, durante y después de concluido, donde, a pesar de ser los mismos campos, la biomasa de presas media hora después del paso de las máquinas resultó ser 10 veces superior a la que se encontró antes de comenzar el proceso. En segundo lugar, esta fase, aunque breve, es continua mientras dura la siembra (alrededor de seis meses), por lo que resulta una opción que se mantiene estable durante la mitad del año. Se determinó que las aves extraen solamente 4,8 % de la biomasa presente, condicionado esto por la gran interferencia para la captura que producen las plantas de arroz, de forma que en las etapas de mayor desarrollo de las presas la asequibilidad es muy baja.

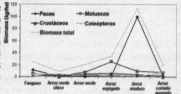

Tomado de: Mugica, L., M. Acosta, D. Denis y A. Jiménez (en prep.): Disponibilidad de presas en los campos inundados de la arrocera Sur del Jíbaro durante el ciclo de cultivo del arroz.

ALIMENTACIÓN EN EL GREMIO SONDEADORES PROFUNDOS: LOS COCOS

El gremio Sondeadores Profundos incluye dos especies en la arrocera: el Coco Blanco y el Coco Prieto. Generalmente, se alimentan en zonas inundadas con aguas bajas, y una capa de lodo suficientemente blanda que les permite introducir el pico para buscar el alimento. Las dos especies incluidas en el gremio utilizaron 21 tipos de recursos diferentes durante el año, los cuales incluyen insectos, crustáceos, moluscos, vertebrados y semillas de arroz. Sólo dos recursos alcanzaron valores destacados, los crustáceos en la etapa reproductiva y las semillas de arroz en la no reproductiva. El resto de los recursos presentó valores bajos, en concordancia con su menor uso.

En la etapa reproductiva se utilizó un mayor número de recursos diferentes (19) que en la no reproductiva (16), pero en ambas se observa un patrón similar: una alta selectividad por un tipo de recurso, otros seis medianamente utilizados y el resto en proporciones muy bajas. El gremio ingiere alimento de orígenes animal y vegetal, ya que los granos de arroz ocupan una parte importante de la dieta cuando no se encuentran en reproducción. Los crustáceos, coleópteros, odonatos (larvas), hemípteros y moluscos, se consumen todo el año en proporciones muy semejantes (excepto los crustáceos que se consumen en una proporción muy superior durante la época reproductiva).

El Coco Prieto constituye un ejemplo extremo en las arroceras en cuanto a cambios estacionales en la dieta. Durante la temporada no reproductiva consume, principalmente, arroz y al llegar la época de cría cambia su alimentación e ingiere camarones, larvas de insectos y muchas otras presas que garantizan las proteínas para el desarrollo de sus crías.

Como todos los cocos, el Coco Prieto es considerado depredador y para tal

Coco Prieto

Nombre científico: *Plegadis falcinellus*

Nombre en inglés: Glossy Ibis

Clasificación:
Orden Ciconiiformes
Familia Threskiornithidae

Distribución:

Medidas:

	-♀-	-♂-
Peso corporal (g):	556	679
Largo del pico (*mm*):	116	121
Largo del tarso (*mm*):	86	105

Alimentación:
Se alimenta de crustáceos y otros invertebrados acuáticos. En algunas áreas incluye arroz en su dieta después de la cría.

Reproducción:
Forma grandes colonias en mangle o macío. Pone de 2 a 4 huevos de color azul.

Época de cría:
E F M A M J J A S O N D

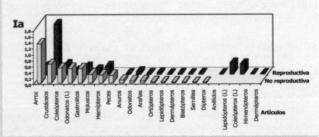

Índices de Importancia Alimentaria promedio (Ia) para los Sondeadores Profundos en etapa reproductiva y no reproductiva.

SEGREGACIÓN EN COCOS (FAMILIA THRESKIORNITHIDAE)

Autor: Martín Acosta

En un estudio realizado en la arrocera Sur del Jíbaro, en la provincia de Sancti Spíritus, se encontró que la densidad del Coco Prieto varió a lo largo del año entre 1,4 individuos/*ha* (agosto) y 214 individuos/*ha* (octubre), mientras que el Coco Blanco se mantuvo entre 2,2 (mayo) y 23,2 (octubre). Ambas especies comparten los mismos microhábitat, excepto en octubre cuando adquieren sus mayores densidades y segregan sus áreas de alimentación. Los cocos blancos explotan, preferentemente, los campos fangueados, donde la acción de la maquinaria pone al descubierto numerosos crustáceos e insectos acuáticos. Los cocos prietos se concentran en los campos inundados, con panículas de arroz maduras que ya han comenzado a desgranarse y al caer las semillas sobre el lodo pueden ser fácilmente consumidas. En general, las dos especies de cocos segregan sus dietas, en especial, durante el período posterior a la cría, cuando incrementan sus densidades en la arrocera. El Coco Blanco se alimenta, básicamente, de crustáceos, insectos acuáticos y peces, mientras que el Coco Prieto consume arroz, insectos acuáticos y crustáceos, por lo que no existe tampoco competencia por los recursos tróficos. Es probable que la posibilidad de alimentarse de arroz, que ha sido un recurso agrícola creciente en los últimos años, sea lo que ha permitido el desarrollo de las grandes poblaciones de Coco Prieto con que se cuenta en la actualidad.

Tomado de: Acosta, M., L. Mugica, C. Mancina y X. Ruiz. (1996): Resource partitioning between Glossy and White Ibises in a rice field system in southcentral Cuba. **Colonial Waterbirds** 19(1): 65-72.

función está, aparentemente, adaptada su morfología externa. En los individuos europeos se han detectado como alimentos principales los insectos (dípteros, coleópteros, ortópteros, odonatos, trichópteros), además de hirudíneos, moluscos (*Planorbis*, *Ampullaria*), lombrices de tierra, crustáceos y pequeños anfibios, reptiles y peces. En América, se han identificado en juveniles: ortópteros, crustáceos de agua dulce, lombrices y ofidios. En el lago Okeechobee los camarones eran la principal presa consumida. Trabajos generales del grupo citan como dieta típica de esta especie a las sanguijuelas, lombrices de tierra, insectos acuáti-

cos y terrestres, cangrejos, camarones, ranas, renacuajos, salamandras, serpientes y lagartos. Muchos otros investigadores, posteriormente, corroboraron esta información.

Hasta el momento, muy pocos trabajos habían encontrado elementos de origen vegetal en su dieta. Dos ornitólogos de Arabia Saudita mencionaron, en varias ocasiones, casos particulares que involucraban al Coco Prieto forrajeando semillas en campos de millo y maíz. Sin embargo, en las arroceras cubanas se detectó una situación bien diferente.

ADAPTACIONES AL GRANIVORISMO

Autor: Dennis Denis

Las diferencias anatómicas entre aves frugívoras, granívoras e insectívoro-depredadoras son marcadas, sobre todo en la fisiología y morfología del sistema digestivo.

Para estudiar este aspecto se analizó la variación estacional de las características de las estructuras digestivas en relación con la época del año, usando los pesos del contenido estomacal y del estómago, el grosor de su capa muscular, el largo y peso del intestino y la longitud de los ciegos intestinales de 98 ejemplares de Coco Prieto a lo largo del año. Al igual que en algunos Charadriiformes y Anseriformes se encontró una variación en tamaño y masa estomacal, en relación con la composición cualitativa de la dieta. En los machos no existió variación estacional en la masa estomacal, que representaba entre 5 y 6 % del peso corporal, pero sí en las hembras, en las que la masa del estómago se redujo de 6,1 a 4,4 %, equivalentes a 37,6 % de disminución durante la cría, fundamentalmente, por la disminución del volumen muscular de la molleja. Las causas posibles de esta reducción pueden ser la movilización de nutrientes para la formación de los huevos y la reproducción, un reflejo de los cambios dietarios o ambos. La longitud del intestino no mostró diferencias significativas en ningún

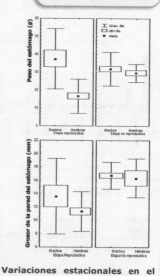

Variaciones estacionales en el peso y grosor de la pared del estómago en el Coco Prieto en la arrocera Sur del Jíbaro, Cuba.

caso debido a la gran variabilidad que ofrece este parámetro, que depende, significativamente, del tiempo que lleva de muerto el animal, ya que los cambios en elasticidad/rigidez afectan la exactitud de las medidas. Sin embargo, su peso mostró variación significativa, tanto entre los sexos, como entre las estaciones.

El estómago del Coco Prieto muestra la estructura musculosa de fibras radiales típica de aves granívoras.

Tomado de: Denis, D., M. Acosta y L. Mugica (en prep.): Relación entre la dieta y la morfología del sistema digestivo en el Coco Prieto (*Plegadis falcinellus*) (Aves: Ardeidae).

ALIMENTACIÓN EN EL GREMIO VEGETARIANOS: LOS PATOS

Al analizar la dieta de las especies del gremio Vegetarianos, en este caso de los patos, se determinaron los índices alimentarios promedio de todas las especies del gremio presentes (Yaguasín, Yaguasa, Pato de la Florida, Pato Cuchareta, y Pato de Bahamas) en etapas no reproductiva y reproductiva. En el año se encontraron 26 tipos de alimentos diferentes, 19 en la no reproductiva y 18 en la reproductiva, con una cantidad muy similar de recursos en ambas etapas. El único alimento que tuvo un alto valor del índice en todo el año fue el arroz, que, además, se mantuvo constante en la dieta de todas las especies analizadas.

En la etapa no reproductiva, nueve recursos fueron regularmente utilizados, mientras que en la reproductiva solo dos se utilizaron en igual medida. Se evidencia de este resultado que en la etapa no reproductiva se realiza un uso más intensivo de los recursos que en la reproductiva. El gremio ingiere, básicamente, alimento de origen vegetal en forma de semillas (23 semillas diferentes), aunque los moluscos y algunos órdenes de insectos están presentes en la dieta, estos se mantienen con valores bajos de consumo. Después del arroz, los alimentos preferidos resultaron ser el arroz jíbaro, el metebravo (*Echinochloa colonum*) y el arrocillo (*Echinochloa crusgalli*), todos ellos plagas del cultivo de arroz.

Este es el único gremio donde todas las especies incluyeron en la dieta el arroz como el elemento más importante. Sin embargo, no todo el arroz que se consume produce pérdidas al cultivo, pues gran parte del grano proviene de los campos cosechados y anegados, en los cuales queda gran cantidad de arroz disponible producto de la cosecha mecanizada. Los daños más fuertes se producen cuando las aves se alimentan en los campos recién sembrados en los meses entre enero y marzo en que se encuentran en Cuba grandes bandos de patos migratorios y pueden utilizar estos campos como comederos.

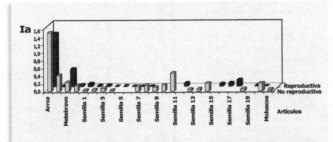

Índices de Importancia Alimentaria promedio en el gremio Vegetarianos (patos) en etapa reproductiva y no reproductiva.

INVESTIGACIONES SOBRE EL YAGUASÍN EN ARROCERAS CUBANAS

Autora: Lourdes Mugica

El Yaguasín es una especie ampliamente distribuida en el mundo, pues vive en todos los continentes excepto Australia. Pertenece al grupo de los patos silbadores, al igual que la Yaguasa, pero tiene un gran poder de adaptación y facilidad para colonizar nuevas áreas. Se registró en Cuba, por primera vez, en 1943 y hasta 1967 se consideró un ave migratoria, pero en ese año se descubrió el primer nido en las arroceras al sur del Jíbaro, en la provincia de Sancti Spíritus. Sus poblaciones comenzaron a aumentar de forma explosiva en la década de los sesenta, al parecer como respuesta al rápido desarrollo del cultivo del arroz en el país. Se considera que este factor influyó, positivamente, en su extraordinaria dispersión en el Caribe entre los años 1960 y 1965. Llegó a ser el pato más común en las arroceras, pero a partir de la década de los noventa han disminuido sus poblaciones, llegando, en la actualidad, a ser pequeñas y aisladas.

ALIMENTACIÓN EN EL GREMIO VEGETARIANOS: LAS GALLARETAS

Yaguasín

Nombre científico:
Dendrocygna bicolor
Nombre en inglés:
Fulvous Whistling Duck
Clasificación: Orden Anseriformes
Familia Anatidae

Distribución:

Medidas:

	- ♀ -	- ♂ -
Peso corporal (g):	716	723
Largo del pico (mm):	45,6	46,7
Largo del tarso (mm):	59,3	59,9

Alimentación:

Se alimenta de semillas, principalmente, arroz, arrocillo y metebravo.

Reproducción:

Nidifica en el suelo, entre la hierba o las plantas de arroz. Pone entre 11 y 18 huevos de color blanco.

Época de cría:
| E | F | M | A | M | J | J | A | S | O | N | D |

La segunda parte del gremio la constituyen las gallaretas donde se ubicaron las gallaretas de Pico Rojo, de Pico Blanco y Azul y la Gallinuela Oscura, todas consumidoras, fundamentalmente, de vegetales. El gremio utilizó en total 20 recursos diferentes durante el año, con una mayor diversidad en la etapa no reproductiva (18) que en la reproductiva (5). Solo dos artículos obtuvieron valores elevados de uso, la elodea, una planta acuática, con un valor muy similar en las dos etapas y los coleópteros en la reproductiva, de aquí que la elodea fuera el recurso más importante en todo el año, seguida de los coleópteros en la etapa reproductiva.

En la etapa no reproductiva, el gremio hace un mayor uso de recursos, sobre todo de origen vegetal, al consumir 13 semillas diferentes, mientras que en la reproductiva, aparte de la elodea, sólo se registraron presas de diferentes órdenes de insectos y arácnidos, aunque esta etapa puede tener un sesgo, debido a que los tamaños de muestra son muy pequeños. El grupo ingiere, básicamente, alimento vegetal, tanto plantas acuáticas (elodea), como semillas y, en menor cuantía, alimento animal, sobre todo artrópodos y moluscos, que son más importantes en la etapa reproductiva.

La Gallareta Azul es la que utiliza un mayor numero de recursos, 15 en el año, y es la especie que consume un mayor número de recursos de origen animal como insectos (coleópteros), arácnidos y moluscos. Le sigue la Gallareta de Pico Rojo que consumió ocho recursos diferentes. La elodea fue el artículo más importante, muy por encima del resto de la dieta, que estuvo conformada por varios tipos de semillas, moluscos y coleópteros. La Gallareta de Pico Blanco, la de más estrecho espectro alimentario, consumió solo elodea en todo el año. Finalmente, la dieta de la Gallinuela Oscura en la etapa no reproductiva estuvo compuesta por arroz, otras semillas, y restos de vegetales no identificables.

s estudios sobre el uso del hábitat, realizados en la rocera Sur del Jíbaro, Sancti Spíritus, demostraron que yaguasines prefieren durante su período de cría, entre ril y julio, aquellos campos que tienen más de seis manas de sembrados, que están inundados, menzando a espigar y con abundantes plantas eseables, ya que brindan suficiente protección. En ese ríodo se observan individuos solos, volando en parejas o pequeños bandos. En estos campos usan las plantas de oz para elaborar el nido y se alimentan, básicamente, semillas de arroz, y plantas indeseables, prevaleciendo arroz jíbaro y las especies del género Echinochloa (E. onum y E. crusgalli). Otras nueve semillas de plantas eseables también se incluyen en su dieta, aunque en nor cuantía. Los yaguasines no tienen una dieta basada o en arroz durante el año, sino que su consumo se luce en la etapa del verano cuando están criando y menta en la etapa invernal, cuando se forman las yores agrupaciones para alimentarse y, además, se cuentran en Cuba las poblaciones migratorias de la pecie. Es posible que la selección de Echinochloa en la mavera esté relacionada con las demandas metabólicas esa etapa, pues el arroz tiene un contenido energético nilar al de las semillas de plantas indeseables, pero tiene menor contenido de fibra y proteína. Por otra parte, la nanda de proteínas es muy alta cuando se están roduciendo y esta selección puede estar relacionada

con la necesidad de cubrir sus demandas proteicas. El análisis de la dieta durante ocho meses entre mayo y diciembre reveló que 30 % estaba compuesto por arroz y el resto fueron plantas indeseables, lo que evidencia el impacto positivo que pueden ejercer.

La cantidad de alimento diaria que requiere el Yaguasin se estimó en 47 g. También se pudo conocer que 1,2 % de las semillas utilizadas para la siembra, fueron consumidas por los yaguasines, lo que evidencia que en este período de la reproducción, los daños son bajos y el consumo de plantas indeseables alto. A partir de agosto y en la etapa invernal se agrupan en bandos que pueden ir desde varios cientos, hasta miles de individuos, consumen, básicamente, arroz y frecuentan campos inundados más abiertos, como los campos recién sembrados y los recién cosechados cuando se vuelven a inundar. Por esta razón la siembra de invierno es la más propensa a sufrir pérdidas dado el elevado consumo de arroz de las aves, lo que puede ser considerado en su manejo. Se debe tener en cuenta que el arroz consumido en campos inundados después de la cosecha, no causa ningún daño al cultivo, pues es parte de la pérdida normal durante la recolección del grano. Por el contrario, en estos campos causan grandes beneficios porque consumen elevadas cantidades de semillas de plantas indeseables.

omado de: Mugica, L. (1996): **Ecology of Fulvous Whistling Duck (Dendrocygna bicolor) in rice agroecosystem in Cuba.** Master Degree nesis. Simon Fraser University, Canada.

Impacto de la comunidad de aves sobre las arroceras

Existe la creencia general de que las aves causan apreciables pérdidas al cultivo del arroz, dada la gran asociación que existe entre muchas de ellas con las diferentes fases por las que atraviesa el ciclo de cultivos y el consumo de granos que pueden realizar los patos y otros grupos vegetarianos en algunos momentos del año. Sin embargo, se desconoce que pueden constituir excelentes agentes de control biológico natural y que la mayor parte de las especies no afecta, en lo absoluto, al cultivo. Las garzas, cocos y gallaretas ingieren, básicamente, alimento animal y plantas acuáticas. De igual forma otros grupos de aves como las aves limícolas (zarapicos) consumen gran cantidad de invertebrados acuáticos. Otras especies comunes en el cultivo, no incluidas en estos grupos alimentarios como el Guareao y el Gavilán Caracolero se alimentan de moluscos (caracoles del género *Pomacea*), mientras que la Lechuza y el Cárabo son fuertes controladores de roedores.

Al menos 23 tipos de alimento de origen animal son consumidos en las arroceras, de ellos los peces, moluscos, insectos, arácnidos, crustáceos, anfibios y roedores son los más importantes, y muchos de ellos constituyen plagas del cultivo. Se ha demostrado, por ejemplo, que la presencia de garzas ganaderas y cocos prietos en los campos de arroz pequeño, puede ser un indicador de un alto grado de infestación de las plantas por larvas de lepidópteros, ya que estas aves oportunistas aprovechan para obtener alimento fácil y de esta manera colaboran, indirectamente, en el control de las plagas del cereal.

Entre las aves consumidoras de arroz se encuentran las palomas, sin embargo, no producen daños al cultivo ya que consumen la semilla sólo cuando está seca y recogen grandes cantidades del grano en los caminos y campos cortados secos donde queda un amplio remanente después de la cosecha. El Coco Prieto, que puede ser un gran consumidor de arroz en la etapa invernal, tampoco daña al cultivo ya que utiliza las semillas de arroz que caen de la panícula en el lodo y que no pueden ser aprovechadas por el campesino.

Queda entonces un grupo alto consumidor de arroz que es el de los patos. Durante la etapa de verano que coincide con su etapa reproductiva en Cuba quedan solo seis especies, las poblaciones son más pequeñas y están dispersas en parejas o pequeños grupos, algunas como el Yaguasín prefieren incluso semillas de plantas indeseables como *Echinochloa* en este período. De esta forma, su impacto sobre la siembra entre los meses de mayo a agosto no es apreciable. En los meses invernales cuando arriban a Cuba otras especies en grandes grupos migratorios, el impacto que pueden causar es mucho mayor, sobre todo de enero a marzo cuando se está realizando la siembra de frío y los campos pasan a ser grandes comederos, sobre todo durante la noche. Coincide, además, que en esta época las lluvias son escasas y, por tanto, la disponibilidad de hábitat adecuados para la alimentación es pobre. También, se debe tener en cuenta que todo el arroz que consumen no es de los campos recién sembrados y que son, además, altos consumidores de otras semillas. De hecho, se han registrado 23 tipos de alimentos vegetales usados por la comunidad de aves en la arrocera, las que incluyen al arroz, elodea y otras 21 semillas de plantas indeseables, y las del género *Echinochloa* son las más utilizadas.

En general, las etapas iniciales y finales del ciclo son las más relacionadas con el aporte de nutrientes a la comunidad de aves, con la diferencia de que a inicios del ciclo la mayor transferencia de energía se lleva a cabo a través de los depredadores (garzas, cocos y aves playeras) mientras que a finales del ciclo es a través de los vegetarianos (patos y palomas) que son consumidores de semillas.

Gran parte de los nutrientes que las aves obtienen en los arrozales son transportados hacia las zonas costeras, bien en forma de alimento para los pichones o a través de sus deyecciones que se acumulan en los sitios de descanso y contienen grandes cantidades de nitrógeno, fósforo y potasio. En este caso, los dos hábitat están fuertemente ligados de forma que los nutrientes y la energía que se originan en la arrocera son transportados a las zonas naturales, por lo que cualquier modificación, contaminación o cambio en el ciclo de cultivo puede tener un impacto que va mucho más allá de los límites del agroecosistema arrocero.

VALORACIÓN ENERGÉTICA DEL CONSUMO DE ALIMENTO POR LA COMUNIDAD DE AVES DEL ECOSISTEMA ARROCERO

Autora: Lourdes Mugica

El uso de modelos bioenergéticos para estimar la magnitud del consumo de presas permite acercarse, de una manera más acertada, a la estimación del impacto real que pueden tener las aves en la utilización de los recursos tróficos.

Un análisis de este tipo fue realizado con la comunidad de aves de la arrocera Sur del Jíbaro, durante 1992, y permitió conocer que el mayor flujo de energía se presentó a través de los patos durante la etapa no reproductiva, cuando se encuentran presentes los bandos migratorios que hacen un amplio uso de los ecosistemas arroceros. A través de las zancudas el flujo fue superior en la etapa reproductiva debido al incremento en las necesidades de alimento que se producen para llevar a término la crianza de los pichones. Los sondeadores profundos también desempeñan un importante papel en esta etapa. En general, el flujo energético en la etapa no reproductiva superó, en casi 10 veces, al de la temporada reproductiva debido a los apreciables cambios en las poblaciones de aves que se presentan a lo largo del año.

Estos valores energéticos se reflejan en una intensidad en el consumo de alimento que favoreció a los vegetarianos (patos) y a las zancudas. Se observa, además, que los tres gremios que mayor impacto causan, realizaron un consumo muy superior en la etapa no reproductiva, ya que sus efectivos se incrementan, notablemente, en esa etapa con la entrada de la migración. En la etapa no reproductiva el uso de los campos es mucho más homogéneo e intenso, pues están secos la mayoría de los humedales cercanos, debido a que coincide con el período de seca y al mismo tiempo se encuentran presentes los grandes bandos de aves migratorias. En la etapa reproductiva, sin embargo, el consumo es inferior y menos equitativo, con los valores de consumo más altos en las primeras fases del cultivo. En esta etapa, la comunidad de aves sufre una reducción debido a la partida de las especies y poblaciones migratorias y, además, muchas de las aves que crían en humedales vecinos se pueden alimentar en sitios más cercanos a las colonias al coincidir con el período de lluvias y presentarse mayor número de áreas con aguas someras.

Energía diarias (*kcal/ha*) movilizada y consumo anual de alimentos (*kg/ha*) por los gremios fundamentales que habitan la arrocera Sur del Jíbaro

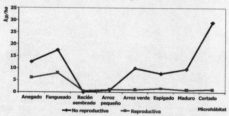

Gremio	Energía (*kg/cal* diarias)			Consumo anual (*kg/ha*)		
	No reproductiva	Reproductiva	Total año	No reproductiva	Reproductiva	Total año
Zancudas	815	1189	354 673	243,7	198,1	441,8
Sondeadores Profundos	2945	203	655 483	281,6	29,3	310,8
Vegetarianos (patos)	26 663	1852	5 935 867	1064,7	45,2	1109,9
Vegetarianos (gallaretas)	17	35	8891	16,4	17,2	33,7
Total	30 440	3278	6 954 914	1606,5	289,7	1896,2

Eje y: kg/ha. Eje x: Anegado, Fangueado, Recién sembrado, Arroz pequeño, Arroz verde, Espigado, Maduro, Cortado — Microhábitat. Leyenda: No reproductiva / Reproductiva

Al analizar el consumo diario de alimentos por parte de la comunidad en las dos etapas se observan variaciones en los patrones de consumo. En la etapa no reproductiva este es elevado en la mayoría de los campos, en los cortados anegados está muy por encima del resto, debido a que los patos migratorios extraen gran cantidad de alimentos en esta fase del ciclo. En la etapa reproductiva son las zancudas las que realizan el impacto mayor con un elevado consumo en las dos primeras fases del ciclo.

Tomado de: Mugica, L., M. Acosta, D. Denis, A. Jiménez, A. Rodríguez y X. Ruiz (2005): Rice culture as an important wintering site for migrant waterbirds from North America in Cuba. **Proceedings of the Waterbirds Around the World Conference** (en prensa).

BIBLIOGRAFÍA

Elphick, C. S. y L. W. Oring (1998): Winter management of californian rice fields for waterbirds. **Journal of Applied Ecology** 35: 95-108.

Fasola, M. y X. Ruiz (1996): The value of rice fields as substitutes for natural wetlands for waterbirds in the mediterranean region. **Colonial Waterbirds** 19(1): 122-128.

Fasola, M. y X. Ruiz (1997): Rice farming and waterbirds: integrated management in an artificial landscape. En: **Farming and birds in Europe.** Pain, D. J. y M. W. Pienkowski (Eds.) Academic Press. Ltd.

González-Solis, J., X. Bernardi y X. Ruiz (1996): Seasonal variation of waterbird prey in the Ebro Delta rice fields. **Colonial Waterbirds** 19: 135-142.

Hobaugh, W. C., C. D. Stutzenbaker y E. L. Flickinger (1989): **The rice prairies.** En: **Habitat management for migrating and wintering waterfowl in North America.** Smith, L.. M., R. L. Pederson y R. M. Kaminski (Eds.), Texas Tech. University Press, Lubbock. 560 pp.

Mañosa, S. (1997): A review on rice farming and waterbird conservation in three western mediterranean areas: the Camargue, the Ebro Delta, and the North-Western Po Plain. **Station Biol. La Tour du Valat. Internal Rep.** 141 pp.

Capítulo VII

Conservando las aves acuáticas

Dra. Lourdes Mugica, Dr. Martín Acosta y Dr. Dennis Denis

RESUMEN

La conservación de los humedales es una tarea prioritaria ya que son vitales para la biodiversidad que allí habita y para el hombre. Aún no se tiene plena conciencia de las funciones de estos ecosistemas. La destrucción y fragmentación de los humedales tiene un impacto directo en la economía de muchos países. En el Caribe, por ejemplo, la pesca regional está disminuyendo de forma sostenida, ya que muchos peces y crustáceos dependen de los manglares en sus primeros estadios de vida. Los humedales costeros cubanos y sus comunidades de aves han sufrido impacto por el desarrollo del turismo y la agricultura, la construcción de redes viales, la introducción de especies exóticas, la sobreexplotación de los recursos y la contaminación. Algunas especies, como la Yaguasa, están en constante disminución debido a la caza excesiva y la reducción de sus hábitat por lo que existe un amplio programa de educación ambiental para elevar el conocimiento sobre estas y su hábitat, y contribuir así a su conservación. Los humedales cubanos tienen un amplio reconocimiento a escala internacional, pues seis han sido identificados como Sitios Ramsar. Además, 13 están propuestos como Áreas de Importancia para las Aves a Birdlife Internacional. Por otra parte, nuestro Sistema Nacional de Áreas Protegidas cuenta con 14 Áreas Protegidas de Significación Nacional y 28 de significación local que contienen ecosistemas de humedales. La protección de estos sitios es un importante paso para conservarlos, pero no es suficiente. Por ello los proyectos de investigación que llevan a cabo varias instituciones cubanas resultan de gran importancia para conocer cómo funcionan estos ecosistemas y los requerimientos ecológicos de las especies que allí habitan. Luego se pueden diseminar estos resultados a través de campañas de educación ambiental de forma que la población tome conciencia de sus valores y contribuya de manera efectiva a su conservación.

Cita recomendada de este capítulo:

Mugica, L.; M. Acosta y D. Denis (2006): Conservando las aves acuáticas. Capítulo VII. pp: 136-159. En: Mugica *et al.*: **Aves Acuáticas en los humedales de Cuba.** Ed. Científico-Técnica, La Habana, Cuba.

Introducción

Desde hace más de un siglo el hombre ha intensificado su interacción con los humedales, la que, en muchos casos, ha conducido a un deterioro apreciable e incluso a la desaparición de grandes áreas otrora cubiertas de agua, para lo cual, en ocasiones, se ha alegado la necesidad de erradicar mosquitos y otros vectores de enfermedades que pueden habitar en ellos, sin tener en cuenta los grandes desastres ecológicos que pueden traer semejantes actos. En otros casos, por el contrario, la necesidad de retener el agua dulce para el consumo humano o su uso en actividades agropecuarias, ha conducido al represamiento de importantes volúmenes de agua, que, por consiguiente, dejan de llegar a las zonas costeras y esto conduce a cambios en la salinidad que alteran la composición de las comunidades de peces, crustáceos, moluscos, etc., que habitan en estas zonas.

El hecho de que nuestro país sea una isla estrecha, con ríos de curso corto que desembocan, principalmente, en las costas norte y sur, hace que nuestros humedales, de manera general, mantengan una fuerte relación de dependencia, por lo que cualquier afectación producida en alguno de ellos puede tener gran repercusión en los humedales adyacentes y en la biodiversidad que los acompaña.

En términos generales, los humedales se pudieran subdividir en: costeros, áreas de manglares, arroceras y de agua dulce o interiores, pero la realidad es que estas subdivisiones, muy evidentes para el hombre, no los son para las aves. De esta forma, de las 145 especies de aves acuáticas registradas en los humedales cubanos, al menos 95 han sido observadas en dos o más tipos de humedales. En muchas ocasiones, las aves requieren de dos humedales diferentes para cubrir sus necesidades diarias, como sucede con la mayoría de las especies de garzas que utilizan las arroceras para alimentarse y los manglares como sitios de descanso y reproducción. Por otra parte, 50 especies de aves acuáticas han sido registradas en un solo tipo de humedal, algunas de ellas, con una dependencia total de este, como es el caso de la Grulla, que prefiere un tipo muy particular de hábitat dulceacuícola, o la Gallinuela de Santo Tomás que solo vive en los herbazales de ciénagas. Cuando se analiza la

Morfo blanco de la Garza Rojiza (*Egretta rufescens*), una de las especies más escasas de la familia Ardeidae.

composición de las comunidades de aves que integran estos ecosistemas, se aprecia que la mayor superposición de especies (73 %) ocurre entre los manglares, con sus correspondientes lagunas costeras, y las arroceras. Lo que debe estar condicionado por la cercanía entre ellos y al hecho de que son utilizados como áreas de refugio y alimentación alternos por diversas especies de aves, sobre todo limícolas, patos y garzas.

A pesar de la cercanía, que pueden tener las costas y los manglares, su similitud es relativamente baja, dado que muchas especies de aves marinas, generalmente, prefieren áreas con profundidades mayores donde puedan aplicar de modo adecuado su técnica de pesca. No obstante, la similitud promedio entre todas las áreas (53 %) denota una amplia interacción entre las comunidades de aves acuáticas que habitan nuestros humedales, por lo que cualquier tipo de interacción negativa que ocurra en alguna de ellas puede repercutir, de alguna manera, en las comunidades que habitan en el resto de las áreas. En total 145 especies de aves habitan, de forma más o menos común, en nuestros humedales y, además, 53 se han registrado realizando un uso indirecto, relacionado, principalmente, con la vegetación circundante.

La conservación de la biodiversidad de los humedales y, en particular, de las aves acuáticas presenta importantes problemas. El primero está dado, precisamente, por su estrecha dependencia de este tipo de ecosistema, por lo que la destrucción del hábitat condena a muchas poblaciones de estas especies a desaparecer o a adaptarse a hábitat alterados o bajo explotación donde su supervivencia depende de un manejo activo. Por otra parte, muchas especies tienen áreas de distribución muy amplias, que pueden incluir varias naciones o incluso continentes y se caracterizan por tener una gran movilidad de sus poblaciones, lo que facilita, por una parte, el intercambio genético entre ellas, pero, a la vez, las obliga a utilizar una gran diversidad de hábitat en variadas áreas geográficas donde estarán sometidas a diferentes niveles de impacto. Además, los patrones de distribución en invernada y cría cambian, continuamente, por causas naturales. Muchas de las especies son depredadoras y, por tanto, dependientes de la abundancia de alimento en las áreas por las que transitan y susceptibles de acumular contaminantes a lo largo de su recorrido.

Las especies coloniales tienen requerimientos especiales para su reproducción y las altas concentraciones que forman, tanto para criar como para alimentarse, pueden conducirlas a colapsos poblacionales frente a alteraciones locales. Por todo esto, ciertas áreas tienen una importancia desproporcionada para algunas poblaciones, lo que se agrava por los diferentes grados de fidelidad a los sitios o nomadismo reproductivo de especies que, típicamente, dependen de grandes poblaciones para encontrar el alimento con eficiencia o estimular la cría. Desde el punto de vista demográfico son aves de larga vida, con bajos potenciales reproductivos anuales y elevada supervivencia de adultos. La baja productividad natural y alta mortalidad juvenil hace que el éxito reproductivo de un año, en particular, no sea muy crítico para la tendencia poblacional y la mortalidad de los adultos se torna el factor más crítico que produce cambios poblacionales abruptos. No obstante, fallos reproductivos consecutivos producidos por cambios drásticos en los hábitat de reproducción y alimentación, se pueden manifestar con cierto retraso, ya que son enmascarados por la presencia de una población flotante que se puede incorporar o no a la reproducción. Todo esto hace que las tendencias poblacionales por sí solas no sean suficientes para evaluar la salud de las poblaciones. Numerosas especies de aves acuáticas son utilizadas para la actividad cinegética y la caza de subsistencia, o incluso pueden ser perseguidas por considerárseles plagas.

En términos generales, muchas de estas especies tienen un amplio espectro en la utilización de los recursos y manifiestan un comportamiento oportunista, sin requerimientos ecológicos demasiado estrictos, usan rutas migratorias bien establecidas, una gran parte no son perseguidas de forma directa por el hombre y, finalmente, muestran suficiente plasticidad ecológica como para "aprender" a convivir con facilidad junto a la actividad humana. Así la aparición de alimento disponible en grandes cantidades, aunque de menor valor nutricional, ha inducido a muchas especies a cambiar, drásticamente, su alimentación, como ha ocurrido con la Grulla y los cultivos de cereal en algunos países, y el Coco Prieto en las arroceras cubanas. Estos comportamientos tróficos amplios y oportunistas, junto a la ten-

Guanabá R
(Nyctana
violac

dencia a explotar sistemas modificados por el hombre, les han permitido aclimatarse con rapidez a hábitat transformados en solo unos decenios, lo que ha producido una alteración en sus patrones de alimentación, conducta o uso del hábitat, además de fuertes cambios demográficos que han llevado a varias especies a modificar, drásticamente, sus áreas de distribución.

Por otra parte, las aves acuáticas constituyen un grupo altamente dinámico, con una morfología condicionada a la gran variabilidad que presentan los humedales, por lo que pueden hacer uso de todas las variantes que en ellos se presentan y se pueden encontrar especies que se adaptan con facilidad a cualquier tipo de actividad humana, lo que, en ocasiones, modifica el desarrollo de sus poblaciones por la acción del hombre sobre las áreas húmedas. Este efecto se acentúa aún más en aquellas especies que tienen un comportamiento migratorio marcado y que van a depender tanto de las variaciones en sus hábitat de cría como en los de invernada, ambos tipos de hábitat se encuentran, por lo general, en países con diferentes grados de desarrollo y, por tanto, con diferencias marcadas en el manejo de sus ecosistemas.

Principales problemas que enfrentan las comunidades de aves acuáticas

DESTRUCCIÓN Y FRAGMENTACIÓN DEL HÁBITAT

La pérdida de los hábitat naturales provocada directa o indirectamente por las actividades humanas, es la causa principal de la disminución de la biodiversidad a escala global. Más de la mitad del planeta ha sido drásticamente afectada por el hombre, y los humedales se encuentran entre los ecosistemas más amenazados. La desaparición de estos ecosistemas tiene asociado otro problema, que es la fragmentación de los espacios remanentes, que deja solo parches aislados, lo cual tiene fuertes implicaciones biológicas. Esta fragmentación produce, además de la exclusión inicial de los individuos de las zonas destruidas, cambios fuertes en los patrones de distribución y abundancia de las especies, por lo que se producen congregaciones en los sitios residuales con el consiguiente aumento de las relaciones interespecíficas e intraespecíficas y un incremento del efecto de borde. Los fragmentos, por lo general, quedan relativamente aislados y tienen un efecto más negativo sobre aquellas especies que están constituidas por poblaciones muy localizadas y con baja movilidad.

Los manglares, que son componentes de suma importancia para las aves en los humedales costeros, se encuentran con grandes niveles de afectación. Se calcula que unas 35 000 *ha* de manglares están en peligro de desaparecer por el elevamiento del nivel del mar al encontrarse en áreas críticas. Este tipo de ecosistema ha sido dañado por los procesos de urbanización, industrialización y, cada vez más, por el turismo. En total, el Caribe está perdiendo 0,2 % de los manglares anualmente, mientras que en el área continental la tasa es mucho mayor (1,7 %).

Muchos otros tipos de humedales interiores también han sido afectados por el drenado para su utilización en la ganadería o la transformación en zonas arroceras. En este último caso, las prácticas agrícolas provocan el arrastre de sedimentos, fertilizantes, semillas, etc., que, a la larga, van transformando las características de las lagunas costeras, en relación con su profundidad, salinidad y flora y, por consiguiente, la composición de las comunidades de aves que, tradicionalmente, utilizaron ese hábitat.

La disminución en extensión de los humedales costeros tiene un impacto directo en la economía de muchos países. En el Caribe la pesca regional está disminuyendo de forma sostenida, ya que la mayoría de los crustáceos y muchos peces de importancia comercial, utilizan los manglares como criaderos y refugios. Pocos países caribeños poseen la legislación o la capacidad de implementación necesarias para proteger los manglares, a pesar de que por lo menos 11 tratados internacionales y convenciones se han establecido para conservar o utilizar estos ecosistemas de manera sostenible.

Extensión de los manglares en Cuba y el Caribe

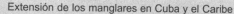

País	Área del país (*km²*)	Línea de costa (*km*)	Área de manglares (*km²*)	
			1980	1990
Cuba	110 860	3 735	4 000	5 297
Total en el Caribe	2 788 861	22 671	14 844	13 501

Tomado de: Ellison, A. M. y E. J. Farnsworth (1996): Anthropogenic Disturbance of Caribbean Mangrove Ecosystems: Past Impacts, Present Trends, and Future Predictions. **Biotrópica** 28(4): 549-565

Como se puede apreciar, en Cuba, los manglares como comunidad vegetal, han incrementado su extensión, debido a una repoblación activa en muchas zonas cenagosas y, además, por la construcción de los pedraplenes que, en algunos casos, han creado zonas favorables de escasa profundidad, donde antes no las había, y constituyen barreras donde se acumula la materia orgánica, lo que facilita la fijación de los propágulos de mangle rojo y su posterior desarrollo, tal es el caso del pedraplén de Caibarién a cayo Santa María. Sin embargo, la construcción de estas estructuras ha tenido repercusiones negativas directas e indirectas, como la pérdida de sitios de cría de rabihorcados y pelícanos al sur de cayo Coco y otros efectos en las comunidades marinas que aun no se han podido evaluar con exactitud.

La construcción de pedraplenes a través de la cayería, para acceder a las playas con vistas a su explotación turística ha tenido importantes repercusiones en el funcionamiento de los ecosistemas de humedales marino-costeros afectados.

Los humedales costeros cubanos y las comunidades de aves que los ocupan han sufrido impactos por diversas causas, entre las cuales las principales son el desarrollo del turismo, al cual, en ocasiones, se ha asociado la construcción de redes viales para el acceso, el desarrollo de la agricultura y la introducción de especies exóticas.

El turismo es una actividad vital para la economía de las islas y nuestro país no está ajeno a esta tendencia internacional. El turismo de playa, que es una de las modalidades más explotadas, ha traído aparejado la creación de una fuerte infraestructura, con notables cambios, tanto en los hábitat de cría como de alimentación de diversas especies de aves marinas y limícolas, sobre todo en algunas zonas de nuestra cayería que aún permanecían con pocos cambios en su naturaleza y constituían importantes refugios durante las temporadas reproductiva o de invernada.

Por sí misma, la presencia humana en estos apartados rincones de nuestra geografía, crea una fuente de perturbación que no es asimilada de igual forma por las diferentes especies de aves que allí habitan.

El desarrollo turístico, a su vez, incluye la construcción de caminos y carreteras para las cuales, en ocasiones, es necesario desecar zonas de aguas someras que, en otros momentos, fueron sitios de alimentación de diversas especies de aves, tanto residentes como migratorias.

Conflicto aves-agricultura

Un elemento clave en la fragmentación del hábitat ha sido el desarrollo agrícola y en el caso de los humedales, en particular, su sustitución por áreas arroceras, que limitan, en muchas ocasiones, la extensión o continuidad espacial de este tipo de hábitat y cambia el flujo normal de su energía por un flujo mucho más acelerado que puede conducir, en ocasiones, al incremento explosivo de algunas poblaciones de aves.

En estas zonas, la alta concentración y asequibilidad de alimentos hace que las aves granívoras y frugívoras, así como las depredadoras de insectos o plagas asociadas a los cultivos, obtengan alimentos de forma más eficiente que en lugares naturales. Como resultado hay cambios fuertes en la abundancia y distribución espacial de las poblaciones de estas especies que repercuten, ocasionalmente, en los niveles de afectaciones a los cultivos, y predisponen a los campesinos contra ellas.

Ejemplos de tales efectos son el desarrollo de las poblaciones de la Garza Ganadera, a partir de los años cincuenta y que se mantiene en la actualidad; el Yaguasín que se convirtió y mantuvo como una plaga de nuestros arrozales en las décadas de 1960 y 1970; el Coco Prieto, por su parte, pasó de raro a ser sumamente común en los campos de arroz en las ultimas décadas, hasta llegar a alcanzar un estado similar al de la Garza Ganadera en nuestros humedales.

Estas especies, evidentemente, han encontrado condiciones idóneas para su desarrollo en este ecosistema antrópico, quizás utilizando recursos que, hasta el momento, no eran totalmente explotados por otras especies más abundantes y bien establecidas.

El desarrollo de estas plantaciones ha servido, también, para el asentamiento y reproducción de nuevas especies que durante años solo fueron consideradas como migratorias, como sucedió con el Pato de Bahamas a finales de los sesenta y la reciente incorporación a nuestra fauna de la Monjita Tricolor. Esta última ha comenzado a preocupar a muchos agricultores puesto que se alimenta de los granos de arroz que aún no han madurado, por lo cual baja el rendimiento de las panículas.

Esto no ocurre igual para todas las especies, sino solo para aquellas cuyo nicho ecológico se mantiene en esencia a pesar de las drásticas transformaciones que el cultivo impone al hábitat o para las especies más plásticas u oportunistas, mientras que para muchas otras estas prácticas implican la pérdida de sus hábitat naturales.

Estos ejemplos dan la medida de que cada especie puede reaccionar de una manera diferente frente a los cambios que el hombre produce en los ecosistemas y que, en muchas ocasiones, pueden ser impredecibles y conducir a reajustes internos en las comunidades, quizás provocados por los efectos de la competencia difusa.

Situaciones similares se han producido con otras especies como el Chichinguaco, que inicialmente debió haber sido un ave típica de los manglares y en la medida en que se incrementó el desarrollo urbano se fue asociando con éste para aprovechar muchos subproductos de su actividad. Esta misma situación ha sido descrita, por ejemplo, para la Cigüeña en los cultivos de trigo en Europa.

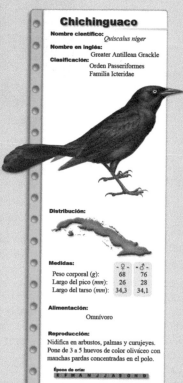

Chichinguaco

Nombre científico: *Quiscalus niger*

Nombre en inglés: Greater Antillean Grackle

Clasificación: Orden Passeriformes
Familia Icteridae

Distribución:

Medidas:

	- ♀ -	- ♂ -
Peso corporal (*g*):	68	76
Largo del pico (*mm*):	26	28
Largo del tarso (*mm*):	34,3	34,1

Alimentación: Omnívoro

Reproducción:
Nidifica en arbustos, palmas y curujeyes. Pone de 3 a 5 huevos de color oliváceo con manchas pardas concentradas en el polo.

Época de cría:
E F M A M J J A S O N D

En muchas ocasiones la competencia interespecífica no es evidente, aunque sus efectos, a largo plazo, pueden ser importantes para el desarrollo de especies con nichos un tanto restringidos. Generalmente, el nicho de una especie sólo se solapará con un número limitado de nichos adyacentes sobre un gradiente del recurso, pero el número potencial de vecinos se incrementa cuando se examina una mayor cantidad de dimensiones ambientales simultáneamente o se incorporan a la comunidad especies que, con anterioridad, no estaban presentes. Así, el solapamiento para un recurso puede ser pequeño, pero el efecto acumulativo de la competencia por cada uno de ellos puede reducir, severamente, el nicho realizado hasta un punto donde es demasiado pequeño para mantener una población viable y, de esta manera, una especie puede ser "comprimida" por un grupo de otras especies. Este proceso ha sido denominado **competencia difusa**.

A escala global, el cultivo del arroz puede traer aparejado determinadas amenazas ecológicas:

-Destrucción y fragmentación de hábitat naturales.

-Uso de pesticidas y fertilizantes con el consecuente efecto contaminante sobre los ecosistemas naturales que rodean al cultivo, generalmente, lagunas y ciénagas.

-Producción de metano que contribuye al efecto invernadero, al producirse por bacterias que viven en suelos inundados. Se estima que las arroceras producen 25 % de la cantidad total que se emite a la atmósfera.

-La extracción de agua para la irrigación de los campos puede afectar otros ecosistemas naturales en zonas cercanas a las arroceras, con posibles afectaciones a la fauna que habita en ellos.

-En áreas donde las arroceras son intensamente usadas por las aves acuáticas, cualquier cambio en la técnica de cultivo, hacia la siembra en seco, por ejemplo, puede implicar un fuerte impacto sobre las poblaciones de aves.

Sin embargo, si se maneja de forma adecuada, la arrocera puede contribuir, de forma sustancial, a la conservación de las aves acuáticas, puesto que se consideran humedales temporales, con un subsidio de energía que garantiza una elevada oferta alimentaria. Es por esta razón que, en Cuba, las aves hacen un amplio uso de estos cultivos y forman, junto a los humedales naturales, unidades de conservación de vital importancia para las aves acuáticas.

COLECTA FURTIVA DE HUEVOS Y PICHONES EN SITIOS DE NIDIFICACIÓN DE AVES MARINAS

La colecta de huevos y pichones por parte de pescadores es una práctica que aún se mantiene en algunas localidades pesqueras del país. Se ha comprobado la existencia de visitas ocasionales por pescadores y población local, quienes utilizan huevos y pichones de aves marinas como fuente alternativa de alimentación. Esta actividad afecta el éxito reproductivo de las colonias, no solo por el impacto directo sino también por la perturbación que produce. Algunos territorios insulares constituyen sitios de gran importancia para varias especies marinas coloniales, incluyendo a la Gaviota Rosada.

La pesca de gaviotas con anzuelo o la caza de estas con fusiles de aire comprimido con la finalidad de obtener los anillos metálicos colocados en sus patas, mostró ser un pasatiempo practicado por adolescentes y niños en algunos sectores al norte del país. Entre las localidades con incidencia de este tipo, se encuentran los poblados de Caibarién, Isabela de Sagua y Cárdenas.

INTRODUCCIÓN DE ESPECIES EXÓTICAS

La distribución geográfica y el movimiento de los organismos están limitados en la naturaleza por barreras ambientales y climáticas, lo cual produce un aislamiento entre las poblaciones, que ha sido crucial para los procesos evolutivos en el planeta. El ser humano ha alterado, radicalmente, estos patrones transportando, consciente o inconscientemente, numerosas especies a través del mundo. Sin embargo, la introducción en un ecosistema de una especie no nativa que ha tenido un proceso evolutivo independiente puede producir afectaciones muy serias a las poblaciones locales. Esto se incrementa por el hecho de que entre estas especies existen muchas con características biológicas oportunistas que las convierten en plagas o en especies invasoras.

En Cuba, desafortunadamente, también han ocurrido introducciones de especies exóticas con diversos fines. En la década del sesenta se creó el Centro de Repoblación Fluvial, para introducir y aclimatar especies foráneas de peces de agua dulce. El programa se inició en unos 1 400 acuatorios con un sistema de cultivo semiintensivo, de los cuales, posteriormente, y por diversas causas han pasado individuos al medio natural. Para esta actividad económica, las especies autóctonas (Biajaca Común, *Cichlasoma tetracanthus* y la Biajaca del Guaso, *C. ramsdeni*) eran poco apropiadas, por lo que se introdujeron, a partir de 1976, tilapias (*Orechromis aureus*) y carpas (Cyprinidae).

Estas especies, por sus comportamientos alimentarios pueden haber competido, en cierta forma, con nuestros peces nativos, no obstante, sobre el resto de la fauna no tuvieron efectos desfavorables importantes. Sin embargo, la introducción en los últimos años del Pez Gato (*Claria* sp.), con su gran adaptabilidad y amplio espectro alimentario, puede tener efectos notables sobre nuestras comunidades de aves. El primero de ellos está dado por el consumo de pichones de especies acuáticas nidífugas, tales como los patos, gallaretas, gallinuelas, gallitos de río, cachiporras, etc., que pueden ser ampliamente diezmados en sus primeros estadios de vida. El efecto contrario se produce al incrementar, con su presencia en todo el país, las posibilidades de alimento para las especies piscívoras, lo cual, a largo plazo puede originar un desbalance en la estructura de las comunidades de aves acuáticas ya establecidas.

La tilapia, ha llegado a ser una amplia colonizadora de nuestros cuerpos de agua dulce e incluso salobre, por lo que, cuando llegó a las lagunas costeras, aceleró los flujos de energía en estos ecosistemas que, de forma natural, tenían pocas especies vegetarianas.

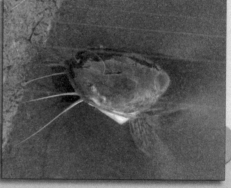

Pez Gato: ¿amenaza?

Autor: Ariam Jiménez

El Pez Gato (*Clarias gariepinus*), oriundo de África, fue introducido en Cuba por el Ministerio de la Industria Pesquera para el desarrollo de la acuicultura en el país. La primera introducción se realizó en el mes de julio de 1999, con fines de investigación científica sobre su alimentación y crecimiento, bajo las condiciones propias del territorio. En base a los resultados obtenidos se decidió realizar una segunda introducción a mayor escala en el año 2000, en esta ocasión se importaron dos especies de pez gato: el africano *Clarias gariepinus* y el asiático *C. macrocephalus*.

El objetivo fundamental de esta segunda introducción fue el de formar bancos de reproductores y luego cruzarlas para producir larvas híbridas, destinadas a los cultivos intensivos en estanques de las estaciones de alevinaje de todo el país.

Como suele suceder con los animales que han sido introducidos con fines económicos, los peces gato escaparon de los estanques artificiales y a partir del año 2001 se comenzaron a observar, fundamentalmente *C. gariepinus*, en hábitat naturales, algunos de ellos de alta importancia nacional y regional.

El Pez Gato está clasificado como un depredador omnívoro, que incluye en su dieta una inmensa variedad de presas y materia vegetal. Cuenta con adaptaciones anatómicas que le permiten una depredación eficiente: una abundante red de órganos sensoriales para la detección de las presas, una boca amplia que le permiten generar una fuerza de succión para atrapar el alimento, y una extensa banda de dientes recurvados en sus mandíbulas y faringe, que impiden que las presas escapen. En Cuba se tienen registros de contenidos estomacales que evidencian el consumo de invertebrados, peces, ranas, aves adultas y pichones (Gallareta de Pico Rojo y Gallito de Río) y roedores, entre otros. La gran voracidad de este pez, unido a su forma de dispersión y productividad hacen de esta especie una seria amenaza para la fauna dulceacuícola autóctona de Cuba.

El órgano respiratorio accesorio o suprabranquial le permite al pez absorber oxígeno directamente de la atmósfera lo cual está asociado con su habilidad de sobrevivir fuera del agua por muchas horas o incluso semanas en pantanos fangosos, de lo que resulta una gran resistencia a condiciones ambientales adversas que lo pone en una situación ventajosa respecto a otras especies.

Ya se han encontrado entre los regúrgitos de pichones de garzas numerosos ejemplares de peces gato pequeños.

En las aves acuáticas existen muchos depredadores naturales de huevos y pichones como hormigas, aves rapaces, galleguitos, guanabaes, cangrejos, iguanas, etc., y, por tanto, la incorporación de otros animales introducidos constituye un serio problema, que se incrementa con la transformación de los hábitat (drenado de pantanos, construcción de pedraplenes, etc.) que han creado vías de acceso a los sitios de cría para especies de vertebrados terrestres consideradas como fuertes depredadoras de huevos y aves, entre los que se destacan las ratas (*Ratus ratus*), mangostas (*Herpestes auropunctatus*), gatos domésticos (*Felix catus*), perros jíbaros (*Canis familiaris*) y otras especies domésticas que se han adaptado al estado silvestre.

Contaminación

Los humedales constituyen sistemas de filtración muy eficientes para el tratamiento de residuales con contaminantes químicos y biológicos. Paradójicamente, el influjo de estos puede atraer a las aves acuáticas, ya que la eutrofización puede disminuir la biomasa total de invertebrados o su diversidad, pero muchas veces aumenta la biomasa de peces o, sencillamente, los hace más asequibles ya que las bajas concentraciones de oxígeno, unidas al incremento de la temperatura del agua a las horas más cálidas del día, los fuerzan a permanecer en las capas superficiales para poder respirar, haciéndolos más vulnerables a la depredación.

La bioacumulación de estos metabolitos tiende a incrementar sus concentraciones en los tejidos con el paso de un eslabón a otro de la cadena alimentaria (biomagnificación), en la cima de las cuales pueden existir concentraciones mucho mayores que las que existían en la fuente original. Esta concentración de contaminantes en los últimos niveles de las cadenas tróficas, está estrechamente asociada con el hábitat y las costumbres alimentarias. Las aves predadoras, como las rapaces y zancudas, que se alimentan de peces y otros animales, son altamente vulnerables a la acción de los pesticidas, como ocurrió, en épocas pasadas, con el Guincho, una especie de águila especializada en el consumo de peces.

En nuestros humedales los tipos de contaminantes más importantes son los químicos y biológicos, incorporados por las aguas albañales y algunas industrias como los centrales azucareros, que, en muchas ocasiones, vertían sus residuos de óxidos, cenizas y cachaza a ríos y embalses, y otras que vierten diferentes sustancias químicas como desinfectantes, sosa cáustica, formol y subproductos orgánicos, plásticos, lubricantes, desechos sólidos y líquidos, etc. Los agroquímicos y diferentes fertilizantes utilizados en arroceras fluyen hacia humedales naturales y aumentan la tasa de eutrofización natural. Localmente, pueden ser importantes los contaminantes físicos como materiales o restos de construcciones y el polvo, derivado tanto de procesos constructivos como de prácticas agrícolas inadecuadas.

Los desechos sólidos también son un problema de contaminación fuerte y, desafortunadamente, muchos manglares se convierten en vertederos ilegales.

Uno de los efectos más nocivos de la contaminación sobre las comunidades de aves acuáticas, es la acumulación de elementos químicos que provocan alteraciones en el grosor de la cáscara de los huevos y, por tanto, incrementan la posibilidad de rotura con la consiguiente reducción de la natalidad.

El grosor de la cáscara de los huevos es un parámetro de gran importancia para la supervivencia de las aves en general. En el caso de las aves acuáticas se conoce que puede ser determinante en el éxito reproductivo de las especies y en la productividad de las poblaciones, ya que una cáscara muy delgada hace que los huevos no soporten el peso de los adultos durante la incubación. Las principales causas de la variación en este parámetro reproductivo son la influencia de las condiciones nutricionales en las hembras y la concentración de determinados contaminantes en los ecosistemas donde viven estas aves.

A partir del año 1947 a nivel mundial se comenzaron a utilizar plaguicidas de amplio espectro como el diclorodifeniltricloroetano, más conocido como DDT, y los bifenoles policlorados o PBCs. A pesar de que el uso de estas sustancias ha sido prohibido en la mayoría de los países, la persistencia de sus metabolitos (DDE, TDE y DDA) hace que todavía sean detectados en el ambiente. Las concentraciones residuales de estos metabolitos son responsables de la disminución del grosor de la cáscara, la disminución del éxito reproductivo, el incremento de la mortalidad y cambios en algunas características morfológicas y conductuales en muchas especies de aves.

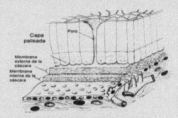

Estructura de la cáscara de los huevos de las aves.

Estructura química del DDT y sus derivados.

De manera general, se considera que una disminución entre 15 y 20 % en el grosor de la cáscara se refleja, directamente, en una disminución del éxito reproductivo de las poblaciones de aves.

Los plaguicidas causan alteraciones en el metabolismo del calcio, al provocar una deficiencia de hormonas sexuales, lo cual impide que se almacene el suplemento necesario para los huevos y, de este modo, se afecta el grosor de la cáscara. Además, se ha encontrado que ligeras variaciones en otros componentes de la cáscara, como son el magnesio y los fosfatos, afectan, también, la fortaleza y dureza de esta, al impedir el crecimiento y precipitación de los cristales de carbonato de calcio, y alteran el balance de agua y gases necesarios para el embrión. Los plaguicidas como el DDT y el DDE actúan por esta vía, ya que incrementan los niveles de magnesio y fosfatos y disminuyen la actividad de la anhidrasa carbónica.

Las especies del orden Ciconiiformes han sido clasificadas como altamente sensibles a la disminución del grosor de la cáscara inducido por DDE. Se ha encontrado disminución del grosor de la cáscara en 25 % de los huevos de varias especies de garzas, así como acumulación en tejidos y huevos de compuestos organoclorados. En las garzas, altas concentraciones de DDT hacen disminuir el éxito reproductivo de la mayoría de las especies. Esta disminución fue documentada, por primera vez, en 1967 en una colonia de garcilotes en

GROSOR DE LA CÁSCARA DE LOS HUEVOS EN GARZAS CUBANAS

Autor: José Luis Ponce de León

En un estudio realizado entre 1999 y 2002 se midieron 737 huevos de 11 especies de ciconiformes para determinar los principales patrones de variación del grosor de la cáscara. Se colectaron 366 huevos en tres colonias de garzas, dentro de la laguna Las Playas, ciénaga de Birama y, además, se incluyeron 371 huevos conservados en la colección Bauzá del Instituto de Ecología y Sistemática. A estos se les midió el diámetro mayor y menor, así como el volumen y el grosor de la cáscara. Este último parámetro estuvo correlacionado con las dimensiones externas de los huevos y con el peso corporal de la especie. Los huevos puestos por aves mayores son de mayor talla y tienen las cáscaras más gruesas, lo que les permite soportar el peso de los adultos y, a la vez, que el pichón pueda romperlo desde dentro. Además, en estas especies con asincronía de puesta y eclosión, se encontró que el primer huevo puesto es ligeramente mayor que los consecutivos, lo que se asocia a una disminución del grosor de la cáscara con el orden de puesta. Esto permite que el primer pichón sea un poco mayor que los que nacen después, y, de esta forma, si las condiciones de alimentación no son idóneas, se garantiza que al menos este sobreviva. Por otro lado, en todas las especies los polos de los huevos tienen grosores menores que el ecuador, lo que junto con la forma del huevo aumenta la resistencia a los efectos mecánicos a que, normalmente, están expuestos. En este estudio el grosor de la cáscara no sugiere acumulación importante de contaminantes en las garzas cubanas, al compararlas con las de otras regiones, ni el éxito reproductivo de las especies estudiadas se vio afectado por sus variaciones.

Grosor promedio de la cáscara del huevo en las aves acuáticas estudiadas en Cuba

ESPECIE	N	Grosor	SD	ESPECIE	N	Grosor	SD
Garcita	13	0.142	0.012	Pato Agostero	52	0.381	0.023
Aguaitacaimán	25	0.162	0.011	Pato Rojo	10	0.405	0.012
Garza Ganadera	65	0.218	0.017	Yaguasa Criolla	4	0.451	0.022
Garza de Rizos	70	0.216	0.021	Huyuyo	8	0.355	0.016
Garza Azul	80	0.205	0.024	Yaguasín	17	0.375	0.011
Garza de Vientre Blanco	170	0.220	0.021	Gaviota Monja	177	0.242	0.028
Garza Rojiza	38	0.250	0.019	Corúa de Mar	35	0.359	0.044
Guanabá de la Florida	52	0.252	0.023	Gaviota Boba	17	0.279	0.007
Guanabá Real	39	0.239	0.019	Gaviota Real	18	0.304	0.026
Garzón	56	0.285	0.019	Zaramagullón Grande	5	0.260	0.014
Coco Blanco	127	0.338	0.023	Zaramagullón Chico	11	0.271	0.023
Gaviotica Chica	55	0.174	0.008	Marbella	15	0.302	0.022
Frailecillo Silbador	37	0.182	0.007	Corúa de Agua Dulce	13	0.359	0.036
Cachiporra	72	0.189	0.018	Coco Prieto	9	0.265	0.019
Zarapico Real	2	0.279	0.019	Gallinuela Escribano	1	0.209	0.000
Gallito de Río	18	0.200	0.008	Grulla	4	0.583	0.094
Gallareta de Pico Rojo	19	0.303	0.015	Gavilán Caracolero	7	0.272	0.006
Gallereta de Pico Blanco	14	0.332	0.009	Flamenco	28	0.544	0.060
Galleguito	66	0.278	0.020	Guareao	18	0.354	0.023
Pato de Bahamas	10	0.247	0.020				

Tomado de: Ponce de León, J. L. y D. Denis (en prep.): Patrones de variación del grosor de la cáscara del huevo en once especies de ciconiformes en la ciénaga de Birama, Cuba. **J. Carib. Ornith.**

Inglaterra y se reflejaba en el hecho de que los padres rompían los huevos al echarse sobre ellos para incubarlos, debido a una disminución en el grosor de la cáscara. Paralelamente, en el período entre 1966 y 1968 se registró la mayor concentración de DDE en adultos y huevos, sin embargo, las poblaciones del Garcilote no disminuyeron en el tiempo, posiblemente, debido a su capacidad de repetir la puesta.

En relación con la cáscara, los contaminantes no solo afectan el grosor sino también el número de poros por unidad de área. En la Gaviota Común la cáscara de los huevos con embriones muertos, tenía un número de poros 44 % menor por unidad de área y el intercambio gaseoso fue 39 % menor en relación con los huevos que eclosionaron.

La concentración de contaminantes en los huevos ha sido usada como indicador de contaminación local o regional, pero en especies migratorias o muy móviles, la presencia de residuos en las hembras puede provenir de un amplio rango geográfico. Por esta razón se emplean análisis de los tejidos de los pichones o de las plumas y, como el alimento de estos proviene de pocos kilómetros alrededor de la colonia, se puede evitar este sesgo. Otros elementos traza, sobre todo metales pesados (plomo, mercurio, cadmio y selenio), pueden ser detectados en las plumas, y concentraciones por encima de sus umbrales naturales también reflejan la contaminación local y tienen la ventaja de no requerir sacrificio de ejemplares. Además, son más fácilmente almacenables y más duraderas, por lo que se pueden utilizar, de forma comparativa, entre lugares y años. Si bien estos compuestos están de forma natural en los ecosistemas, sus concentraciones se pueden elevar hasta niveles letales por la actividad antrópica. Las fuentes fundamentales en estos casos son la quema de combustibles orgánicos con residuos e impurezas, el humo de vehículos, la utilización de municiones de plomo para la cacería, residuos de procesos industriales, etc.

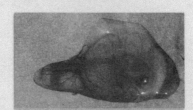

Los contaminantes producen numerosas malformaciones y muertes en los embriones de muchas especies de aves acuáticas.

ELEMENTOS TRAZA EN TRES ESPECIES DE GARZAS NIDIFICANTES EN LA CIÉNAGA DE BIRAMA

Autor: Dennis Denis

Un estudio realizado sobre las concentraciones de plomo (Pb), selenio (Se) y mercurio (Hg), presentes en plumas de contorno de pichones de Garza de Rizos, Garza Ganadera y Garza de Vientre Blanco que crían en la ciénaga de Birama (Cuba), reveló que estos elementos aparecen solo como trazas, con niveles no preocupantes ni para la salud humana, ni para la del medio natural, al estar entre una y tres partes por millón. Los niveles de mercurio son significativamente menores en la Garza Ganadera que en las otras dos especies, probablemente, debido a sus hábitos de alimentación más terrestres. Este elemento es más elevado en el ambiente acuático, debido a que la forma orgánica (biometilada) de este metal se produce con mucha más facilidad en los ambientes con bajas concentraciones de oxígeno, del fondo de las lagunas, por la acción de bacterias sulforreductoras abundantes en este medio. Ello provoca que esté mucho más disponible a las especies acuáticas y pase a formar parte, más fácilmente, de las cadenas tróficas. Los niveles de selenio tienden a discriminar entre las dos especies con alimentación más acuática, ya que el comportamiento de este compuesto es diferente en la columna de agua que en los fondos anóxicos, y, por tanto, se acumula de forma diferencial en los animales que viven en estos medios. Este comportamiento de los elementos traza permite utilizarlos como biomarcadores del nicho ecológico de las especies.

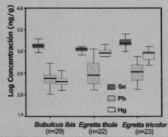

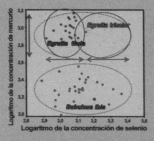

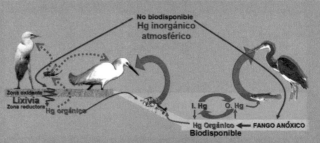

Tomado de: Denis, D., S. Ferrer, M. Acosta, L. Mugica, C. Sampera y X. Ruiz (2004): **Elementos traza como biomarcadores ecológicos en tres especies de garzas (Aves: Ardeidae) de la ciénaga de Birama, Cuba.** Poster. Simposio Nacional de Zoología, Topes de Collantes, Cuba.

Usos de nuestros humedales

Los humedales, tradicionalmente, han sido usados por el hombre tanto para su esparcimiento como para satisfacer sus necesidades materiales. Entre las actividades de uso más comunes se encuentran la caza, la pesca y, más recientemente, el ecoturismo. En cualquiera de ellas se debe promover su uso racional, que no es más que la "utilización sostenible que otorga beneficios a la humanidad de una manera compatible con el mantenimiento de las propiedades naturales del ecosistema".

EFECTO DE LA CAZA SOBRE LAS AVES ACUÁTICAS

Dentro de las interacciones más antiguas que el hombre ha tenido con las aves se encuentra la caza, que en sus inicios se desarrolló, solamente, como una actividad encaminada a satisfacer las necesidades de alimento y con el decursar de los años y el desarrollo tecnológico pasó a ser utilizada, también, como una actividad recreativa. En la actualidad se cuenta con varias modalidades de caza entre las que se destacan: la caza tradicional o de subsistencia, la caza sanitaria, destinada al control de vectores y especies introducidas y la caza deportiva. Aunque en todos los casos el objetivo final es la obtención del animal, existen notables diferencias entre ellas.

La caza y la pesca de subsistencia es una actividad integrada al folclor de nuestras comunidades rurales.

En Cuba, aun cuando la caza de subsistencia no se encuentra como una de las actividades aprobadas legalmente, en algunas localidades se mantiene como una práctica común, y, en muchos casos, ha sido desarrollada con medios no aprobados por la legislación vigente, pero que resultan eficientes y permiten la obtención de un gran número de ejemplares, que son destinados, por lo general, al comercio ilícito. Estas prácticas, además, constituyen una fuente de perturbación que resulta nociva para el establecimiento y desarrollo de muchas poblaciones de aves que son muy sensibles a la presencia humana.

La Yaguasa con frecuencia es confundida con el Yaguasín, la otra especie del género *Dendrocygna*, que es mucho más abundante en los cultivos de arroz.

Un caso especial y controvertido dentro de la actividad de caza es el referido a la Yaguasa, una especie de pato de apreciable tamaño, que, tradicionalmente, ha sido cazada en nuestro país. Durante muchos años esta especie se mantuvo incluida dentro de las especies autorizadas para la actividad cinegética, pero la continua disminución de sus poblaciones, tanto en Cuba como en el resto del Caribe, hizo que se declarara en veda permanente, no obstante todavía existen muchas personas que, localmente, violando las disposiciones establecidas, practican su caza.

Yaguasa

Nombre científico:
Dendrocygna arborea

Nombre en inglés:
West Indian Whistling Duck

Clasificación:
Orden Anseriformes
Familia Anatidae

Distribución:

Medidas: -♀♂-
Peso corporal (g):	996
Largo del pico (mm):	51
Largo del tarso (mm):	78

Alimentación:
Semillas de arroz, metebravo, arrocillo, palmiche y otras.

Reproducción:
Nidifica en cavidades en árboles y en la vegetación herbácea. Pone hasta 16 huevos de color blanco.

Época de cría:
| E | F | M | A | M | J | J | A | S | O | N | D |

YAGUASA CRIOLLA: UNA ESPECIE EN PELIGRO

Autora: Lourdes Mugica

La Yaguasa, es un ave endémica del Caribe, donde vive solo en algunas islas y está incluida en el *Libro rojo de las aves amenazadas del mundo* como una especie de categoría Vulnerable, lo que quiere decir que sus poblaciones están en constante disminución, y, si no se toman medidas a tiempo, pasará a la triste lista de los animales extinguidos. De hecho en Haití y Puerto Rico quedan solo pequeñas poblaciones remanentes.

La Yaguasa pertenece a un pequeño grupo de aves conocidas como patos silbadores que contiene 9 especies en todo el mundo, de ellas 4 han sido registradas para Cuba.

a) Yaguasa
b) Yaguasín
c) Yaguasa Cariblanca
d) Yaguasa Barriguiprieta

Vive en lagunas, ciénagas y pantanos. Durante el día permanece en humedales apartados y bien protegidos por bosques de mangle, generalmente, en la costa y al caer la noche sale en busca de alimentos a zonas aledañas, que bien pueden ser cultivos como el arroz u otros y lagunas interiores, regresando de nuevo a los sitios de descanso antes del amanecer. Generalmente, andan en pequeños bandos que rara vez exceden los 30 individuos, y al volar emiten un silbido trisilábico muy característico, que unido a su vuelo lento permite reconocer al ave a distancia. En general, presenta pocos movimientos locales y es residente permanente en nuestros humedales más apartados. Se alimenta durante la noche, para lo cual usa granos, como el palmiche (fruto de la palma real), arroz, arrocillo, metebravo y otros, también se ha registrado que gusta de comer boniato y que ingiere algún alimento animal, pero en pequeñas cantidades. La nidificación ocurre, al parecer, en cualquier momento del año, con un pico en la etapa de verano donde se ha registrado un mayor número de nidos.

Nidifica en huecos de árboles, raíces de mangle y en el suelo, pone entre 6 y 14 huevos blancos inmaculados que son incubados durante 30 días. Los pichones son nidífugos, o sea, que tan pronto nacen abandonan el nido y siguen a los padres que, rápidamente, los conducen a los sitios de alimentación en zonas inundadas.

En Cuba fue un ave muy común hasta la década de los sesenta. La mayor amenaza que presenta la especie es la cacería indiscriminada, a pesar de estar en veda permanente, sigue siendo presa favorita de los cazadores. Ya en 1876, Juan Gundlach, un famoso ornitólogo alemán que estudió nuestras aves, planteó que "los cazadores suelen matarlas al oscurecer cuando vienen a los palmares, atraídas también por el silbido, que el mismo cazador imita". No cabe duda que existe una fuerte tradición que permanece arraigada entre los amantes de la caza. Una segunda amenaza la constituye la degradación de su hábitat, los humedales, que han sufrido procesos de degradación y destrucción importantes en toda la zona del Caribe, sobre todo para dar paso al desarrollo del turismo en la región.

Festival Protegiendo los Humedales **Además de que la especie está legalmente protegida se ha creado un Grupo de Trabajo del Caribe desde 1996 para conservar la Yaguasa, del cual Cuba es un miembro activo a través del Grupo de Ecología de Aves de la Universidad de La Habana. Este grupo ha desarrollado un amplio programa de educación ambiental en el Caribe, que ha tenido una gran aceptación.**

Estamos convencidos de que en la medida que se conozcan mejor nuestros humedales y su funcionamiento, se podrán brindar los conocimientos necesarios a la población que permitan elevar la conciencia y contribuir a la conservación de nuestro patrimonio natural del cual la Yaguasa Criolla es un hermoso ejemplo.

Tomado de: Mugica, L., D. Denis y M. Acosta (2002): Resultados preliminares de la encuesta sobre la Yaguasa (*Dendrocygna arborea*) en varias regiones de Cuba. **El Pitirre** 15 (2): 55-60.

En Cuba el Ministerio de la Agricultura es el encargado de establecer toda la legislación correspondiente al uso de la fauna para la actividad cinegética, solo bajo la concepción de caza deportiva, por lo que se elabora y publica cada año la Ley de Caza, documento oficial en el cual se dan a conocer un conjunto de reglamentaciones generales que se deben cumplir para el ejercicio de la caza. En este se listan las especies aprobadas, la norma de caza por jornada de cada una de ellas y por provincias, así como las fechas de apertura y cierre de la temporada en cada caso.

En términos generales, la actividad de caza deportiva es realizada como una actividad recreativa, concebida desde el punto de vista organizativo bajo dos modalidades particulares, una para el turismo

República de Cuba
Ministerio de la Agricultura

Calendario de Caza

1999 - 2000

extranjero y otra para el turismo nacional, que aunque difieren en algunos aspectos ejecutivos, ambas deben cumplir con lo planteado en la Ley de Caza establecida para el año.

En el país existen, en la actualidad, 13 cotos de caza internacionales, con una infraestructura organizativa y un sistema de aprovechamiento cinegético que involucra tanto a especies acuáticas como terrestres. Por su parte, los cazadores nacionales, se agrupan en la Federación Cubana de Caza Deportiva y disponen para su actividad de 335 áreas de caza distribuidas por todo el territorio nacional.

Cotos de caza por provincia

Si se agrupan las provincias por regiones, se observa que la distribución de las áreas de caza es bastante homogénea, ya que 33 % se encuentra en la región occidental, 37 % en la central y 30 % en la oriental, que a su vez es más montañosa y con menos áreas adecuadas para el ejercicio de la actividad cinegética.

En relación con los humedales, solo una parte de las áreas destinadas a la cacería comprende zonas acuáticas, y, en los últimos años, el impacto de la caza legal ha disminuido de manera progresiva sobre las comunidades de aves, debido a la escasez de medios para su desarrollo. No ha ocurrido así con la cacería ilegal, en la cual el uso de diferentes medios, como perros, palos, alambres, reflectores, redes o simplemente la captura manual, ha ocasionado apreciables daños sobre las gallaretas, gallinuelas y pichones de yaguasines en áreas arroceras, así como sobre flamencos, gaviotas etc., en zonas costeras o cayos como cayo Borracho, cayo la Vela, cayo Mono Grande, cayo Fragoso y cayo Los Ballenatos.

Entre las especies acuáticas los patos son el elemento fundamental utilizado para la caza y dentro de ellos, el Pato de la Florida es la pieza mas frecuentemente abatida, por presentar los mayores efectivos poblacionales. Le siguen en importancia el Yaguasín, el Pato Cuchareta y el Pato Bahamas. En general, todos ellos utilizan durante el día las lagunas costeras y al caer la noche vuelan hacia sus áreas de alimentación, que en la mayoría de los casos están asociadas con zonas arroceras, donde encuentran alimento en campos con escasa profundidad de agua, lo que facilita el consumo de granos de arroz y otra serie de gramíneas que de manera natural crecen en estos lugares.

POTENCIAL DE LAS ARROCERAS PARA EL USO ECOTURÍSTICO

Uno de los entretenimientos relacionados con la naturaleza que más aficionados tiene en el mundo, es la observación de aves. Cada año, más de cuarenta millones de personas se mueven hacia lugares naturales distantes, en busca de nuevas especies, o para admirar las grandes concentraciones de aves que se forman en algunas áreas de alimentación y descanso durante sus viajes migratorios, y con ello, contribuyen, de manera sustancial, a la economía local. Aun cuando este tipo de actividad se realiza, mayormente, en ecosistemas naturales, algunos ecosistemas creados y manejados por el hombre pudieran servir también a estos fines. Tal es el caso del ecosistema arrocero, el cual, por lo general, ha sido utilizado como área de caza y, sin embargo, bien manejado contaría con una serie de características que facilitarían su utilización ecoturística. Entre las más significativas están su fácil acceso, el hecho de que reúne grandes concentraciones de diversas especies de aves acuáticas y que es un ambiente predecible, que cuenta con flujos estables de especies, tanto residentes permanentes como migratorias. Si bien las especies de aves acuáticas que lo utilizan no son típicas de una región determinada, sino que habitan en todo el continente, presentan características muy llamativas como el gregarismo, las grandes tallas y complejas conductas que hacen de su observación una actividad muy placentera y educativa para los amantes de la vida silvestre.

Conservación de los humedales a escala internacional

Existen varios tratados intergubernamentales destinados a la conservación de la naturaleza, el primero que se creó, en 1971, fue la Convención Ramsar, que es, además, la única hasta el momento que se dedica a la protección de un hábitat exclusivo: los humedales.

La convención fue firmada el 2 de febrero de 1971 en la ciudad de Ramsar, Irán, en respuesta a la seria disminución de los humedales y las poblaciones de aves acuáticas en la década de 1960, producto de la actividad humana. Entró en vigor en 1975 y ya hoy cuenta con 145 instituciones firmantes. Ramsar ayuda a la protección de los humedales, al generar políticas y acciones positivas a favor de estos. Su mayor contribución ha sido el establecimiento de un grupo de criterios que han permitido identificar y reconocer los "Humedales de Importancia Internacional" o sitios Ramsar, como también se les llama, en todos los países que forman parte del tratado. Hasta el momento se han identificado 1 435 sitios en el planeta que ocupan 125 100 000 *ha*.

Los países firmantes tienen varias obligaciones entre las que se encuentran: designar por lo menos un humedal que responda a los criterios de Ramsar para su inclusión en la Lista de Humedales de Importancia Internacional (Lista de Ramsar), y asegurar el mantenimiento de las condiciones ecológicas de cada sitio de la lista.

Cuba pasó a formar parte de la convención el 12 de agosto del 2001. Actualmente, posee seis sitios designados como sitios Ramsar, con un área de 1 188 411 *ha*, con lo cual el gobierno cubano se compromete a llevar a cabo acciones para su protección y manejo. Todas estas áreas están además incluidas dentro del Sistema Nacional de Áreas Protegidas (SNAP) con algún grado de protección.

¿Cómo se identifican los sitios Ramsar?

Los humedales de importancia internacional se identifican a partir de cuatro criterios principales:

Criterio para humedales representativos o únicos: si contiene humedales representativos o únicos (ya sea por ser tipos específicos, raros o poco comunes) de una región biogeográfica.

Criterios generales basados en la fauna y la flora; si sustenta un grupo apreciable de especies raras, vulnerables o amenazadas, si es de valor especial para mantener la biodiversidad de una región o como hábitat de especies o comunidades endémicas.

Criterios específicos basados en aves acuáticas: si, de forma regular, sostiene una población de 20 000 aves acuáticas o sostiene 1 % de los individuos de la población mundial de una especie de ave acuática.

Criterios específicos basados en peces: si sustenta una proporción significativa de las especies autóctonas o es una fuente de alimentación, zona de desove, área de crecimiento y desarrollo o ruta migratoria importante de la que dependen poblaciones de peces del mismo u otros humedales.

Sitios Ramsar en Cuba

Buenavista (designada el 18/11/02); Villa Clara, Sancti Spíritus. 313,500 ha. 22º27' N, 78º49' W. Sitio Ramsar núm. 1133.

Gran Humedal del Norte de Ciego de Ávila (designada el 18/11/02). Ciego de Ávila. 226 875 *ha*. 22º19' N, 78º29' W. Sitio Ramsar núm. 1235.

Humedal Río Máximo-Cagüey (designada el 18/11/02); Camagüey. 22 000 *ha*. 21º43' N, 77º27' W. Sitio Ramsar núm. 1237.

Ciénaga de Lanier y Sur de la Isla de la Juventud (designada el 18/11/02); Isla de la Juventud. 126 200 *ha*. 21º36' N, 82º48' W. Sitio Ramsar núm. 1134.

Ciénaga de Zapata (designada el 12/04/01); Matanzas; 452 000 *ha*. 22º20' N, 81º22' W. Sitio Ramsar núm. 1062.

Humedal Delta del Cauto (designada el 18/11/02); Granma, Las Tunas. 47 836 *ha*. 20º34' N, 77º12' W. Sitio Ramsar núm. 1236.

PROGRAMA PARA ESTABLECER LAS ÁREAS DE IMPORTANCIA PARA LAS AVES

En la actualidad, existen varios organismos internacionales que se dedican a fomentar la conservación de las aves a escala global. Uno de los más reconocidos es *Birdlife International*, organización no gubernamental (ONG) que radica en Inglaterra, Reino Unido.

"Juntos por las aves y la gente"

Es una alianza global de organizaciones conservacionistas, que agrupa a más de 100 países mediante organizaciones *Partners* y representantes. A través de la red global de organizaciones, *Birdlife International* contiene la información más actualizada sobre las poblaciones de aves en el mundo, su distribución y prioridades de conservación. Su misión es conservar todas las especies de aves y sus hábitat en la tierra, por la sostenibilidad en el uso de los recursos naturales. Ha producido importantes publicaciones, como el *Libro rojo de las aves amenazadas del mundo*, los libros *Las áreas de importancia para las aves*, en varios países y continentes y el libro *Áreas de aves endémicas del mundo* entre otros. Cuba es miembro de *Birdlife International* y su representante actual en la isla es el Centro Nacional de Áreas Protegidas.

Entre las iniciativas más novedosas de *Birdlife International* ha estado el establecer, en 1985, el programa de las Áreas de Importancia para las Aves, conocido, internacionalmente, por sus siglas en inglés: IBAs (*Important Bird Areas*), que busca establecer una red mundial de áreas protegidas para la conservación de las aves y otras formas de vida silvestre. El programa de las IBAs es una herramienta práctica para la conservación, que ha demostrado su eficacia en Europa, Medio Oriente y África y su éxito se ha demostrado mediante: el desarrollo de programas de conservación nacionales, por logros en el ámbito de las políticas de desarrollo y conservación, y por el fortalecimiento institucional de las organizaciones nacionales que representan a *Birdlife International* en sus países. Desde el año 2001 se han dado los primeros pasos para el desarrollo del programa de las IBAs en el país, el cual formará parte, a su vez, de un Programa Regional para el Caribe y del Programa para las Américas.

ARROCERAS Y HUMEDALES: DOS PROPUESTAS DE IBAs EN CUBA

Entre las propuestas de IBAs en Cuba se encuentran dos áreas arroceras y las zonas costeras aledañas, lo que resulta poco común, ya que las IBAs, generalmente, están ubicadas en zonas naturales.

¿Cuáles son las categorías que permiten proponer a un sitio como IBA?

Las IBAs se identifican basándose en criterios internacionales previamente establecidos por *Birdlife International* y aplicados en forma idéntica en todo el mundo.

Para que un área sea propuesta debe contener:

Categoría A1: especies amenazadas a nivel mundial.

Categoría A2: especies de rango de distribución restringido.

Categoría A3: aves características de determinados biomas.

Categoría A4: sitios que incluyan grandes congregaciones.

En febrero 2004 se celebró el primer taller nacional sobre las IBAs en Cuba.

Humedales propuestos como IBAs en Cuba

Nombre de la IBA	Provincia	¿Está protegida?
1. Humedal Sur de Pinar del Río	Pinar del Río	no
2. Ciénagas de Zapata	Matanzas	sí
3. Humedales del Norte de Matanzas-Cinco Leguas	Matanzas	no
4. Las Picuas - Cayo Cristo	Villa Clara	sí
5. Lanzanillo-Pajonal-Fragoso	Villa Clara	sí
6. Humedales del sur de Sancti Spíritus	Sancti Spíritus	no
7. Caguanes	Sancti Spíritus	sí
8. Humedales al Norte de Ciego de Ávila	Ciego de Ávila	parcial
9. Cayo Sabinal y Manglares de la Bahía de Nuevitas y Ballenatos	Camagüey	sí
10. Río Máximo y Cayo Guajaba	Camagüey	sí
11. Ciénaga de Birama	Granma	sí
12. Zona costera Balsas-Cobarrubias	Holguín	sí
13. Delta del Mayarí-Nipe	Holguín	¿

La primera área es la Costa Sur de Sancti Spíritus, incluye la zona costera entre Las Nuevas y Mapo, de la provincia de Sancti Spíritus (coordenadas centrales: 21º38'49" N y 79º14'12" W). Comprende la arrocera Sur del Jíbaro, una de las arroceras más grandes del país, considerada, tradicionalmente, como un importante sitio de concentración de aves acuáticas. También incluye, al sur, una franja costera de humedales que consta de varias lagunas importantes, como El Basto y La Limeta y una franja de mangles, que puede ocupar varios kilómetros de ancho. El área aproximada es de 60 593 *ha*. Se han registrado 107 especies de aves en esta posible IBA. La propuesta de esta área está basada en que cumple con dos de los criterios establecidos:

Criterio A1: presenta una especie amenazada, que es la Yaguasa con una población de al menos 100 individuos que utilizan tanto las lagunas como las arroceras

Criterio A4: existen congregaciones de aves acuáticas de más de 20 000 individuos de Coco Prieto y Garza Ganadera. Se reúnen, además, numerosas especies migratorias, en especial, de aves limícolas y patos. Se destaca el Pato de la Florida, del que se han observado congregaciones de más de 100 000 aves en las lagunas costeras. Para las aves limícolas constituye un sitio de refugio y alimentación para muchas especies, que prefieren las zonas de aguas someras de las arroceras y las zonas intermareales costeras, donde se han llegado a detectar más de 10 000 individuos en una laguna.

La segunda IBA cubana con similar estructura, está situada al sur de Pinar del Río. Incluye un conjunto de humedales costeros naturales y las áreas de arroceras adyacentes entre Los Palacios y Consolación del Sur (coordenadas centrales: 22º25'47" N y 83º15'46" W). El área cuenta con más de 101 especies de aves, entre las que se destacan por su abundancia las aves acuáticas, particularmente, las garzas y el Coco Prieto, del cual se estiman unos 20 000 individuos. La población de yaguasas en la localidad se considera superior a los 100 individuos, de aquí que cumple con los criterios A1 y A4, como en el caso anterior. Grandes grupos de especies acuáticas migratorias se reúnen durante el invierno, utilizando la zona de arrocera como sitio de alimentación, mientras que los manglares y otras zonas costeras naturales constituyen importantes sitios de refugio. En la zona costera se detectó la mayor concentración de Pelícano Blanco registrada hasta el momento para la región del Caribe, con unos 400 individuos. Esta ave resulta muy rara y escasa en la región, pero según los pobladores del lugar es un común residente invernal en las lagunas costeras.

Actualmente, se desarrolla en ambas áreas un proyecto de conservación titulado "Las arroceras y los humedales naturales como unidades de conservación para las aves acuáticas", financiado por la Whitley Fund for Nature y ejecutado por el grupo de Ecología de Aves de la Facultad de Biología, Universidad de La Habana, que ha permitido reunir los elementos para fundamentar la propuesta de estas dos áreas como IBAs.

OTROS ORGANISMOS INTERNACIONALES RELACIONADOS CON LA CONSERVACIÓN DE LOS HUMEDALES

Es una organización internacional sin fines de lucr dedicada a la conservación y uso sostenible de l humedales. Sus actividades, a escala global, se llevan cabo a través de una red bien establecida de expertos socios en organizaciones claves. Su misión es restaurar l humedales, sus recursos y biodiversidad, para las futur generaciones a través de investigación, intercamb científico y actividades de conservación. Han llevado cabo actividades en 120 países, incluyendo a Cuba, don se han desarrollado varios proyectos financiados por es organización.

Consejo para la Conservación de las Aves Acuáticas (The Waterbird Conservation Council)

Es un grupo de individuos que representan los intereses y perspectivas relacionados con la conservación de las aves acuáticas en América. El consejo, tiene la posibilidad de coordinar, facilitar e implementar el Plan para las Aves Acuáticas, así como actualizarlo y promover acciones para su cumplimiento, para lo cual se reúnen periódicamente. Cuba está representada en el consejo con un representante de la Universidad de La Habana. Esta iniciativa partió de un comité formado en 1998, que se mantuvo hasta la publicación del Plan para las Aves Acuáticas de Norteamérica en el 2002.

DUCKS UNLIMITED: UNA ORGANIZACIÓN DEDICADA A CONSERVAR LAS POBLACIONES DE PATOS Y SUS HÁBITAT

Durante la gran sequía de 1930 un grupo de cazadores deportivos se unieron para crear una organización no gubernamental para preservar y restaurar las afectadas poblaciones de patos de Norteamérica. Su objetivo fue cubrir a lo largo del ciclo anual, las necesidades de las aves acuáticas de América del Norte, protegiendo, restaurando y manejando humedales importantes.

En 1937 esta organización, nombrada Ducks Unlimited (DU, Patos sin Límites), con 6720 miembros logró recaudar 90 000 dólares para la conservación de los humedales y sus patos. Actualmente, más de 680 000 personas son miembros de este grupo, que con más de un millón de contribuyentes en todo el mundo, se ha convertido en la mayor organización conservacionista de estos ecosistemas. DU ha destinado valiosos fondos para restaurar, mantener y proteger más de 3 300 000 *ha* de hábitat en Norteamérica y México. De forma paralela, ha realizado un monitoreo extensivo e intensivo de las poblaciones de patos desde su surgimiento, para promover medidas de conservación efectivas. Sin embargo, hasta hace poco, su interés se concentraba en las áreas de Norteamérica, sin incluir en su campo de acción las zonas de invernada en los países de Latinoamérica y el Caribe. Recientemente, se ha tomado conciencia de que estas aves pasan la mitad de su ciclo anual en la región del Caribe y Sur América y de aquí la necesidad de estudiar y conservar sus humedales por lo que se creó un nuevo programa con este fin.

Desde entonces se están llevando a cabo numerosos proyectos en varios países de América Latina y el Caribe, y se promueven conteos anuales de patos con los objetivos de estimular el interés por los humedales y las aves acuáticas y de promover una perspectiva hemisférica para trabajos de conservación e investigación. Se han realizado varios talleres para capacitar y establecer grupos de colaboradores en cada país y construir una red regional de expertos para intercambio de ideas e información. De esta forma, este programa permitirá identificar humedales con necesidades de manejo o de restauración y monitorear las tendencias poblacionales de las especies de patos en la región.

Reunión de DU y sus colaboradores en el Caribe, celebrada en República Dominicana en marzo del 2000.

Otros tratados internacionales importantes relacionados, de forma directa o indirecta, con los humedales son: la Convención sobre Diversidad Biológica, la Convención sobre la Conservación de Especies Migratorias (Convención de Bonn), el Convenio Marco sobre Cambio Climático, la Convención de la Lucha contra la Desertificación, la Convención del Patrimonio Mundial y la Convención sobre el Comercio Internacional de Especies Amenazadas de Flora y Fauna Silvestres (CITES). En todos ellos Cuba mantiene una activa participación y realiza enormes esfuerzos por cumplir con los compromisos contraídos.

Conservación a escala nacional

Cuba cuenta con un Sistema Nacional de Áreas Protegidas, donde se incluyen ocho categorías de manejo: Reservas Naturales, Parques Nacionales, Reservas Ecológicas, Reservas Florísticas Manejadas, Refugios de Fauna, Elementos Naturales Destacados, Paisajes Naturales Protegidos, y Áreas Protegidas de Recursos Manejados. El sistema consta de 263 áreas (entre aprobadas y propuestas), de las cuales 80 son de significación nacional (87 %) y el resto de significación local.

Los humedales a su vez están representados en 14 áreas de significación nacional que ocupan 2 320 638 *ha* y 28 áreas de significación local con un área total de 74 754 *ha*. Todos los sitios Ramsar, así como los humedales más importantes del país están reconocidos en el sistema.

Las áreas protegidas relacionadas con humedales se concentran en el occidente y centro de Cuba (50 y 44 %), mientras que en la parte oriental ocupan solo 5 %. Las áreas de significación local, aunque pequeñas, pueden tener una gran importancia para la conservación de las aves acuáticas. Muchas de ellas constituyen importantes sitios de paso durante la migración de las aves, que las usan durante un período muy breve, como sitios de alimentación, de forma que son vitales para obtener la energía necesaria para continuar sus vuelos migratorios, mediante la acumulación de grasa, con lo cual cubren los requerimientos fisiológicos para el

Áreas protegidas que contienen humedales

ÁREA PROTEGIDA (ÁP)	CATEGORÍA	ÁREA (*ha*)	PROVINCIA
Significación nacional			
Sur de la Isla de la Juventud	ÁP de Recursos Manejados	131 122	Isla de la Juventud
Reserva de la Biosfera Ciénagas de Zapata	ÁP de Recursos Manejados	628 194	Matanzas
Ciénagas de Zapata	Parque Nacional	490 417	Matanzas
Lanzanillo	Refugio de Fauna	87 071	Villa Clara
Las Picúas	Refugio de Fauna	55 972	Villa Clara
Caguanes	Parque Nacional	20 488	Sancti Spíritus
Reserva de la Biosfera Buenavista	ÁP de Recursos Manejados	313 502	Sancti Spíritus, Villa Clara, Camagüey
Humedales del Norte de Ciego de Ávila	ÁP de Recursos Manejados	103 848	Ciego de Ávila
Maternillo-Tortuguilla	Reserva Ecológica	10 485	Camagüey
Humedales de Cayo Romano y Norte de Camagüey	ÁP de Recursos Manejados	347 235	Camagüey
Río Máximo	Refugio de Fauna	22 576	Camagüey
Bahía de Malagueta	Refugio de Fauna	23 262	Las Tunas
Nuevas Grandes-La Isleta	Reserva Ecológica	10 091	Las Tunas
Delta del Cauto	Refugio de Fauna	66 375	Granma
Significación local			
Ciénaga de Lugones	Refugio de Fauna	1282	Pinar del Río
Cayamas	Refugio de Fauna	7832	Prov. de La Habana
Río Ariguanabo	Elemento Natural Destacado	495	Prov. de La Habana
Laguna del Cobre-Itabo	Refugio de Fauna	774	Ciudad de La Habana
Ensenada de Sibarimar	ÁP de Recursos Manejados	216	Ciudad de La Habana
Rincón de Guanabo	Paisaje Natural Protegido	582	Ciudad de La Habana
Triscornia	Reserva Florística Manejada	6	Ciudad de La Habana
Ensenada de Portier-Lamas	ÁP de Recursos Manejados	3089	Ciudad de La Habana
Bahía de Cádiz	Reserva Ecológica	1162	Matanzas
Cinco Leguas	Refugio de Fauna	3611	Matanzas
Sureste del Inglés	Refugio de Fauna	9318	Matanzas
Cayo Mono	Refugio de Fauna	2795	Matanzas
Lagunas del Vínculo	Refugio de Fauna	1035	Matanzas
Guanaroca-Gavilanes	Refugio de Fauna	3038	Cienfuegos
Desembocadura del río Tana	Reserva Florística Manejada	482	Sancti Spíritus
Delta del Higuanojo	Refugio de Fauna	853	Sancti Spíritus
Delta del Agabama	Refugio de Fauna	8477	Sancti Spíritus
Tunas de Zaza	Refugio de Fauna	6044	Sancti Spíritus
Laguna Larga	Reserva Florística Manejada	3089	Ciego de Ávila
Cayo Alto	Refugio de Fauna	95	Ciego de Ávila
Cayo Ballenatos y manglares de la bahía de Nuevitas	Refugio de Fauna	6967	Camagüey
Laguna de San Felipe	Reserva Florística Manejada	21	Camagüey
Laguna La Redonda	Refugio de Fauna	602	Camagüey
Bahía de Naranjo	Paisaje Natural Protegido	1934	Holguín
Voceadero	Refugio de Fauna	516	Holguín
Bahía de Sagua de Tánamo y sus cayos	Refugio de Fauna	9395	Holguín
Balsas de Gibara	Refugio de Fauna	747	Holguín
San Miguel de Parada	Refugio de Fauna	297	Santiago de Cuba

Tomado de la Base de Datos del Centro Nacional de Áreas Protegidas.

retorno a las áreas de cría. Por otra parte, muchas de estas áreas se encuentran cerca de asentamientos humanos, y son de fácil acceso, por lo que pueden ser utilizadas, con gran efectividad, en programas de educación ambiental, de forma que la población tome conciencia de su importancia y contribuya a su conservación a través de sus acciones.

PROTECCIÓN LEGAL DE NUESTROS HUMEDALES

Existen una serie de leyes, decretos leyes, decretos y acuerdos que le brindan protección legal a nuestros ecosistemas de humedales. Están los de carácter general que tienen repercusión en todos los ecosistemas y áreas naturales de Cuba, como, por ejemplo, la Ley 81 de 1997 que establece las bases que guían la política ambiental en nuestro país y el Decreto Ley 201 de 1999 que establece el régimen legal relativo al Sistema Nacional de Áreas Protegidas. El más relacionado con los humedales es la Ley 212 del 2000 de la zona costera, que establece las disposiciones para la conservación y el uso sostenible de nuestras costas.

Conservación a escala local: proyectos actuales

Varias instituciones cubanas llevan a cabo proyectos de investigación, conservación y manejo relacionados con los humedales o con las aves que se les asocian. Entre las más importantes se encuentran las que pertenecen al Ministerio de Educación Superior (universidades), al Ministerio de Ciencia, Tecnología y Medio Ambiente (zoológicos, acuarios, museos, centros de investigación y unidades territoriales del CITMA) y al Ministerio de la Agricultura (Empresa para la Conservación de la Flora y la Fauna) que administra un número apreciable de áreas protegidas, donde cuenta con biólogos y obreros dedicados a su conservación. Como resultado de estos proyectos se obtiene información con aplicaciones prácticas para la conservación y manejo de las aves acuáticas.

APLICACIONES CONSERVACIONISTAS DE LAS INVESTIGACIONES EN COLONIAS REPRODUCTIVAS DE AVES ACUÁTICAS

Como aplicación práctica, el manejo de las colonias de cría a través del establecimiento de nuevos sitios de nidificación, ha demostrado ser valioso en numerosas ocasiones y requiere de una sólida base de información, acerca de las características de la reproducción del grupo.

Se asume que el éxito de cría de las aves refleja, acertadamente, las condiciones ecológicas locales, sin embargo, la dinámica desconocida de su relación, hace que este sea muy poco predecible. Lo anterior se demostró al correlacionar el número de nidos iniciados, el tamaño de puesta, la supervivencia de los nidos y el éxito de eclosión, con la productividad total de juveniles, en cuatro especies de garzas durante nueve años en los Everglades. De todas estas variables, la única que demostró relacionarse con la productividad, fue el número de nidos iniciados, por lo que se infiere que los esfuerzos conservacionistas deben orientarse más a los factores que atraen a las garzas a criar, que a los que maximizan su éxito reproductivo.

RECOMENDACIONES DE MANEJO PARA LAS COLONIAS DE AVES ACUÁTICAS DE LA CIÉNAGA DE BIRAMA

Autor: Dennis Denis

Las medidas de conservación de este grupo de aves, deben incluir protección y manejo de los sitios de nidificación, alimentación y descanso, para lo cual se requieren estudios detallados sitio-específicos. Particularmente, en la región de la ciénaga de Birama, los resultados derivados de las investigaciones, han permitido sugerir un conjunto de medidas para la conservación local efectiva de este grupo, que se mencionan a continuación:

- Continuar el monitoreo anual de los tamaños de las colonias y el éxito reproductivo de cada especie con métodos poco intrusivos.

- Incluir en el monitoreo todos los sitios donde se ha detectado, en algún momento, la cría, aunque, temporalmente, puedan quedar inactivos, y cada año recorrer todas las áreas para detectar nuevos sitios potenciales de colonias satélites.

- Monitorear el estado de la vegetación en todos los sitios de nidificación para determinar la necesidad de trabajos de restauración ecológica o recuperación del mangle. Es recomendable mantener abiertos y limpios los esteros de comunicación de las lagunas interiores, para mantener el flujo de agua, y practicar la repoblación forestal de los bordes de las lagunas o zonas afectadas por la guanotrofia durante la etapa no reproductiva.

- Ante degradaciones mayores de la vegetación se puede intentar el manejo activo del número de nidificantes en las colonias, aprovechando el comportamiento metapoblacional de estas en las áreas, que, previamente, debe ser descrito o caracterizado. Para ello se pueden emplear nidos artificiales y señuelos blancos para atraer nidificantes en las colonias satélites al inicio del reclutamiento de parejas, a la vez que se efectúan perturbaciones controladas en el sitio afectado, para promover, así, la traslocación de las parejas nidificantes.

- Ante una degradación más extensiva de la vegetación o la posibilidad de afectaciones humanas inevitables en períodos próximos se puede inducir, artificialmente, la utilización de nuevos sitios de cría, posibilidad que ha sido demostrada en otras áreas. Los nuevos sitios posibles se deben localizar sobre la base de las características locales, teniendo en cuenta los patrones de selección descritos para las especies.

- Para contribuir a proteger la vegetación en caso de daño, se puede establecer un suministro adicional de materiales de construcción del nido: depósitos de pequeñas ramas en lugares aledaños a la colonia.

- Continuar el monitoreo anual de la cronología de la puesta y los momentos exactos de inicio de la nidificación en cada una de las localidades, con el objetivo de establecer o controlar las fechas más adecuadas para efectuar las medidas de manejo.

- Eliminar, totalmente, las perturbaciones humanas durante las cuatro semanas siguientes al inicio de la nidificación, al ser este el período más sensible en estas especies y ocurrir en esta etapa el grueso del reclutamiento original.

- En caso de necesidad de extracción controlada de huevos con fines investigativos o de manejo, se debe realizar siempre posterior a la cuarta semana de la cría, para evitar el período sensible a perturbaciones, y lo suficientemente temprano para permitir a las parejas realizar una segunda puesta. Siempre, se deben extraer nidadas completas ya que los nidos con extracciones parciales tienen probabilidades de éxito muy bajas.

- En caso de necesidad de extraer pichones con fines investigativos o de cría en cautiverio, se recomienda colectar los pichones más pequeños de nidadas de tres o más, al ser los que menos probabilidades naturales de supervivencia poseen, de forma que no se afectaría así, notablemente, la productividad de la reproducción ese año. La edad más recomendada en caso de no haber necesidad explícita por una talla, debe ser entre 4 a 7 días de nacido.

- El anillamiento de pichones debe ser realizado por personal capacitado, en los momentos finales de la etapa reproductiva y se debe distribuir entre todas las colonias, aunque siempre es preferible limitar la afectación en la colonia fuente (Cayo Norte). El anillamiento se debe realizar siempre durante las dos primeras horas posteriores a la salida del Sol.

- Limitar, siempre que sea posible, el tránsito de embarcaciones de motor en aquellos esteros donde se detecten concentraciones de nidos de Aguaitacaimán.

- Limitar la utilización esporádica de los sitios de nidificación con fines ecoturísticos o de educación ambiental a las colonias satélites y siempre manteniendo la distancia tampón recomendada en la literatura, que para el caso de las garzas es de 50 m, como mínimo.

- Continuar con los estudios de anillamiento de pichones, de ser posible empleando anillos de colores diferentes en cada colonia para determinar, con mayor exactitud, los movimientos intercolonias y la dinámica metapoblacional, así como las áreas vitales de forrajeo de cada núcleo poblacional.

Tomado de: Denis D. (2001): **Ecología reproductiva de siete especies de Garzas (Aves: Ardeidae) en la ciénaga de Birama, Cuba.** Tesis para optar por el grado de Doctor en Ciencias Biológicas. Universidad de La Habana, Cuba. 145 pp.

Uno de los factores que más pueden amenazar a las aves acuáticas son las perturbaciones producidas por las actividades del hombre. Estas perturbaciones, implican reacciones defensivas en las aves, que les ocasionan mayores gastos energéticos, por lo cual se debe tener en cuenta en cualquier investigación sobre el éxito reproductivo y en cualquier actividad de manejo en el área. Una perturbación intensa y duradera puede provocar el abandono de los sitios de cría y la relocalización en lugares con peores condiciones, que implican menores éxitos de cría y una posible fragmentación de la población reproductora. Entre los efectos documentados más importantes están: abandono de los nidos antes de la puesta; abandono prematuro de los nidos por los pichones; pérdida de peso de los pichones por las regurgitaciones frecuentes y habituación a los seres humanos.

El pelícano muestra un grado extremo de sensibilidad, ya que llega a ser afectado por la perturbación producida por el repetido caminar de un hombre a menos de 600 *m* de la colonia.

Efecto de la perturbación producida por los investigadores en la reproducción de las garzas coloniales

Autor: Dennis Denis

Como las perturbaciones pueden alterar los patrones reproductivos y el éxito de cría, se realizó un experimento para evaluar este efecto en la colonia de Cayo Norte, ciénaga de Birama, en 1999. Se separaron dos áreas, con condiciones y estructura similares y se estudiaron los nidos bajo protocolos, que implicaran diferente grado de afectaciones en cada uno de ellos. Se incluyeron un total de 125 nidos de tres especies: Garza de Vientre Blanco, Garza Ganadera y Garza de Rizos, durante un período de 7 a 14 días. En 66 nidos se siguió una metodología de trabajo que implicaba marcaje y mediciones de huevos y pichones cada dos días. Los 59 nidos restantes se tomaron como control y solo se visitaban para hacer observaciones del contenido, mientras se tomaban medidas extremas para minimizar la perturbación. Se determinó el éxito reproductivo por la probabilidad de supervivencia diaria en cada conjunto y se encontró que la actividad humana no produjo una disminución significativa. Sin embargo, sí se observó como tendencia que el lado más frecuentemente visitado tuvo entre 16 a 25 % menos nidos exitosos. El tamaño de nidada promedio en ambos conjuntos de nidos fue similar, entre 2,1 y 2,3 huevos. El posible efecto de la presencia humana se manifiesta más fuertemente durante la etapa de incubación de los huevos, que en todas las especies tiene menor supervivencia. Esto sugiere que es probable que se esté subestimando el éxito reproductivo en las mediciones realizadas por el efecto de la propia presencia humana. La acción de manipulación de los pichones no se reflejó en menores supervivencias de estos, ya que, al parecer, aparecía habituación al hombre.

De cualquier forma, estos resultados no son categóricos y la tendencia observada pudiera llegar a producir serias afectaciones a la reproducción de las aves en otras condiciones, o sesgar los resultados obtenidos en las investigaciones. Por esta razón, es recomendable, en todos los casos, seguir simples reglas a la hora de estudiar la reproducción en especies coloniales. Estas se pueden resumir en: evitar el ruido, sobre todo las rupturas de ramas, no entrar, simultáneamente, a la colonia más de tres personas a menos que sea estrictamente necesario, minimizar el tiempo de permanencia ante los nidos, no utilizar para el estudio los horarios más estresantes: mediodía, amanecer y anochecer, y no entrar a las colonias en condiciones meteorológicas adversas como lluvias o vientos fuertes, que puedan aumentar la mortalidad de pichones y huevos.

Éxito reproductivo en cada etapa de las especies estudiadas, en las áreas con más y con menos perturbaciones producidas por los investigadores.

Etapa de huevo — Probabilidad de Supervivencia Diaria (P.S.D.)

Etapa de pichón

Garza Ganadera — Garza de Rizos — Garza de Vientre Blanco

☐ Sin disturbio ■ Con disturbio

Tomado de: Denis, D., P. Rodríguez, A. Rodríguez y L. Torrella (en prensa): Evaluación del efecto del disturbio de los investigadores sobre la reproducción en tres especies de garzas coloniales (Aves: Ardeidae). **Biología.**

Proyectos educativos para la conservación de los humedales

La conservación actual reconoce entre sus principios que el hombre forma parte activa de los ecosistemas y que puede representar un papel crucial en su protección y uso sostenible. De aquí, que sea fundamental diseminar los resultados científicos de forma que estos lleguen en una forma directa y sencilla a la población y se involucren a través de la concienciación en el proceso conservacionista.

Ahora bien, el hecho de que muchas de las aves acuáticas en Cuba estén asociadas a arroceras, impone un nuevo reto a los conservacionistas. Por una parte, porque cualquier modificación del sistema de cultivo que altere la estructura del hábitat o la asequibilidad del alimento, puede imponer cambios drásticos en la comunidad de aves que allí habitan; por otra, el hombre es parte activa y constante de este agroecosistema, y contribuirá a su conservación en la medida en que conozca cómo funciona y se logre en su actividad diaria actitudes y comportamientos en armonía con la naturaleza; pues sólo a través de una combinación entre el aumento de los conocimientos y el cambio de los valores, se logrará motivar a los individuos a actuar responsablemente, de lograrlo no sólo se habrá dado un paso de avance en el conocimiento científico sino en la conservación efectiva de nuestras aves acuáticas.

EDUCACIÓN AMBIENTAL: HERRAMIENTA NECESARIA PARA UNA EFECTIVA CONSERVACIÓN DE LOS HUMEDALES

Una vez que se logra el conocimiento de nuestra naturaleza, sus ecosistemas y la biodiversidad que la conforman, es necesario buscar los medios idóneos para que ese conocimiento se divulgue y se logre elevar la conciencia de la población en cuanto a la necesidad de preservar el entorno. Se parte del hecho de que no se conserva lo que no se ama y no se ama lo que no se conoce.

Con esta premisa se desarrolló un proyecto caribeño cuyo objetivo fundamental fue contribuir al conocimiento, conservación y uso sostenible de los humedales. Las actividades se llevaron a cabo de forma simultánea en Cuba, República Dominicana, Haití y Puerto Rico.

En Cuba, el proyecto consistió en una campaña educativa masiva organizada por el grupo de Ecología de Aves de la Universidad de La Habana y la Federación Cubana de Caza Deportiva. Se desarrolló entre los meses de agosto y diciembre del 2003, en dos municipios de Cuba: Los Palacios (Pinar del Río) y La Sierpe (Sancti Spíritus), para promover el conocimiento y uso sostenible de los humedales. Ambos lugares incluyeron comunidades rurales asociadas a arroceras y a humedales costeros naturales.

Aproximadamente, 8 000 personas participaron, directamente, en una o más de estas actividades. La campaña tuvo un gran éxito, que se refleja en las numerosas iniciativas locales que han surgido en la comunidad, relacionadas con la conservación de estos ecosistemas y la biodiversidad que albergan. También resulta muy estimulante el amplio uso que le están dando en la comunidad a todos los materiales donados en bibliotecas, escuelas y museos, lo que ha traído aparejado un mayor interés en el tema y la presentación de varios trabajos en eventos estudiantiles y fórum de ciencia y técnica que incluso han sido premiados.

El trabajo fue organizado por el Grupo de Trabajo de la Yaguasa en el Caribe, del cual Cuba forma parte, y fue financiado por Wetland International, la Whitley Fund for Nature, el Ministerio de Relaciones Exteriores de Holanda y la Universidad de La Habana.

La Sociedad para la Conservación y Estudio de las Aves del Caribe creó el Grupo de Trabajo de la Yaguasa, que ha trabajado, intensamente, para proteger a esta especie y los humedales en la región caribeña. Desde 1996, en que se formó el grupo, alrededor de 10 islas del Caribe han estado trabajando juntas para realizar investigaciones básicas e implementar programas educativos. Entre sus logros se encuentran la producción y diseminación de materiales educativos, el suministro de proyectores de diapositivas y binoculares a diferentes instituciones educativas, la realización de talleres a los maestros, los censos de yaguasas y el diseño y construcción de estanques para la observación de aves.

Conocimiento actual y necesidades futuras

Cuba ha tenido notables avances en el reconocimiento de sus humedales en las últimas dos décadas, ya se conocen tanto nacional como internacionalmente los humedales más importantes del país, y se reflejan en el establecimiento de los seis sitios Ramsar, la propuesta de 13 IBAs, de 14 áreas protegidas de significación nacional y 26 de significación local. Sin embargo, en la gran mayoría, el conocimiento que se tiene es muy básico y se desconoce cuáles de estos sitios son claves en la conservación y necesitan una acción particular, y cuáles están enfrentando las mayores amenazas. Si bien es verdad que la identificación y reconocimiento legal de estos sitios es un paso importante hacia su conservación, no es suficiente se requiere ahora establecer las prioridades que

LOS MARAVILLOSOS HUMEDALES DEL CARIBE INSULAR: UN LIBRO DE TRABAJO DE GRAN VALOR PARA LA CONSERVACIÓN

El Grupo de Trabajo de la Yaguasa, desde sus inicios ha promovido la elaboración de materiales educativos como: libros de colorear, carteles de conservación sobre la Yaguasa, muestras de diapositivas, funciones de títeres, tarjetas de identificación de aves y el libro *Los maravillosos humedales del Caribe insular*, dirigido a los maestros y educadores en general. Este último ha sido el logro de mayor impacto en los países caribeños, pues se imprimió en inglés, español y, en francés y se está usando en 10 países caribeños, en los que se han impartido 61 talleres con la participación de 1 700 personas. El libro consta de seis capítulos, donde se explica qué son los humedales, quién vive en ellos, cuáles son sus funciones y por qué están tan afectados. Además, brinda herramientas prácticas para organizar un viaje al campo y trae una guía de campo suplementaria. O sea, que el libro lleva al estudiante desde el descubrimiento de los humedales, a la toma de conciencia de los problemas que los afectan, y se les alienta a tomar acciones En cada capítulo se presenta una parte teórica, actividades que se deben realizar (61) y hojas para copiar o dibujar. En Cuba, ya se está utilizando en escuelas, bibliotecas y museos de los municipios de Los Palacios (Pinar del Río), La Sierpe (Sancti Spíritus), Gibara (Holguín), Guamo (Granma), así como en áreas protegidas, el Acuario Nacional y otras instituciones que lo han incorporado a sus programas educativos. Se espera que esta valiosa herramienta, en manos de nuestros educadores, contribuya, de forma efectiva, a elevar el conocimiento sobre nuestras aves y los humedales donde viven, y se refleje en acciones futuras a favor de su conservación.

Cita del libro:

Sutton, A. H., L. G. Sorenson y M. A. Keeley (2001): **Los maravillosos humedales del Caribe insular. Libro de trabajo para maestros.** West Indian Whistling Duck Working Group of the Society for the Conservation and Study of Caribbean Birds. 278 pp.

---

permitan, en el futuro, su manejo y protección adecuados. Para esto, es necesario dar prioridad a las investigaciones que permitan obtener datos confiables, en relación con los estimados poblacionales, la distribución y amenazas que enfrentan las aves acuáticas, y una implementación efectiva de las leyes que protegen nuestro entorno.

Pero esa información no debe permanecer en el mundo científico, sino que se debe hacer llegar a la población: la educación desempeña un papel fundamental en esto. Existen tres líneas prioritarias: primero, capacitar a los biólogos en áreas protegidas y centros de investigación para que adquieran las herramientas necesarias y puedan realizar un seguimiento y manejo efectivo en las áreas, en lo cual el Centro Nacional de Áreas Protegidas y la Empresa Nacional para la Conservación de la Flora y la Fauna han venido desarrollando un importante esfuerzo, con los talleres anuales que realizan, para capacitar a su personal; segundo, el desarrollo de campañas educativas, que permitan elevar el nivel de conocimiento y conciencia de la población, por vías tanto formales como no formales y, tercero, la producción de materiales escritos, que ayuden a crear una sólida formación en las próximas generaciones y permitan diseminar los resultados obtenidos por los investigadores.

La vida en la tierra depende de la biodiversidad, las necesidades de las aves y las personas son muy similares, ambas requieren de un ambiente sano, del cual toman los recursos que necesitan para vivir. Las aves son símbolos de belleza, libertad, sabiduría, y espiritualidad. Brindan felicidad y placer a muchas personas, además de que realizan una fuerte contribución económica, a través de los servicios ecológicos que brindan, como polinizadores de las flores, controladores de plagas, dispersores de semillas y en el funcionamiento de los ecosistemas a través de las cadenas alimentarias. Donde existe poca información, ellas pueden ser buenos indicadores de la biodiversidad. Todo esto hace que sean excelentes emblemas para las acciones de conservación y vitales como indicadores biológicos de la salud de nuestros ecosistemas de humedales. De aquí que existan numerosas razones para continuar estudiando las aves de los humedales cubanos y contribuir así a su conservación y la de los humedales, pues forman parte del patrimonio natural que se debe preservar para las futuras generaciones.

BIBLIOGRAFÍA

Kushlan, J. A. (1993): Colonial waterbirds as bioindicators of environmental change. **Colonial Waterbirds** 16: 223-251.

Anderson, D. W. y J. O. Keith (1980): The human influence on seabird nesting success: conservation implications. **Biological Conservation** 18: 65-80

Anexos

Lista de aves registradas en humedales cubanos

Hábitat: Costa Manglar Interior Arrocera

NOMBRE COMÚN
Nombre científico
Nombre en inglés

Gaviiformes
Gaviidae
Somormujo
Gavia immer
Common Loon

Podicipediformes
Podicipedidae
Zaramagullón Chico
Tachybaptus dominicus
Least Grebe

Zaramagullón Grande
Podilymbus podiceps
Pied-billed Grebe

Procellariiformes
Procellariidae
Pájaro de las Brujas
Pterodroma hasitata
Black-capped Petrel

Pampero de Audubon
Puffinus lherminieri
Audubon's Shearwater

Pelecaniformes
Phaethontidae
Contramaestre
Phaethon lepturus
White-tailed Tropicbird

Rabijunco de Pico Rojo
Phaethon aethereus
Red-billed Tropicbird

Sulidae
Pájaro Bobo de Cara Azul
Sula dactylatra
Masked Bobby

Pájaro Bobo Prieto
Sula leucogaster
Brown Bobby

Pájaro Bobo Blanco
Sula sula
Red-footed Bobby

Pájaro Bobo del Norte
Morus bassanus
Northern Gannet

Pelecanidae
Pelícano Blanco
Pelecanus erythrorhynchos
American White Pelican

Pelícano Pardo
Pelecanus occidentalis
Brown Pelican

Phalacrocoracidae
Corúa de Mar
Phalacrocorax auritus
Double-crested Cormorant

Corúa de Agua Dulce
Phalacrocorax brasilianus
Neotropic Cormorant

Anhingidae
Marbella
Anhinga anhinga
Anhinga

Fregatidae
Rabihorcado
Fregata magnificens
Magnificent Frigatebird

Ciconiiformes
Ardeidae
Guanabá Rojo
Botaurus lentiginosus
American Bittern

Garcita
Ixobrychus exilis
Least Bittern

Garcilote
Ardea herodias
Great Blue Heron

Garzón
Ardea alba
Great Egret

Garza de Rizos
Egretta thula
Snowy Egret

Garza Azul
Egretta caerulea
Little Blue Heron

Garza de Vientre Blanco
Egretta tricolor
Tricolored Heron

Garza Rojiza
Egretta rufescens
Reddish Egret

Garza Ganadera
Bubulcus ibis
Cattle Egret

Aguaitacaimán
Butorides virescens
Green-backed Heron

Guanabá de la Florida
Nycticorax nycticorax
Black-crowned Night Heron

Guanabá Real
Nyctanassa violacea
Yellow-crowned Night Heron

Threskiornithidae
Coco Blanco
Eudocimus albus
White Ibis

Coco Rojo
Eudocimus ruber
Scarlet Ibis

Coco Prieto
Plegadis falcinellus
Glossy Ibis

Seviya
Ajaia ajaja
Roseate Spoonbill

Ciconiidae
Cayama
Mycteria americana
Wood Stork

Phoenicopteriformes
Phoenicopteridae
Flamenco
Phoenicopterus ruber
Greater Flamingo

Anseriformes
Anatidae
Yaguasín
Dendrocygna bicolor
Fulvous Whistling Duck

Yaguasa
Dendrocygna arborea
West Indian Whistling D

Yaguasa Cariblanca
Dendrocygna viduata
White-faced Whistling D

Yaguasa Barriguiprieta
Dendrocygna autumnalis
Black-bellied Whistling Duck

Cisne
Cygnus columbianus
Tundra Swan

Guanana
Anser albifrons
Greater White-fronted Goose

Guanana Prieta
Chen caerulescens
Snow Goose

Ganso del Canadá
Branta canadensis
Canada Goose

Huyuyo
Aix sponsa
Wood Duck

Serrano
Anas crecca
Green-winged Teal

Pato Inglés
Anas platyrhynchos
Mallard

Pato de Bahamas
Anas bahamensis
White-cheeked Pintail

Pato Pescuecilargo
Anas acuta
Northern Pintail

Pato de Florida
Anas discors
Blue-winged Teal

Pato Canelo
Anas cyanoptera
Cinnamon Teal

Lista de aves registradas en humedales cubanos

Hábitat: Costa Manglar Interior Arrocera

Continuación...

Pato Cuchareta
Anas clypeata
Northern Shoveler

Pato Gris
Anas strepera
Gadwall

Pato Lavanco
Anas americana
American Widgeon

Pato Lomiblanco
Aythya valisineria
Canvasback

Pato Cabecirrojo
Aythya americana
Redhead

Pato Cabezón
Aythya collaris
Ring-necked Duck

Pato Morisco
Aythya affinis
Lesser Scaup

Pato Moñudo
Bucephala albeola
Bufflehead

Pato de Cresta
Lophodytes cucullatus
Hooded Merganser

Pato Serrucho
Mergus serrator
Red-breasted Merganser

Pato Chorizo
Oxyura jamaicensis
Ruddy Duck

Pato Agostero
Oxyura dominica
Masked Duck

Falconiformes
Accipitridae
Guincho
Pandion haliaetus
Osprey

Gavilán Caracolero
Rostrhamus sociabilis
Snail Kite

Gavilán Batista
Buteogallus anthracinus
Common Black Hawk

Gruiformes
Rallidae
Gallinuelita Prieta
Laterallus jamaicensis
Black Rail

Gallinuela de Manglar
Rallus longirostris
Clapper Rail

Gallinuela de Agua Dulce
Rallus elegans
King Rail

Gallinuela de Virginia
Rallus limicola
Virginia Rail

Gallinuela Oscura
Porzana carolina
Sora

Gallinuelita
Porzana flaviventer
Yellow-breasted Crake

Gallinuela de Santo Tomás
Cyanolimnas cerverai
Zapata Rail

Gallinuela Escribano
Pardirallus maculatus
Spotted Rail

Gallareta Azul
Porphyrula martinica
Purple Gallinule

Gallareta de Pico Colorado
Gallinula chloropus
Common Moorhen

Gallareta de Pico Blanco
Fulica americana
American Coot

Gallareta del Caribe
Fulica caribaea
Caribbean Coot

Aramidae
Guareao
Aramus guarauna
Limpkin

Gruidae
Grulla
Grus canadensis
Sandhill Crane

Charadriiformes
Charadriidae
Pluvial Cabezón
Pluvialis squatarola
Black-bellied Plover

Pluvial Dorado
Pluvialis dominica
Lesser Golden Plover

Frailecillo Blanco
Charadrius alexandrinus
Snowy Plover

Títere Playero
Charadrius wilsonia
Wilson's Plover

Frailecillo Semipalmeado
Charadrius semipalmatus
Semi-palmated Plover

Frailecillo Silbador
Charadrius melodus
Piping Plover

Títere Sabanero
Charadrius vociferus
Killdeer

Haematopodidae
Ostrero
Haematopus palliatus
American Oystercatcher

Recurvirostridae
Cachiporra
Himantopus mexicanus
Black-necked Stilt

Avoceta
Recurvirostra americana
American Avocet

Jacanidae
Gallito de Río
Jacana spinosa
Northern Jacana

Scolopacidae
Zarapico Patiamarillo Grande
Tringa melanoleuca
Greater Yelowlegs

Zarapico Patiamarillo Chico
Tringa flavipes
Lesser Yelowlegs

Zarapico Solitario
Tringa solitaria
Solitary Sandpiper

Zarapico Real
Catoptrophorus semipalmatus
Willet

Zarapico Manchado
Actitis macularia
Spotted Sandpiper

Ganga
Bartramia longicauda
Upland Sandpiper

Zarapico Grande
Numenius phaeopus
Whimbrel

Zarapico de Pico Largo
Numenius americanus
Long-billed Curlew

Avoceta Pechirroja
Limosa haemastica
Hudsonian Godwit

Avoceta Parda
Limosa fedoa
Marbled Godwit

Lista de aves registradas en humedales cubanos
Continuación...

Hábitat: Costa Manglar Interior Arrocera

Revuelvepiedras
Arenaria interpres
Ruddy Turnstone

Zarapico Raro
Calidris canutus
Red Knot

Zarapico Blanco
Calidris alba
Sanderling

Zarapico Semipalmeado
Calidris pusilla
Semi-palmated Sandpiper

Zarapico Chico
Calidris mauri
Western Sandpiper

Zarapiquito
Calidris minutilla
Least Sandpiper

Zarapico de Rabadilla Blanca
Calidris fuscicollis
White-rumped Sandpiper

Zarapico Moteado
Calidris melanotos
Pectoral Sandpiper

Zarapico Gris
Calidris alpina
Dunlin

Zarapico Patilargo
Calidris himantopus
Stilt Sandpiper

Zarapico Piquicorto
Tringites subruficollis
Buff-breasted Sandpiper

Zarapico Becasina
Limnodromus griseus
Short-billed Dowitcher

Zarapico Becasina de Pico Largo
Limnodromus scolopaceus
Long-billed Dowitcher

Becasina
Gallinago gallinago
Common Snipe

Zarapico de Wilson
Phalaropus tricolor
Wilson's Phalarope

Zarapico Nadador
Phalaropus lobatus
Red-necked Phalarope

Zarapico Rojo
Phalaropus fulicaria
Red Phalarope

Laridae
Galleguito
Larus atricilla
Laughing Gull

Galleguito Raro
Larus ridibundus
Common Black-headed Gull

Galleguito Chico
Larus philadelphia
Bonaparte's Gull

Gallego Real
Larus delawarensis
Ring-billed Gull

Gallego
Larus argentatus
Herring Gull

Gallegón
Larus marinus
Great Black-backed Gull

Gaviota de Pico Corto
Sterna nilotica
Gull-billed Tern

Gaviota Real Grande
Sterna caspia
Caspian Tern

Gaviota Real
Sterna maxima
Royal Tern

Gaviota de Sandwich
Sterna sandvicencis
Sandwich Tern

Gaviota Rosada
Sterna dougalli
Roseate Tern

Gaviota Común
Sterna hirundo
Common Tern

Gaviota de Forster
Sterna forsteri
Forster's Tern

Gaviotica
Sterna antillarum
Least Tern

Gaviota Monja
Sterna anaethetus
Bridled Tern

Gaviota Monja Prieta
Sterna fuscata
Sooty Tern

Gaviotica Prieta
Chlidonias niger
Black Tern

Gaviota Boba
Anous stolidus
Brown Noddy

Gaviota Pico de Tijera
Rynchops niger
Black Skimmer

Alcidae
Pingüinito
Alle alle
Dovekie

Columbiformes
Columbidae
Torcaza Cabeciblanca
Columba leucocephala
White-crowned Pigeon

Coraciiformes
Alcedinidae
Martín Pescador
Ceryle alcyon
Belted Kingfisher

Passeriformes
Troglodytidae
Fermina
Ferminia cerverai
Zapata Wren

Parulidae
Canario de Manglar
Dendroica petechia
Yelow Warbler

Señorita de Manglar
Seiurus noveboracensis
Northern Waterthrush

Señorita de Río
Seiurus motacilla
Louisiana Waterthrush

Icteridae
Mayito de Ciénaga
Agelaius assimilis
Cuban Red-winged Blackbird

Chichinguaco
Quiscalus niger
Greater Antillean Grackle

Lista de aves registradas en humedales cubanos

Continuación...

Hábitat: Costa Manglar Interior Arrocera

AVES NO ACUÁTICAS

Falconiformes
Cathartidae
Aura Tiñosa
Cathartes aura
Turkey Vulture

Accipitridae
Gavilán Cola de Tijera
Elanoides forficatus
American Swallow-tailed Kite

Gavilán Sabanero
Circus cyaneus
Northern Harrier

Gavilán Colilargo
Accipiter gundlachi
Gundlach's Hawk

Gavilán Bobo
Buteo platypterus
Broad-winged Hawk

Gavilán de Monte
Buteo jamaicensis
Red-tailed Hawk

Falconidae
Caraira
Caracara plancus
Crested Caracara

Cernícalo
Falco sparverius
American Kestrel

Halconcito
Falco columbarius
Merlin

Halcón Peregrino
Falco peregrinus
Peregrine Falcon

Galliformes
Phasianidae
Guinea
Numida meleagris
Helmeted Guinea Fowl

Odontophoridae
Codorniz
Colinus virginianus
Northern Bobwhite

Columbiformes
Columbidae
Torcaza Cuellimorada
Columba squamosa
Scaly-naped Pigeon

Torcaza Boba
Columba inornata
Plain Pigeon

Paloma Aliblanca
Zenaida asiatica
White-winged Dove

Guanaro
Zenaida aurita
Zenaida Dove

Paloma Rabiche
Zenaida macroura
Mourning Dove

Tojosa
Columbina passerina
Common Ground-Dove

Strigiformes
Tytonidae
Lechuza
Tyto alba
Common Barn Owl

Strigidae
Cárabo
Asio flammeus
Short-eared Owl

Piciformes
Picidae
Carpintero Verde
Xiphidiopicus percussus
Green Woodpecker

Carpintero Jabado
Melanerpes superciliaris
West Indian Woodpecker

Apodiformes
Apodidae
Vencejito de Palma
Tachornis phoenicobia
Antillean Palm Swift

Cuculiformes
Cuculidae
Arrierito
Coccyzus minor
Mangrove Cuckoo

Arriero
Saurothera merlini
Great Lizard Cuckoo

Judío
Crotophaga ani
Smooth-billed Ani

Passeriformes
Icteridae
Mayito de la Ciénaga
Agelaius assimilis
Cuban Red-winged Blackbird

Pájaro Vaquero
Molothrus bonariensis
Shiny Cowbird

Totí
Dives atroviolacea
Cuban Blackbird

Chambergo
Dolichonyx oryzivorus
Bobolink

Sabanero
Sturnella magna
Eastern Meadowlark

Tyrannidae
Bobito Chico
Contopus caribaeus
Greater Antillean Pewee

Pitirre Abejero
Tyrannus dominicensis
Gray Kingbird

Hirundinidae
Golondrina de Árboles
Tachycineta bicolor
Tree Swallow

Golondrina Parda
Stelgidopteryx serripennis
Northern rough-winged Swallow

Golondrina de Cuevas
Hirundo fulva
Cave Swallow

Golondrina Azul
Progne cryptoleuca
Cuban Martin

Vireonidae
Bien te veo
Vireo altiloquus
Black-whiskered Vireo

Parulidae
Bijirita Común
Dendroica palmarum
Palm Warbler

Bijirita Trepadora
Mniotilta varia
Black-and-white Warbler

Bijirita de Garganta Amarilla
Dendroica dominica
Yellow-throated Warbler

Bijirita Coronada
Dendroica coronata
Yellow-rumped Warbler

Bijirita Azul de Garganta Negra
Dendroica caerulescens
Black-throated Blue Warbler

Caretica
Geotlhypis trichas
Common Yelowthroat

Candelita
Setophaga ruticilla
American Redstart

Emberezidae
Tomeguín del Pinar
Tiaris canora
Cuban Grassquit

Tomeguín de la Tierra
Tiaris olivacea
Yellow-faced Grassquit

Azulejo
Passerina cyanea
Indigo Bunting

Estrildidae
Monja Tricolor
Lonchura malacca
Chestnut Mannikin

Gorrión Canela
Lonchura punctulata
Nutmeg Mannikin

Passeridae
Gorrión
Passer domesticus
House Sparrow

Mimidae
Sinsonte
Mimus polyglottos
Northern Mockingbird

Sylviidae
Rabuita
Polioptila caerulea
Blue-gray Gnatcatcher

Índice de recuadros

Índice de fichas de especies

Nombre común

Nombre científico:

Nombre en inglés:

Clasificación:

Distribución:

Medidas:
Peso corporal (g):
Largo del Pico (mm):
Largo del tarso (mm):

Alimentación:

Reproducción:

Época de cría:
E F M A M J J A S O N D

Glosario

Acuicultivo: proceso de cuidado y cría de especies acuáticas de importancia económica para su explotación sostenible.

Altricial: uno de los modos de desarrollo presentes en las aves, y que se refiere a las características y grado de desarrollo de los pichones al eclosionar. Las especies *altriciales* salen del huevo con poco desarrollo físico: los ojos cerrados, sin plumón, sin control muscular e incapaces de regular su temperatura corporal, por lo que requieren de muchos cuidados por parte de los padres. Es el modo opuesto al desarrollo precocial y entre ambos aparecen situaciones intermedias que se denominan semialtricial o semiprecocial.

Anillamiento: proceso por el cual se marcan las aves mediante la colocación de anillos en sus patas.

Antrópico: producido o provocado por el ser humano.

Área protegida: áreas naturales o seminaturales de relevancia ecológica, social o histórica, consagradas a la protección y mantenimiento de sus recursos naturales, históricos y culturales. Se designa con el objetivo de lograr su conservación y uso sostenible y es manejada a través de medios legales u otros medios efectivos.

Área protegida de significación local: aquellas que tienen importancia a nivel local, municipal o provincial, pero que, por su grado de conservación, extensión o porque sus valores están repetidos en otras áreas, no clasifican como áreas protegidas de significación nacional.

Área protegida de significación nacional: son aquellas que por la magnitud, representatividad y grado de conservación de sus valores, se consideran de importancia a nivel nacional, regional o internacional.

Bioacumulación: fenómeno de concentración paulatina de sustancias contaminantes en los tejidos de los seres vivos producto de la ingestión continuada de presas contaminadas.

Biogénico: de origen biológico. Producido por los seres vivos.

Biomagnificación: relación que existe entre el nivel trófico de una especie y la concentración de sustancias contaminantes en sus tejidos. Mientras más alta sea su posición en la pirámide alimentaria mayor cantidad de contaminantes captará, al recibir lo acumulado por sus presas de niveles inferiores.

Biomasa: peso de tejido vivo de un organismo. A niveles ecológicos superiores es un estimador directo de la importancia ecológica de una especie o población, al estar, directamente, relacionada con el flujo de energía que pasa o se acumula en ella.

Calor específico: energía térmica que se le debe dar a una sustancia para que eleve su temperatura en un grado Celsio.

Carga alar: peso por unidad de área que soportan las alas de una especie de ave.

Categoría de manejo: formas en que se clasifican las áreas protegidas, teniendo en cuenta sus valores naturales e históricos culturales, características y objetivos para los que fue creada.

Cinegético: relativo a la caza.

CITES: siglas que identifican a la Convención Internacional sobre el Tráfico de Especies Amenazadas.

Cline: anglicismo que identifica el cambio gradual en una variable ambiental o de una población a lo largo de un área geográfica.

Colapso poblacional: disminución fuerte y rápida del tamaño de una población, que se reduce a valores mínimos, de forma que peligra su estabilidad o supervivencia.

Colonia fuente: colonia central, mayor y más estable en el tiempo, de un sistema metapoblacional.

Colonia satélite: colonia secundaria que puede aparecer o no en dependencia del estado de la población reproductiva en cada año. En los sistemas de metapoblaciones son aquellas más pequeñas que se forman alrededor de la colonia fuente o núcleo.

Competencia: relación interespecífica o intraespecífica antagónica que se produce cuando dos o más organismos utilizan a la vez un recurso limitante del ambiente.

Comunidad: conjunto de poblaciones de diferentes especies que habitan en una misma área y que han interactuado entre sí durante un determinado tiempo evolutivo, desarrollando mecanismos de convivencia.

Contaminantes: elementos químicos y físicos que se acumulan en un ecosistema y que alcanzan niveles superiores a los naturales, producto de las actividades humanas.

DDE: siglas del diclorodifenilcloroetileno, contaminante producido durante la degradación del DDT.

DDT: siglas del diclorodifeniltricloroetano, contaminante organoclorado muy usado como insecticida de amplio espectro a mediados del pasado siglo, pero que ha tenido un grave impacto ambiental y ha afectado las poblaciones de numerosas especies de aves, llevando a algunas al borde de la extinción.

Depredadores: animales que se alimentan de otros, generalmente, produciéndoles la muerte.

Desarrollo vegetativo: desarrollo físico de una especie vegetal.

Detrito: materia orgánica, recientemente muerta o parcialmente descompuesta. Vía del detrito: Se refiere a cadenas tróficas donde el flujo de energía no pasa de los productores a los consumidores primarios, sino a los organismos descomponedores y de estos a los consumidores secundarios.

Dinámica: cambios en el tiempo.

Distal: en una estructura, extremo más alejado con respecto al sitio donde esta se origina.

Ecosistemas: nivel de organización de los seres vivos, formado por la integración de las comunidades con elementos abióticos y ciclos biogeoquímicos.

Elemento traza: elemento químico que aparece en concentraciones muy pequeñas, pero que pueden tener influencias importantes para la vida.

Endémica: especie que solo vive en un país o región.

Envergadura alar: distancia entre los extremos de las alas extendidas.

Epfita: organismos no parásitos que viven sobre la superficie de las plantas.

Equitatividad: grado en que se distribuyen las abundancias dentro de las comunidades. Es alta cuando las poblaciones tienen tamaños similares, y baja cuando alguna domina mucho sobre otras.

Especialistas: especies con fuertes adaptaciones a una forma de vida, a un recurso o a una forma de utilizar los recursos de un hábitat.

Especies exóticas: especies introducidas en un país o región.

Especies pelágicas: especies que viven mar afuera o en los océanos.

Estero: cauce de agua dentro de un manglar por el cual se canaliza el flujo y reflujo de las mareas y el escurrimiento terrestre.

Estoque: movimiento rápido del pico hacia delante y hacia atrás. Tipo de conducta trófica.

Eutrófico: rico en los nutrientes minerales requeridos por las plantas verdes. Corresponde a un hábitat acuático con alta productividad.

Eutrofización: enriquecimiento excesivo del agua por nutrientes requeridos para el crecimiento de las plantas. Con frecuencia es producto de la incorporación masiva de desechos orgánicos o fertilizantes, que resulta en un excesivo crecimiento bacteriano y una disminución de los niveles de oxígeno.

Exclusión competitiva: principio ecológico que plantea que dos especies que utilicen los mismos recursos limitantes de igual forma no pueden coexistir, ya que se tiende a la extinción o desplazamiento del menos adaptado.

Fanerógamas: plantas que tienen los órganos reproductores visibles por lo que son, fácilmente, reconocibles.

Fase de color: patrón de coloración específico de una especie de ave que cambia o se pierde en algún momento de su vida.

Fidelidad al sitio de cría (filopatría): propiedad de algunas especies coloniales de seleccionar durante años consecutivos los mismos sitios para formar sus colonias.

Filogenética: relativo a filogenia.

Filogenia: relaciones evolutivas entre los organismos.

Forrajeo: búsqueda del alimento.

Fragmentación del hábitat: efecto de la destrucción parcial del hábitat por la acción humana, que reduce un ecosistema continuo a parches sin continuidad y con limitado intercambio de individuos.

Frugívora: que se alimenta de frutos.

Generalista: especie que explota una amplia variedad de hábitat y recursos.

Gradiente ambiental: cambio gradual y direccional en una característica o propiedad del ambiente.

Granívora: que se alimenta de granos o semillas.

Gremio: grupo de especies que comparten recursos comunes y los utilizan de una forma similar.

Guanotrofia: fenómeno de acumulación de heces de especies gregarias en sitios puntuales, que puede alterar la composición del agua o el suelo y, por consiguiente, afectar la vegetación.

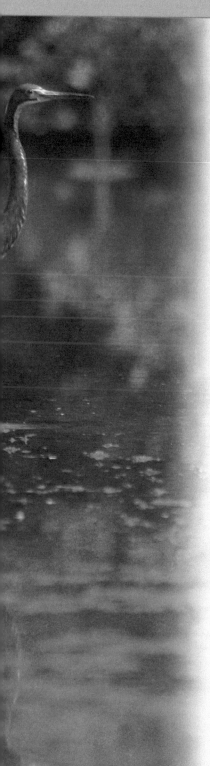

Hábitat: porción del ambiente donde un organismo desarrolla la mayor parte de sus actividades vitales.

Halófita: planta que puede vivir en condiciones de salinidad muy elevada.

Hemiparásita: planta con hojas verdes capaces de asimilación clorofílica y, a la vez, raíces absorbentes con estructuras chupadoras que las relacionan con la planta parasitada. Se denominan *hemiparásitas* obligadas cuando el sistema radicular está transformado en su totalidad en estructuras de anclaje y absorción.

Higroscópico: que tiende a absorber agua en dependencia del grado de humedad del medio.

Lamelas: estructuras filamentosas que se encuentran en ambos lados del pico de patos y otras especies filtradoras. Permiten filtrar el material alimenticio en suspensión.

Lenticelas: estructuras respiratorias que se encuentran en la epidermis de las plantas leñosas. Son pequeñas protuberancias, visibles a simple vista, con una abertura que le permite a la planta realizar el intercambio de gases a través de la corteza impermeable a estos.

Lénticos: humedales interiores en los que el agua permanece inmóvil.

Libro Rojo: libro que recoge la lista e información básica sobre las especies amenazadas dentro de un grupo de organismos o de una región.

Lóticos: humedales interiores en los que el agua está en constante movimiento.

Macrohábitat: porción amplia del hábitat, incluyendo aquellas zonas menos utilizadas por el individuo.

Manejo: en conservación se refiere al conjunto de técnicas o acciones que se realizan para garantizar la protección, restauración o uso de recursos naturales.

Mecanismos de segregación: estrategias o adaptaciones que posibilitan que especies similares no compitan, directamente, por algún recurso limitante con lo que se evita la exclusión competitiva.

Micrófilas: plantas con hojas pequeñas.

Microhábitat: porción del hábitat más estrechamente relacionada con el individuo.

Migración: en las aves, movimiento cíclico y estacional que realizan determinadas poblaciones. Puede ser producido por diversas causas (climáticas, reproductivas, tróficas) y producirse en diferentes direcciones (latitudinales o longitudinales).

Monitorear: anglicismo que se refiere al desarrollo de un muestreo continuado de un fenómeno para analizar sus variaciones en el tiempo.

Monogamia: asociación reproductiva, esencialmente, exclusiva y prolongada con un solo miembro del sexo opuesto.

Morfo: Se refiere a un patrón de forma o coloración determinado que aparece con frecuencia en algunos individuos de una especie y que se mantiene durante toda su vida.

Nicho ecológico: concepto básico de ecología que se refiere a la función de un organismo en su ecosistema.

Nidícolas: pichones que permanecen en el nido desde que nacen hasta que empluman y logran volar. Generalmente, son especies con modo de desarrollo altricial.

Nidífugos: aves que abandonan el nido recién nacidas. Generalmente, son especies con modo de desarrollo precocial.

Nomadismo reproductivo: tendencia de algunas especies coloniales a criar cada año en una localidad diferente.

Oligotróficos: ecosistemas acuáticos con una baja concentración de nutrientes inorgánicos y gran cantidad de oxígeno disuelto en el agua.

Ontogenético: relativo al desarrollo y crecimiento desde la unión de los gametos hasta el nacimiento.

Panícula: Tipo de inflorescencia formada por racimos agrupados de pequeñas flores.

Parénquima aerífero: Tejido vegetal especializado con grandes espacios intercelulares, que permiten el paso de los gases.

Pesticida: anglicismo ampliamente utilizado como sustituto de plaguicida. Sustancia química empleada para controlar plagas.

Plasticidad ecológica: propiedad de aclimatarse a una amplia gama de condiciones ecológicas. Es mayor en las especies generalistas que en las especialistas.

Población flotante: parte de la población que no interviene en la reproducción en un año dado. Formada por los individuos no reproductivos: los juveniles y los más viejos.

Poliandria: comportamiento de las hembras de algunas especies que son capaces de reproducirse con más de un macho en una misma temporada de cría.

Precocial: uno de los modos de desarrollo presentes en las aves, opuesto al altricial. Las aves que presentan modo de desarrollo *precocial* eclosionan con mayor desarrollo físico e independencia: presentan los ojos abiertos, tienen el cuerpo cubierto por plumón, al poco tiempo pueden regular su temperatura corporal y, en general, requieren pocos cuidados por parte de los padres. Aparece en patos, limícolas, galliformes, etc.

Producción primaria: materia orgánica producida por los organismos autótrofos (plantas verdes, algas, cianobacterias) a partir de sustancias inorgánicas y fuentes exógenas de energía, como la luz u otros compuestos.

Productividad: es la cantidad de materia que se produce en un ecosistema a partir de fuentes energéticas inorgánicas: luz solar o compuestos químicos (producción primaria), o de la energía contenida en los alimentos (producción secundaria), y que luego es utilizada por el resto de la comunidad a través de las cadenas alimentarias.

Propágulo: todo lo que sirve para propagar o multiplicar de forma vegetativa (sin intervención del sexo) una planta.

Protoplasma: la materia viva o sustancia celular, que comprende el citoplasma y el núcleo.

Radiotelemetría: en biología, técnica de marcaje de animales con dispositivos electrónicos que emiten una señal de radio, a través de la cual se puede recopilar, a distancia, información sobre su ubicación geográfica o datos biológicos.

Ramsar: nombre de una ciudad de Iraq que fue la sede donde se firmó el acuerdo para la protección de los humedales de importancia internacional, en particular para las aves acuáticas, y que, actualmente, lo identifica.

Recurso: cualquier elemento que es consumido o utilizado por los seres vivos.

Región Neotropical: una de las cinco regiones biogeográficas en que se divide el planeta. Abarca la zona de centro, Sudamérica y el Caribe.

Regúrgito: expulsión espontánea del contenido del estómago por la boca. Es frecuente en los pichones ante una perturbación o enemigo potencial, pero también en adultos de algunas especies para eliminar los restos no digeribles del alimento, como, por ejemplo, en el Guanabá Real o la Lechuza.

Relaciones interespecíficas: relaciones que se establecen entre especies que coexisten en espacio y tiempo. Pueden ser antagónicas (depredación, competencia) o no antagónicas (comensalismo, mutualismo).

Residente bimodal: especie que cuenta con poblaciones asentadas durante todo el año en un territorio y que se incrementan durante la migración con poblaciones que vienen de zonas más al norte.

Saco gular: expansión de la parte superior del esófago, en la zona de la garganta y cuello, que aparece en algunas aves y tiene el máximo desarrollo en los pelícanos. Puede tener varias funciones: alimenticias, sexuales o termorreguladoras.

Segregación estructural: uso diferencial del hábitat por dos o más especies.

Simpátricas: poblaciones de diferentes especies que habitan en una misma área geográfica.

Sistema de Información Geográfica: programa de computación para la captura, almacenamiento, integración y análisis de datos relacionados con características físicas y biológicas de la Tierra. Generalmente, trabaja con mapas, imágenes satelitales y sistemas de posicionamiento global.

Sistema Nacional de Áreas Protegidas: conjunto de áreas protegidas de un país que, centralmente, coordinadas contribuyen al logro de determinados objetivos de conservación de la naturaleza.

Subnicho: cada una de las subdivisiones del nicho ecológico. Se han descrito cinco *subnichos* principales: trófico, estructural, temporal, reproductivo y climático.

Sucesión florística: cambio gradual de la composición específica de una comunidad vegetal en un hábitat, a través de un proceso regular de sustitución de especies en el tiempo por procesos de extinción-colonización, hasta llegar a un estado, relativamente, estable.

Taxonómico: relativo a la clasificación de los seres vivos. Todas las categorías taxonómicas, excepto la especie, son agrupaciones artificiales (que no existen en la naturaleza) definidas por el hombre para organizar el estudio de los organismos.

Trófico: relativo a la alimentación.

Vadeadoras: aves que utilizan el vadeo (caminar dentro del agua) como estrategia para buscar alimentos. Se corresponden con el biotipo de zancuda.

Xerofítica (xerofita): plantas con adaptaciones para vivir en lugares secos o donde el agua dulce es limitante. Entre estas adaptaciones se encuentra la reducción de las estructuras foliares, espinas, tejidos de almacenamiento de agua, cutículas gruesas, etc. (Ej.: cactus, suculentas, etc.).

Sobre los autores

Martín Acosta Cruz
macosta@fbio.uh.cu

Fecha de nacimiento: 11 Noviembre de 1952

Se gradúa de Biología en el año 1978 y es uno de los fundadores de la línea de estudios de ecología de aves en el país. Por más de 25 años investiga las aves acuáticas, enfatizando sus interacciones con los agroecosistemas arroceros. Doctor en Ciencias Biológicas desde 1998, es investigador de la Facultad de Biología de la Universidad de La Habana; ha impartido más de 20 asignaturas de pregrado y posgrado. Ha publicado 71 artículos científicos y participado en más de 57 eventos nacionales e internacionales. Recibió una distinción especial de la Sociedad para la Conservación y el Estudio de las Aves Caribeñas en el 2001. Actualmente, es Director del Museo de Historia Natural Felipe Poey, miembro de la Comisión Nacional de Caza y representante de Cuba en la Directiva de la *Wildlife Trust Alliance* y de la Sección para América Neotropical y Austral de la *Conservation Biology Society.*

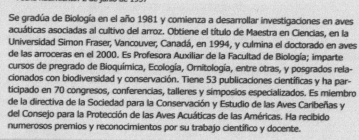

Lourdes Mugica Valdés
lmugica@fbio.uh.cu

Fecha nacimiento: 2 de junio de 1957

Se gradúa de Biología en el año 1981 y comienza a desarrollar investigaciones en aves acuáticas asociadas al cultivo del arroz. Obtiene el título de Maestra en Ciencias, en la Universidad Simon Fraser, Vancouver, Canadá, en 1994, y culmina el doctorado en aves de las arroceras en el 2000. Es Profesora Auxiliar de la Facultad de Biología; imparte cursos de pregrado de Bioquímica, Ecología, Ornitología, entre otras, y posgrados relacionados con biodiversidad y conservación. Tiene 53 publicaciones científicas y ha participado en 70 congresos, conferencias, talleres y simposios especializados. Es miembro de la directiva de la Sociedad para la Conservación y Estudio de las Aves Caribeñas y del Consejo para la Protección de las Aves Acuáticas de las Américas. Ha recibido numerosos premios y reconocimientos por su trabajo científico y docente.

Ariam Jiménez Reyes
ariam@fbio.uh.cu

Fecha de nacimiento: 2 de agosto de 1976

Se gradúa de Biología en el año 2000 y obtiene el título de Master en Ciencias en el 2004. Comienza a trabajar en aves acuáticas y se especializa en aves limícolas y marinas, donde desarrolla la línea de estudios conductuales. Profesor Instructor de la Facultad de Biología, trabaja en las asignaturas Zoología de Vertebrados, Ecología III y Práctica Biológica de Campo II. Ha publicado 8 artículos científicos y divulgado sus resultados en 22 presentaciones en más de 12 eventos científicos. Actualmente, es vicepresidente de la sección de Ornitología de la Sociedad Cubana de Zoología.

Antonio Rodríguez Suárez
arguez@fbio.uh.cu

Fecha de nacimiento: 12 de mayo de 1977

Se gradúa de Biología en el año 2001 y obtiene el título de Master en Ciencias en el 2004. Desarrolla sus investigaciones en el procesamiento de datos de recuperaciones de anillos de anátidos migratorios. Es el responsable de la organización y desarrollo de los Festivales de las Aves Endémicas en Cuba, en cuyo contexto ha trabajado, intensamente, en actividades de educación ambiental, relacionadas con las aves. Es coautor de 12 publicaciones y ha participado en 13 eventos científicos.

Dennis Denis Ávila
dda@fbio.uh.cu

Fecha de nacimiento: 20 de febrero de 1973

Se gradúa de Biología en el año 1996 y comienza los estudios de ecología reproductiva de aves acuáticas coloniales; culmina su doctorado en este tema en el 2002. Es Profesor Asistente de la Facultad de Biología de la Universidad de La Habana donde imparte cursos de Ecología I y III, Prácticas Laborales, Bioestadística y Ornitología, entre otras. Ha publicado 25 artículos científicos y ha realizado 52 presentaciones en 30 eventos científicos. Ha recibido varios premios a nivel de Universidad y nacionales por su labor docente investigativa. Actualmente, forma parte del grupo de Biología de Vertebrados, del Departamento de Biología Animal.

Grupo de Ecología de Aves de la Universidad de La Habana

El grupo de Ecología de Aves de la Facultad de Biología de la Universidad de la Habana está compuesto por cinco miembros y hace más de 20 años que se dedica a desarrollar investigaciones sobre la ecología de las aves asociadas a los humedales. Sus resultados le han merecido la obtención del premio al Mejor Grupo de Investigación en la Universidad de la Habana (1996, 2000) y el Premio de la Academia de Ciencias de Cuba (2003) por el resultado "Ecología de aves acuáticas en ecosistemas antrópicos y naturales". Forman parte del colectivo de autores que obtuvo la Mención al "Mejor libro científico publicado" de la Universidad de la Habana (2004) por el cual obtuvieron el Premio Anual Felipe Poey de la Sociedad Cubana de Zoología (2003), ganaron, además, una mención al "Mejor resultado en la protección del medio ambiente" de la Universidad de la Habana (2004). Han desarrollado una extensa labor de educación ambiental con la organización de varios festivales de aves, talleres de capacitación y otras múltiples actividades, que dieron lugar a que en el año 2007 fueran galardonados con 3 premios universitarios. El libro actual, obtuvo el Premio de la Crítica Científico-Técnica 2006 y el Premio Anual Felipe Poey 2007. La labor del colectivo a favor de la conservación de las aves acuáticas, ha sido recientemente reconocida a través de los Premios Provincial y Nacional de Medio Ambiente (2008). Internacionalmente han recibido 4 premios para el Festival de las Aves Endémicas del Caribe (2005-2008), un Premio "Whitley Award for Birdlife Conservation" de la Whitley-Laing Foundation de Inglaterra, a los mejores proyectos de conservación del mundo en el 2002 y una Medalla de Plata del BP Conservation Programme 2002.

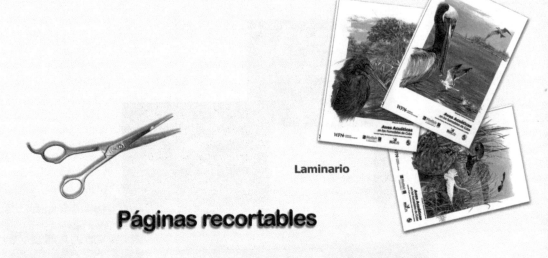

Laminario

Páginas recortables

Estimado lector, a continuación le ofrecemos algunas páginas diseñadas para que sean, cuidadosamente, separadas del libro y pueda darles un uso diferente. Incluimos una pequeña guía de bolsillo para la identificación de las especies más comunes, que puede utilizar si se embulla a visitar alguno de nuestros humedales. Además, les brindamos un laminario con las reproducciones íntegras de las pinturas originales realizadas para el libro y que pueden ser utilizadas como postales de regalo o para exhibirlas a modo de pequeños carteles.

Esperamos que estos anexos le sean de utilidad.

Los autores

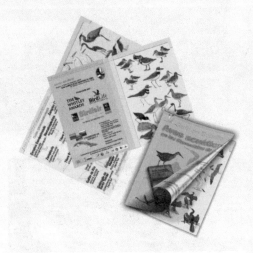

Guía de bolsillo para la identificación de aves de los humedales:

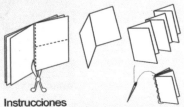

Instrucciones

- Recorte las páginas por su borde interior.
- Doble a la mitad cada página y póngalas consecutivas.
- Cosa con hilo y aguja (o presille) por el reborde más oscuro del lomo.

Guía de Bolsillo

Aves acuáticas
en los Humedales de Cuba

EDITORIAL
CIENTÍFICO-TÉCNICA

Seviya
Ajaia ajaja
Roseate Spoonbill

Garzón
Ardea alba
Great Egret

Garcilote
Ardea herodias
Great Blue Heron

Garza de Rizos
Egretta thula
Snowy Egret

Garza de Vientre Blanco
Egretta tricolor
Tricolored Heron

Garza Ganadera
Bubulcus ibis
Cattle Egret

Aguaitacaimán
Butorides virescens
Green-backed Heron

Coco Blanco
Eudocimus albus
White Ibis

Coco Prieto
Plegadis falcinellus
Glossy Ibis

Garza Rojiza
Egretta rufescens
Reddish Egret

Guanabá de la Florida
Nycticorax nycticorax
Black-crowned Night Heron

Flamenco
Phoenicopterus ruber
Greater Flamingo

Aves Acuáticas

en los humedales de Cuba

Orden FALCONIFORMES

Gavilán Caracolero
Rostrhamus sociabilis
Snail Kite

Guincho
Pandion haliaetus
Osprey

Gavilán Batista
Buteogallus anthracinus
Common Black-Hawk

Orden CHARADRIFORMES

Gaviota Real Grande
Sterna caspia
Caspian Tern

Gaviota Real
Sterna maxima
Royal Tern

Galleguito
Larus atricilla
Laughing Gull

Gaviótica Prieta
Chlidonias niger
Black Tern

Rabihorcado
Fregata magnificens
Magnificent Frigatebird

Gaviota de Pico Corto
Sterna nilotica
Gull-billed Tern

Orden PELECANIFORMES

Pelícano Pardo o Alcatraz
Pelecanus occidentalis
Brown Pelican

Corúa de Mar
Phalacrocorax auritus
Double-crested Cormorant

Corúa de Agua Dulce
Phalacrocorax brasilianus
Neotropic Cormorant

Marbella
Anhinga anhinga
Anhinga

Orden CHARADRIFORMES

Zarapico Semipalmeado
Calidris pusilla
Semipalmated Sandpiper

Zarapico Chico
Calidris mauri
Western Sandpiper

Revuelvepiedras
Arenaria interpres
Ruddy Turnstone

Zarapiquito
Calidris minutilla
Least Sandpiper

Titere Playero
Charadrius wilsonia
Wilson's Plover

Titere Sabanero
Charadrius vociferus
Killdeer

Becasina
Gallinago gallinago
Common Snipe

Zarapico Real
Catoptrophorus semipalmatus
Willet

Zarapico Patiamarillo Grande
Tringa melanoleuca
Greater Yellowlegs

Chico
Tringa flavipes
Lesser Yellowlegs

Cachiporra
Himantopus mexicanus
Black-necked Stilt

Gallito de Río
Jacana spinosa
Northern Jacana

Gallinuela de Manglar
Rallus longirostris
Clapper Rail

Gallinuela de Agua Dulce
Rallus elegans
King Rail

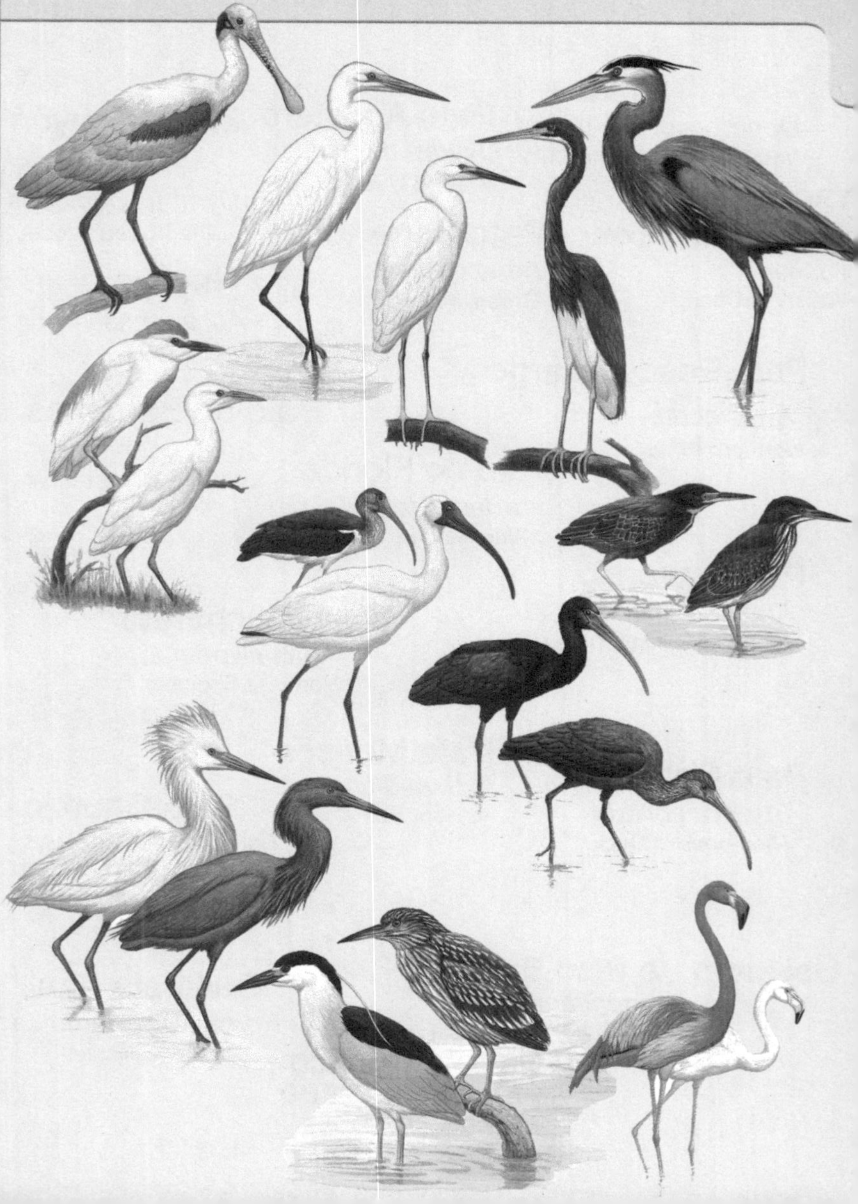

Gallinuela de Santo Tomás
Cyanolimnas cerverai
Zapata Rail

Orden GRUIFORMES

Aves Acuáticas en los humedales de Cuba

Orden ANSERIFORMES

Yaguasa
Dendrocygna arborea
West Indies Whistling Duck

Yaguasín
Dendrocygna bicolor
Fulvous Whistling Duck

Pato Agostero
Anas acuta
Northern Pintail

Pato Pescuecilargo
Anas acuta
Northern Pintail

Pato Lavanco
Anas americana
American Widgeon

Pato Cabezón
Aythya collaris
Ring-necked Duck

Gallareta de Pico Blanco
Fulica americana
American Coot

Pato Serrano
Anas crecca
Green-winged Teal

Pato de Florida
Anas discors
Blue-winged Teal

Pato Morisco
Aythya affinis
Lesser Scaup

Gallareta de Pico Colorado
Gallinula chloropus
Common Moorhen

Zaramaguyón grande
Oxyura dominica
Masked Duck

Huyuyo
Aix sponsa
Wood Duck

Pato de Bahamas
Anas bahamensis
White-cheeed Pintail

Pato Cuchareta
Anas clypeata
Northern Shoveler

Pato Chorizo
Oxyura jamaicensis
Ruddy Duck

Gallareta Azul
Porphyrula martinica
Purple Gallinule

Orden PODICIPEDIFORMES

Podilymbus podiceps
Pied-billed Grebe

Orden GRUIFORMES

Anexo del libro:

Mugica, L., D. Denis, M. Acosta, A. Jiménez y A. Rodríguez (2006): **Aves acuáticas en los humedales de Cuba.** Ed. Científico-Técnica, La Habana, Cuba. 200 pp.

Financiado por:

THE WHITLEY AWARDS

RSPB

Birdfair
THE BRITISH BIRDWATCHING FAIR

BirdLife INTERNATIONAL

The Wildlife TRUSTS
LEICESTERSHIRE AND RUTLAND

¡¡ CONSERVEMOS LOS HUMEDALES !!

ISBN: 959-05-0407-8

Edición: Juan F. Valdés Montero

Diseño: Dennis Denis

Ilustraciones:
Donación de Herbert Raffaelle

Organizaciones principales que han apoyado el estudio y conservación de las aves en los humedales de Cuba

BirdLife   CNAP

EDITORIAL CIENTÍFICO-TÉCNICA

Orden PASSERIFORMES

Mayito de la Ciénaga
Agelaius assimilis
Cuban Red-winged Blackbird

Canario de Manglar
Dendroica petechia
Yellow Warbler

Chichinguaco
Quiscalus niger
Greater Antillean Grackle

Chambergo
Dolychonyx oryzivorus
Bobolink

Señorita de Manglar
Seiurus aurocapillus
Ovenbird

Monja Tricolor
Lonchura malacca
Mannikin

Orden COLUMBIFORMES

Paloma Rabiche
Zenaida macroura
Mourning Dove

Tojosa
Columbina passerina
Common Ground Dove

Paloma Aliblanca
Zenaida asiatica
White-winged Dove

Dibujante: Nils Navarro

Aves Acuáticas
en los humedales de Cuba

Lourdes Mugica, Dennis Denis, Martín Acosta, Ariam Jiménez y Antonio Rodríguez (2006)

"Yo creo, sinceramente creo, que la única manera de cambiar la realidad es verla tal cual es y no tal como queremos que sea. Y también que la única manera de llegar a estar a la altura de los desafíos que la historia nos plantea, consiste en empezar a tomar conciencia de ellos. Nuestras tierras son tierras con una increíble capacidad de ternura y de hermosura. Se trata de saber mirarlas para poder ayudar a mirarlas. Y este desafío nos obliga a ser capaces de belleza, porque si la justicia no es bella no es eficaz, y nos obliga a ser originales, capaces de voz propia, contra una estructura internacional del desprecio y de la mentira que confunde nuestras voces con ecos y nuestros cuerpos con sombras de cuerpos ajenos.

(...)

Yo pienso que cuando la palabra humana es verdadera es una palabra reveladora, una palabra que ayuda a mirar. Pero también pienso, también creo, también siento, también sé que para mirar y ayudar a mirar hay que tener ojos propios y no lentes prestados, porque mejor no es el que mejor copia, mejor es el que más crea aunque creando se equivoque."

Eduardo Galeano
Premio latinoamericano de periodismo, octubre 1988

Dibujante: Rolando Rodríguez Atá

Aves Acuáticas
en los humedales de Cuba

Lourdes Mugica, Dennis Denis, Martín Acosta, Ariam Jiménez y Antonio Rodríguez (2006)

Esto sabemos: La tierra no pertenece al hombre, el hombre
pertenece a la tierra. Esto sabemos, todo va enlazado,
como la sangre que une a una familia. Todo va enlazado.
Todo lo que le ocurra a la tierra le ocurrirá a los hijos de la
tierra. El hombre no tejió la trama de la vida; él es solo un
hilo. Lo que hace con la tierra lo hace consigo mismo.

**Fragmentos de la carta del jefe indio Seattle al señor Franklin
Pierce, Presidente de los EUA, en 1854 como respuesta a su
propuesta de comprarle las tierras**

Dibujante: Rolando Rodríguez Atá

Aves Acuáticas
en los humedales de Cuba

Lourdes Mugica, Dennis Denis, Martín Acosta, Ariam Jiménez y Antonio Rodríguez (2006)

 WHITLEY FUND FOR NATURE

 BirdLife INTERNATIONAL

El aire tiene un valor inestimable para el piel roja, ya que todos los seres comparten el mismo aliento - la bestia, el árbol, el hombre, todos respiramos el mismo aire. El hombre blanco no parece conciente del aire que respira (...). Pero si les vendemos nuestras tierras deben recordar que el aire es inestimable, que el aire comparte su espíritu con la vida que sostiene. El viento que dio a nuestros abuelos el primer soplo de vida, también recibe sus últimos suspiros. Y si les vendemos nuestras tierras, ustedes deben conservarlas como cosa sagrada, como un lugar donde hasta el hombre blanco pueda saborear el viento perfumado por las flores de las praderas.

Fragmentos de la carta del jefe indio Seattle al señor Franklin Pierce, Presidente de los EUA, en 1854 como respuesta a su propuesta de comprarle las tierras

Dibujante: Nils Navarro

Aves Acuáticas
en los humedales de Cuba

Lourdes Mugica, Dennis Denis, Martín Acosta, Ariam Jiménez y Antonio Rodríguez (2006)

¿Cómo se puede comprar o vender el firmamento, ni aun el calor de la tierra?. Dicha idea nos es desconocida. Si no somos dueños de la frescura del aire ni del fulgor de las aguas, ¿cómo podrán ustedes comprarlos?. (...) Somos parte de la tierra y, asimismo, ella es parte de nosotros. Las flores perfumadas son nuestras hermanas: el venado, el caballo, el gran águila: estos son nuestros hermanos. Las escarpadas peñas, los húmedos prados, el calor del cuerpo del caballo y el hombre, todos pertenecemos a la misma familia.

Fragmentos de la carta del jefe indio Seattle al señor Franklin
Pierce, Presidente de los EUA, en 1854 como respuesta a su
propuesta de comprarle las tierras

Nuestro más profundo agradecimiento a la **Whitley Laing Foundation (hoy Whitley Fund for Nature) y a los Rufford Grants**, por aportar los fondos necesarios para la publicación de este libro y para desarrollar muchas de las investigaciones cuyos resultados se expresan en los diferentes capítulos. **Agradecemos además la amabilidad de Birdlife International y de la British Birdwaching Fair** que contribuyeron a la impresión de un mayor número de ejemplares.

Por su apoyo desinteresado en el financiamiento de las investigaciones en humedales cubanos deseamos expresar nuestro reconocimiento a las siguientes instituciones: Universidad de La Habana, Wilson Ornithological Society, American Museum of Natural History, Wildlife Trust, The Bailey Wildlife Foundation, Wetland Internacional, Universidad de Barcelona, Simon Fraser University, British Petroleum Conservation Program, West Indies Whistling Duck-Working Group, Society for the Conservation and Study of Caribbean Birds, Optics for the Tropic, Ideawild, Birders Exchange y al Ministerio de Asuntos Exteriores de Holanda.

Deseamos expresar nuestra gratitud a numerosas instituciones cubanas que nos apoyaron tanto en el trabajo de campo como en las campañas de educación ambiental: CAI Arrocero Sur del Jíbaro, Empresa para la Conservación de la Flora y la Fauna, Federación Cubana de Caza Deportiva, Instituto de Investigaciones del Arroz Los Palacios, Centro Nacional de Áreas Protegidas, Aerovisión, Instituto de Ecología y Sistemática, Partido Municipal de la Sierpe, Casa de Visitas de la Arrocera Sur del Jíbaro, y a los museos municipales, Poder Popular, casas de cultura y bibliotecas municipales de La Sierpe, Sancti Spíritus, y Los Palacios, Pinar del Río.

Queremos agradecer, especialmente, a un grupo de personas que nos han brindado un constante apoyo y estímulo de diversas formas: Camilo Meneses, Camilo Morgado, Carlos Cuadrado, Carlos Peña, María de Jesús y Francisco Cerdá, Claudio Padua, Efrén García, Erick Carey, Eugenio Ortega, Rodolfo Castro, Genaro García, Herbert Raffaelle, Javier Medina, James Kushlan, James Wiley, José Morales, Loydi Vázquez, Lisa Sorensen, Manuel Alonso Tabet, María Elena Ibarra Martín, Mary Pearl, Montserrat Carbonell, Miguel Zuriaurre, Nidia García, Zoraida Pérez, Omar Labrada y Mero, Patricia Bradley, Reynaldo Estrada, Ron Ydenberg, Shirley Larson, José A. Morejón, Vicente Berovides y Xavier Ruiz.

A nuestros colaboradores y amigos: Alcides Sanpedro, Orlando Torres y Leticia Montañez, por todas las viscicitudes y alegrías compartidas en arroceras y humedales. **A otras personas que han colaborado en el libro y en la revisión de los manuscritos:** José Luis Ponce de León, el más joven miembro de nuestro colectivo, Patricia Rodríguez, Antonio Cádiz, Susana Aguilar y Luis Roberto González.

Nuestro reconocimiento a todos los estudiantes de la Facultad de Biología de la Universidad de La Habana que a lo largo de estos años han contribuido, con gran dedicación, a obtener muchos de los datos de las investigaciones cuyos resultados aquí se exponen: Sandra Valdés, Alejandro Llanes, Yamilia Abad, Pablo Martínez, Giselle Álvarez, Osvaldo Rodríguez, Julio A. Genaro, Carlos Mancina, Pedro Luis Martínez, Sergio Melgosa, Leandro Torrella, Karen Beovides, Ányeli López, Nestor Más, Roberto López, Ingrid Borroto, Susana Perera, Ronar López, Gisela María López, Yadiley Estévez, Helder Alfonso, Franklin Garcel, Ledif Grisel, Paul Judex, Susy Nelson, Yanay Silveira, Ianela García, Daymara Mercerón, Sergio Álvarez, Annery Serrano, Reinier Gesto, Yarelis Macías, Olin Bazurco, Manuel Iturriaga, Julio C. Montes de Oca, Alieny González, Irina Fermín, Hector Salvat, Julio C. Echevarria, Yanerki Pereira, Yanairis Medina, Yaimet Molina, Jorge Luis Guerra, Gunnary León, Banessa Falcón y Javier A. Rodríguez.

Julio Larramendi nos apoyó, amablemente, con sus fotografías y nos permitió usar sus equipos para digitalizar las imágenes. **Gracias** a Lili y Odalys por sus largas horas frente a la computadora en esta tarea.

En las áreas protegidas Delta del Cauto, Monte Cabaniguán, Río Máximo, Ciénaga de Zapata y en los pueblos La Sierpe, Los Palacios, La Francia, Guamo y El Mango, numerosas personas han apoyado nuestras estancias e investigaciones de diversas formas. Mencionarlas a todas es muy difícil, pero llegue a ellas nuestro profundo reconocimiento.

Las ilustraciones del libro se deben a la amabilidad de Herbert Raffaelle, que nos permitió usar las imágenes de la guía "Birds of the West Indies", y al talento y la dedicación de Nils Navarro y Rolando Rodríguez.

La edición del libro por Juan F. Valdés Montero y el apoyo de Francisca (Paquita) Tejera fueron vitales. Les agradecemos, además, por su entusiasmo y sentir nuestro proyecto como suyo. Agradecemos mucho a Clara Dolores Macías por su ayuda en los trámites editoriales y a Alejandro Jiménez por la revisión final de la plana.